李 毓 佩 数 学 科 普 文 集

Collections of **Li YuPei**'s Works
on Popular Science in
the **Field of Mathematics**

李毓佩●著

数学小子
杜鲁克

长江出版传媒
Changjiang Publishing & Media

湖北科学技术出版社
HUBEI SCIENCE & TECHNOLOGY PRESS

图书在版编目（CIP）数据

数学小子杜鲁克 / 李毓佩著. —— 武汉：湖北科学
技术出版社，2019.1
（李毓佩数学科普文集）
ISBN 978-7-5706-0384-8

Ⅰ.①数… Ⅱ.①李… Ⅲ.①数学 – 青少年读物 Ⅳ.①O1-49

中国版本图书馆CIP数据核字(2018)第143547号

数学小子杜鲁克
SHUXUE XIAOZI DU LUKE

选题策划：何 龙 何少华
执行策划：彭永东 罗 萍
责任编辑：彭永东 胡 静　　　　　　　　　　　封面设计：喻 杨

出版发行：湖北科学技术出版社　　　　　　　电话：027－87679468
地　　址：武汉市雄楚大街 268 号　　　　　　邮编：430070
　　　　　（湖北出版文化城 B 座 13—14 层）
网　　址：http://www.hbstp.com.cn

印　　刷：武汉市金港彩印有限公司　　　　　　　　　邮编：430023

710×1000　1/16　　　　　20.5 印张　　　　4 插页　　　　260 千字
2019 年 1 月第 1 版　　　　　　　　　　2019 年 1 月第 1 次印刷
　　　　　　　　　　　　　　　　　　　　　　　定价：72.00 元

本书如有印装质量问题　可找本社市场部更换

目 录
< CONTENTS >

1. 数学小子杜鲁克

杜鲁克飞了

杜鲁克是个既聪明又调皮的小男孩，今年 10 岁，上四年级。"杜鲁克"这个带有洋味儿的名字，是舅舅给他起的。舅舅在美国杜克大学读研究生，他觉得杜克大学不错，首先取了"杜克"两字，又觉得小男孩应该"鲁"一点儿，就在"杜克"的中间加了一个"鲁"字。杜鲁克最喜欢数学，脑子也灵活，解数学题是把好手，人送外号"数学小子"。

杜鲁克，真是人如其名啊！他还真有点儿"鲁"，不但鲁，而且脑子里经常产生一些奇思怪想。这不，展览馆在广场举办热气球展览，各种颜色、各种造型、大大小小的热气球多了去了。杜鲁克一进展览馆就看花了眼，东瞧瞧，西看看。杜鲁克喜欢胖胖的大熊猫造型的热气球，小绵羊造型的热气球他也看不够。

突然，一个超大的宇宙飞船造型的热气球吸引了杜鲁克的眼球，他站在热气球下面，想：我一直想当个宇航员，有朝一日能飞上太空，今

天我能不能乘着这艘宇宙飞船造型的热气球飞上天？他晃悠着脑袋紧张地想：嗯，我没多重，这么大的热气球把我带上天应该没问题！说干就干！

杜鲁克想趁管理员不在，解开气球的绳子，当他走近一看，绳子下面有一把电子密码锁。不知道密码，休想解开绳子。杜鲁克再仔细一看，发现密码锁旁边有一行小字：

密码为 $AAAA$，六位数 $2AAAA2$ 能被 9 整除。

看到这行小字，杜鲁克乐了，他心想：有提示就好办了。如果一个数能够被 9 整除，那么它各位数字之和必然是 9 的整数倍。反过来，如果一个数的各位数字之和是 9 的整数倍，那么它也必然能够被 9 整除。

"我先求 $2AAAA2$ 各位数字之和。"杜鲁克在纸上做了个简单的运算：

$$2+A+A+A+A+2=4+4A=4(1+A)。$$

"4 不是 9 的倍数，要使 $4(1+A)$ 是 9 的倍数，只可能 $1+A$ 是 9 的倍数。又因为 A 是一位数，所以 $1+A$ 必然是 9。$1+A=9$，$A=8$。密码是 8888。"

杜鲁克按下密码，绳子果然解开了。他迅速把绳子捆在自己的腰上，只听"呜"的一声，热气球带着杜鲁克直冲天空。

"哈哈！我真的飞起来了！"杜鲁克向下面参观的人群招招手，"再见啦！我要到宇宙去旅行了！"

"啊！"在场的观众都惊讶地抬起头，望着渐渐变小的杜鲁克，不知所措。

在天上飘是很刺激的：

白云从身边飘过——

"啸——"的一声，一只苍鹰从头顶上掠过——

"嘎嘎——"一群大雁从脚下飞过——

"呜——"一艘大型喷气客机从远处风驰电掣般地驶过……

飘呀，飘呀，不知飘了多长时间，也不知飘出去多远的路程，热气球开始往下落了。杜鲁克高兴了，因为他的肚子早饿得咕咕叫了。

糟糕，砸着王子了

由于热气球没有了热源支持，下落的速度加快了。杜鲁克紧张地望着降落的地点，忽然大喊一声："不好，下面有人！"说时迟，那时快，热气球急速朝那个人落去。

"砰！"热气球带着杜鲁克重重地砸在那个人身上。

"哎哟！"那人大叫了一声，倒在地上。

杜鲁克知道自己闯了祸，赶紧解开捆在身上的绳子，把那人扶了起来，嘴里不停地说："对不起！对不起！我不是有意的，都是热气球惹的祸。"

这个人站了起来，他的装束把杜鲁克吓了一跳。只见他上身穿古代的大红紧身王子衣，下身穿两侧有金色宽条线的白色裤子，脚蹬长筒马靴，披着一件猩红色的斗篷，头戴王冠，腰间挎着一柄镶着宝石的佩剑。

杜鲁克赶紧一抱拳："请问阁下是哪国王子？"

这个人也抱拳还礼："我是爱数王国的王子，人们都叫我'爱数王子'。"

杜鲁克哈哈一笑："咱俩是哥们儿，我外号叫'数学小子'！王子和小子天生是一对，是铁哥们儿！哈哈——"

杜鲁克傻乐着，可是爱数王子一脸的忧愁。杜鲁克弄不明白了，他说："我说爱数王子，我都乐成这样了，你怎么不高兴呢？"

"唉！我高兴不起来呀！"

"怎么回事？"

"一言难尽。"爱数王子说，"我们这个地方有两个相邻的王国，一个是爱数王国，另一个是鬼算王国。鬼算王国的鬼算国王昨天邀我和他一起打猎。当走到这荒无人烟的地方时……"

"怎么样？"

"鬼算国王忽然抢走了我手中的猎枪和战马，让我给他解一道他一直解不开的数学题，如果我解不出来，就必须把爱数王国交给他统治！"

"这是强盗逻辑！那你解出来了吗？"

爱数王子摇摇头："虽然我叫爱数王子，也特别喜欢数学，但是数学一直没学好。他出的题太复杂，我一听题，脑袋都大了，更别说解了。"

"你不妨说给我听听。"

"鬼算国王说，他把前天打的狐狸总数的一半再加半只，分给他妻子；把他妻子分剩下的一半再加半只，分给他的大王子；再把大王子分剩下的一半再加半只，分给他的二王子；把最后剩下的一半再加半只，分给他的公主，狐狸就被全部分完了。当然，他分给他们的狐狸都是整只的。他让我算算，他的妻子、王子、公主各分得几只狐狸。"

杜鲁克晃晃脑袋："这题目还真够绕的。"

爱数王子瞪大了眼睛，问："关键是每次分的时候，都还加半只狐狸，可是每人分得的都是整只的。这半只狐狸怎么分哪？真的是把狐狸劈成两半？"

杜鲁克摇摇头："半只狐狸是蒙人的。这类题的特点是，总数不知道，最后的结果知道，咱们就从最后的结果出发，一步步往前推。老师告诉我们，这种方法叫作'倒推法'，意思就是从后往前推。"

爱数王子想了一下，说："最后的结果是：把最后剩下的一半再加半只，分给他的公主，狐狸就被全部分完了。"

"对！"杜鲁克点点头，"由于每人分得的狐狸必须是整数，而每次都需要加半只才能得整数，说明每次分剩下的狐狸的数目一定是奇数。"

"让我想想。"爱数王子拍着前额，"最后剩下的一半再加半只，分给他的公主，狐狸就被全部分完了……这最后剩下的一半只能是半只，否则不能分完哪！"

杜鲁克竖起大拇指，夸奖说："王子聪明！接着往下分析。"

"半只加半只，公主分得了 1 只狐狸。这一只实际上是二王子分完一半以后剩下的。可是这二王子分得多少，怎么算呢？"爱数王子卡壳了。

"推理呀！咱们分析过，每次分剩下的一定是奇数，大王子分完剩下的一定是 3 只狐狸。因为 3 只的一半是 1 只半，再加上半只正好是 2 只，这说明二王子分得了 2 只。大王子分完后剩下 3 只，分给二王子 2 只，剩下 1 只正好给了公主了。"

"对、对！"爱数王子高兴得直拍手，"我也会算了，鬼算国王的妻子分完剩下的一定是 7 只。7 只的一半是 3 只半，再加上半只正好是 4 只，这说明大王子分得了 4 只，剩下 3 只。"

"你接着算。"

"鬼算国王总共打了 15 只狐狸，分给妻子 8 只，大王子 4 只，二王子 2 只，公主 1 只。"

杜鲁克在地上列了一个算式：8+4+2+1=15。

突然，"啪"的一声，杜鲁克用力拍了一下爱数王子的肩膀："你算得完全正确！"

这时，爱数王子拉起杜鲁克就走。杜鲁克问干什么去，爱数王子说："既然算出了结果，咱们去找鬼算国王算账去！"

真假爱数王子

爱数王子拉着杜鲁克一路小跑往前赶，鬼算王国的两名士兵冷不丁从路边蹿出来，一个长得又高又瘦，手里拿着一杆长枪，站在那儿活像一根竹竿；另一个却长得又矮又胖，活像一个大南瓜，手举一柄大刀。两人齐声高喊："站住！你们是什么人？"

杜鲁克大摇大摆地向前走了两步："连我们你都不认识呀？这位是大名鼎鼎的爱数王子，我是名震四方的数学小子。"

拿大刀的胖士兵上下打量着杜鲁克："爱数王子我们倒是听说过，你这位数学小子我们可是闻所未闻哪！"

"你们是孤陋寡闻，井底之蛙……"说着，杜鲁克拉起爱数王子就往前走。

"什么？什么是井底之蛙？"胖士兵不明白。

杜鲁克没好气地说："井底之蛙就是说，你是井底下的一只胖胖的癞蛤蟆，没见过世面。"

"站住！"拿长枪的瘦士兵把长枪一横，"刚才已经来过了一个爱数王子，怎么又来了一个爱数王子？你这个爱数王子一定是假的！"

"大胆！"爱数王子剑眉倒竖，指着瘦士兵喝道，"我堂堂爱数王子怎么会有假？你把那个假冒我爱数王子的家伙叫来对质！"

"这……"瘦士兵显得十分为难。

突然，随着一阵"嗒嗒嗒"清脆的马蹄声，一匹白马从竹林后面走出来，一个少年坐在马上，他的穿着打扮和爱数王子一模一样：上身穿一样的大红紧身王子衣，下身穿一样的两侧有金色宽条线的白色裤子，脚蹬一样的长筒马靴，披着一件一样的猩红色斗篷，头戴一样的王冠，腰间挎着一柄一样的镶着宝石的佩剑。只是他长得尖嘴猴腮，一看就不像好人。

来人大模大样地说："你要找爱数王子？我就是。"说完翻身下马，"找我有什么事？"

爱数王子一看，火冒三丈："你敢冒充本王子，真是吃了熊心豹子胆，看本王子怎么收拾你。"说完，"铮"的一声，他拔出了腰间的佩剑，剑指假爱数王子的心窝，大喊一声："看剑！"

这位假爱数王子也功夫了得，只见他上身轻轻往旁边一闪，让过剑锋，一回手，"铮"的一声，也拔出了腰间的佩剑。两人也不搭话，你来我往打在一起，两柄宝剑犹如两条长蛇在空中飞舞，煞是好看。

"好！"杜鲁克大喊一声。杜鲁克本来就爱好体育，特别爱看击剑格斗，今天看到了真正的格斗，怎么能不兴奋？

爱数王子真是好身手，只见他手腕一抖，剑锋立刻画出一个碗大的剑花，随即向假爱数王子刺去。换了平常人，眼前到处是刺来的剑锋，左躲也不是，右躲也不成，非被刺上不可。可是假爱数王子有功夫在身，此时并不惊慌。只见他一踩双脚，身体立刻腾空而起，躲过了爱数王子的宝剑。接着，他身体在空中转了 180°，来了个大头朝下，他双手握剑，剑锋直指站在地面上的爱数王子，直冲下来。

假爱数王子这招十分厉害，吓得杜鲁克大叫："王子，留神头上！"

其实爱数王子早有准备，只见他来了个前滚翻，翻到两米以外，假爱数王子的宝剑扎了个空。

一个回合下来，真假王子不分胜负。爱数王子大喊一声："看剑！"又挺剑进攻，第二回合开始了。两人斗了足有三十个回合，仍不分胜负。

杜鲁克心想：不能总这样斗下去。爱数王子一天没吃饭，又打了一天的猎，体力消耗很大，再斗下去，恐怕要吃亏。怎么办呢？他的眼珠飞快地转了起来。有啦！咱们不武斗，改为文斗。

杜鲁克高举右手，大声叫道："真假王子停一停，听我说两句。现在是文明社会，不讲究打打杀杀的。"

假爱数王子怒气未消，用剑一指杜鲁克，问："不斗，你说怎么办？"

"既然两位都自称是爱数王子，那么数学肯定是顶呱呱的了。我只是一名小学四年级的学生，我来出道数学题，请两位回答。"杜鲁克见两人都没说话，心想：有门儿！

杜鲁克接着说："能答出来的当然是真的爱数王子。如果答不出来，那肯定是假的了。"

假爱数王子听了杜鲁克的建议，低头不语，脸色显得十分阴沉。

杜鲁克问："你不敢比试了？"

"谁不敢比试了？比就比，谁怕谁？"假爱数王子咬牙答应了。

鬼算王子是个糊涂蛋

杜鲁克先看了看两位王子，然后一指假爱数王子："我出题，你先来答。"

假爱数王子把脖子一梗："凭什么我先答？"

"你真傻！你没听说过'先易后难'吗？我先出的题容易，后出的题难。给你便宜还不占？"

"好、好，我先答。"

"听好题。"杜鲁克清了清嗓子说，"前两天，我去参加射箭比赛，每人发得 20 支箭。如果箭射中靶子，得 5 分；如果箭脱靶，不但 1 分不得，还要被扣掉 3 分。我 20 支箭全部射完，总共得了 60 分。你算算，我有几支箭射中了靶子？"

假爱数王子毫不犹豫地答道："有 60 支箭射中靶子。"

"哈哈哈……"假爱数王子的回答让杜鲁克乐弯了腰，杜鲁克说，"你是真逗哏，活活乐死人！"

假爱数王子不服气："射中 1 支箭得 1 分，你得 60 分，不就是射中了 60 支箭吗？"

"我让你好好听题,你就是不听。射中 1 支箭得 5 分,不是 1 分,而且我总共只有 20 支箭,怎么会有 60 支箭射中靶子呢?"

"那 60 分哪来的?"

杜鲁克心想:这个假爱数王子虽然武艺不错,可是对数学一窍不通,是个糊涂蛋!

"你想知道这 60 分是怎么来的,我可以告诉你,但是你必须认输!"

假爱数王子心想:我就是不认输,也不会算哪!他说下一道题比这道题还难,那爱数王子也照样答不上来。假爱数王子想好了,大声说:"你能给我讲明白了,我就认输!"

杜鲁克学着数学老师上课提问的样子,对假爱数王子说:"如果给我的 20 支箭,我都射中了靶子,我应该得多少分呢?"

假爱数王子愣了一下,然后回答:"射中 1 支箭得 5 分,你 20 支箭全射中,应该得 $5 \times 20 = 100$(分)。"

杜鲁克一点头:"行,你还没糊涂到家。我再问你,我为什么没得 100 分,只得了 60 分呢?"

假爱数王子把嘴一撇:"你的射技不精,有好多支箭脱靶了呗!这要是我射,箭箭不离靶心,稳拿 100 分!"

杜鲁克嘿嘿一乐:"你先别吹牛,把这道题弄明白再说。实际上我只得了 60 分,少得了 $100 - 60 = 40$(分),你说我这 20 支箭中有几箭脱靶了?"

"这……"假爱数王子卡壳了,"脱靶的箭不但得不到 5 分,还要被倒扣 3 分,这怎么算哪?"

"认输不?"

"认输……"

"认输就好!"杜鲁克脸上露出几分得意的微笑,"我给你讲讲吧!1 支脱靶的箭,要扣除 $5 + 3 = 8$(分)。被扣除了 40 分,就是脱靶了 40÷

李毓佩
数学科普文集

8＝5(支) 箭。射中的支数是 20－5＝15(支)。"

"好!" 爱数王子大声叫好,"数学小子讲得就是明白!"

杜鲁克问假爱数王子:"你的数学这么差,说明你不是爱数王子,而是假冒的,对不对?"

假爱数王子心悦诚服地点了点头:"我的确不是爱数王子。"

杜鲁克又问:"不是爱数王子,那你是谁?"

"我是……"假爱数王子刚想说出答案,只听一阵急促的马蹄声由远而近,一队人马疾驰而来。

狡猾的鬼算国王

来的是一队骑兵。

"吁——"领头的黑马刚一停住,一个国王打扮的瘦老头儿"噌"的一声从马上跳下来。

瘦老头一指假爱数王子,说:"他是我儿子——鬼算王子!他还小,数学没学好,你有什么数学问题来和我过招吧!"

杜鲁克仔细打量这个瘦老头儿,只见他身穿黑色的国王服,脚蹬黑色的长筒马靴,披着一件黑色的斗篷,头戴皇冠,腰间挎着一把镶满钻石的宝刀,远看活像一只大个儿乌鸦。

爱数王子在一旁提醒:"这就是想霸占我们国家的鬼算国王。"

鬼算国王微微一笑:"不错,本王就是鬼算国王,你这个小孩是谁呀?"

"我乃小学生杜鲁克,人送外号'数学小子'。"

鬼算国王一阵冷笑,这笑声十分难听,像深夜里猫头鹰的叫声,让人听起来全身起鸡皮疙瘩。笑过之后,他说:"你既然叫数学小子,想必数学一定不错。你已经出题考了我的儿子,该我出题考考你了。"

杜鲁克毫不在乎:"请出题!"

"好！"鬼算国王眯起眼睛说，"我让你算算我和我儿子的年龄。6年前我的年龄是我儿子的5倍，6年后我们父子年龄之和是78岁。请问，今年我们父子各多少岁？"

"6年后你们父子年龄之和是78岁，这6年你们父子的年龄各增加了6岁，那么你们父子今年年龄之和就是78－6×2＝66(岁)。"

"不错！"

"6年前你们父子年龄之和就是66－6×2＝54(岁)，这时你的年龄是你儿子的5倍，6年前你儿子是54÷(5＋1)＝9(岁)，现在是9＋6＝15(岁)，而你今年是66－15＝51(岁)。对不对？"

"对、对、对极了！嘿嘿！"鬼算国王说，"我51岁，正当年，别看我瘦，但啥病没有。可是爱数国王年老多病，现在重病在身，恐怕活不了几天了。"

"你胡说！"爱数王子愤然而起，"你不要诅咒我的父王！我父王的病很快就会好的！"

鬼算国王摇摇头，叹息一声："唉！我说爱数王子，你的愿望是好的，可是你父王病得连床都起不来了。你又年幼，主持不了国家大事。我想帮你一把，由我来暂时领导爱数王国，我可是一片好心哪！"

爱数王子越听越气："你鬼算国王每天都在算计别人，你就是想把爱数王国划归给你统治。你还我的宝马，还我的猎枪！"

"哈哈——"鬼算国王又一阵大笑，"我要你的马和枪有什么用？我把它们存放到了非常安全的地方。"说完，他拉起鬼算王子，吩咐士兵："走，咱们回去！"骑兵簇拥着鬼算国王父子俩，沿原路返回。

爱数王子急了，他大声叫道："鬼算国王，你把我的马和枪藏在了什么地方？"

"自己去找！"鬼算国王回头射来一箭，说时迟，那时快，爱数王子一伸手就把箭接到了手里。

"好身手！"杜鲁克高声喝彩。

箭上绑着一张纸条，上面写着：白马放在鳄鱼谷，猎枪藏在蟒蛇洞。

"啊！"看完纸条，杜鲁克不禁大叫了一声，"这是多么可怕的地方啊！"

爱数王子却十分冷静："再可怕的地方咱俩也要去，这里离爱数王国非常远，没有马，咱俩是回不了爱数王国的。"

"先去哪儿？"

"先去鳄鱼谷，找回白马，然后再去蟒蛇洞，拿回猎枪。"

"走！"杜鲁克和爱数王子直奔鳄鱼谷。

勇闯鳄鱼谷

爱数王子带着杜鲁克左转右转，很快就来到了鳄鱼谷。鳄鱼谷地势非常险要，四面环山，中间一个大湖，湖中有一个小岛，爱数王子的白马就在那个小岛上。白马见到了主人，发出阵阵嘶叫。

杜鲁克好奇地问："你来过鳄鱼谷？"

"嗯！这鳄鱼谷是鬼算国王开辟的私家动物园，里面的鳄鱼都是他养的宠物。他曾邀请我来参观过。"

湖里的鳄鱼发现有生人到来，纷纷从湖中爬上来，做好攻击的准备。杜鲁克吓得连连后退："快跑！快跑！"

爱数王子"唰"的一声拔出了腰间的佩剑，安慰杜鲁克说："不要怕，只要你不往前走，它们就不会咬你。"

杜鲁克把四周都看了一遍，生怕哪个角落里会钻出一条大鳄鱼。

杜鲁克问："你知道这里有多少条鳄鱼吗？"

爱数王子一指旁边立着的一块木牌："那上面写着呢！"两人走过去一看，只见上面写着：

鳄鱼谷共有★■条鳄鱼。

已知：★＋★＋■＝35

■＝★＋★＋★＋★＋★

爱数王子直摇头："这上面又是五角星，又是方块，这都是干什么的？"

"我猜想，鬼算国王十分狡猾，他不想把鳄鱼的数量直接写出来。他喜欢数学，于是他编了一道数学题，把鳄鱼的数量藏在题目里。"

"这里除了有一个数35，剩下的都是五角星和方块，这怎么算？"

"不难！"一说到解数学题，杜鲁克就来劲了，他蹲在地上连写带说，"第二个式子说明1个方块等于5个五角星的和。同一道题里有五角星和方块两个未知数，这不好求。"

"那怎么办呢？"

"可以拿第二个式子的等量关系，把第一个式子中的方块换掉，让第一个式子中只有五角星。这种方法叫作'代换法'，目的是把多个未知数代换成一个未知数。"说着，杜鲁克在地上写了起来：

$$★＋★＋(★＋★＋★＋★＋★)＝35$$

$$7×★＝35$$

$$★＝5$$

$$■＝★＋★＋★＋★＋★＝25$$

杜鲁克说："哇，鳄鱼谷共有525条鳄鱼。有这么多，吓死人啦！王子，这些鳄鱼吃人吗？"

"吃！怎么不吃？"爱数王子愤怒地说，"这鳄鱼谷，表面上看是鬼算国王的私家动物园，实际上是鬼算国王的监狱。他把反对他的人抓起来，放到这个湖中间的小岛上，周围由几百条鳄鱼看着。你在岛上不动还好，如果你想逃出小岛，只要你一跑，鳄鱼就会立刻扑上来，把你撕得粉碎！"

"哇，太恐怖了！"

"现在我的马也成了他的囚犯，只要马一跑，这群鳄鱼就会立刻一拥而上，把马撕个粉碎。可是没有马，咱俩也回不了爱数王国呀！"爱数王子发愁了。

杜鲁克的眼珠转呀转，突然，他一拍大腿："有主意了！等一会儿，我到湖的东边，你去湖的西边。到时听我的口令，我撒腿就跑，众鳄鱼必然扑向我，而你赶紧叫你的马蹚过湖到你的身边。怎么样？"

爱数王子还是一脸愁容："好虽然是好，只是你太冒险了！"

"没事！"杜鲁克笑嘻嘻地说，"我是四年级的百米赛跑冠军，笨鳄鱼跑不过我，放心吧！"说完，一溜小跑朝湖的东边跑去。

爱数王子不敢怠慢，也悄悄朝湖的西边快步走去。他刚刚走到湖的西边，就听湖东边的杜鲁克大喊："开始！"

霎时间，湖里像炸开了锅，鳄鱼纷纷朝东边游去，猛追杜鲁克。

爱数王子用右手的食指和拇指捏住下嘴唇，打了一个呼哨，白马长嘶一声，快速游过湖水，直奔爱数王子而来。

爱数王子翻身上马，催马奔湖的东边跑去，只见一大群鳄鱼正在追赶杜鲁克。此时杜鲁克已经跑得气喘吁吁，爱数王子从后面拍马追上，弯腰用右臂将杜鲁克拦腰夹起，轻轻放在马上，然后重拍马的屁股，白马飞也似的跑出了鳄鱼谷。

白马找回来了。

再进蟒蛇洞

两人骑在白马上，杜鲁克在前，爱数王子在后，白马在飞奔。

爱数王子一竖大拇指："你真行！主意出得好！"

杜鲁克笑嘻嘻地说："这叫作'声东击西'，或者叫'调虎离山'。"

爱数王子说："咱们下一步去蟒蛇洞拿回猎枪吧。"

"有了白马，咱俩为什么不赶紧回爱数王国，着急拿猎枪干什么？"

"你不知道，鬼算国王十分阴险。从这儿到爱数王国还有很长的路要走，这一路上，他会不断地对咱俩下黑手，咱俩没有猎枪，恐怕中途就被他算计了！"

"是吗？"杜鲁克也紧张起来，"那咱们还是去蟒蛇洞取枪吧！王子，蟒蛇洞里有多少大蟒？"

"洞里只有一条黄金蟒，它全身金黄，非常名贵，是鬼算国王的心爱之物。"

"又是鬼算国王的宠物！大蟒吃人吗？"

"当然吃人！不过它不是一口一口地咬着吃，而是先用身体把人缠死，然后再把人整个儿吞下去。"

"我的天哪！整个儿吞！"杜鲁克听了，目瞪口呆。

不过他好像有了什么主意，一路上不停地东张西望。爱数王子问他找什么，他也只是笑笑说："没找什么。"

当他们路过一家制造铁桶的工厂时，杜鲁克赶紧叫爱数王子停住，他翻身下马，向工厂跑去。走进制桶车间，他边走边看，还常常停下来，和铁桶比比高矮。当发现一个铁桶比自己矮一头多时，杜鲁克高兴地跳了起来。

杜鲁克对厂长说："这个铁桶，高矮合适，粗细适中，桶壁也很厚，很结实。你给我再加加工，在桶底挖一个比我脑袋稍大一点儿的孔。"

"这个容易。"厂长让工人在桶底挖好一个孔。杜鲁克让爱数王子付了钱，又要了一根长绳子，一头捆住铁桶，另一头捆在马鞍子上。两人上了马，拖着铁桶，又继续往前走。

爱数王子好奇地问："你买个铁桶干什么？"

杜鲁克两眼一眯，做个鬼脸："好玩儿！"

爱数王子摇摇头，心想：都什么时候了，还好玩儿哪，真是一个孩子！

李毓佩
数学科普文集

白马爬上了一座山，山很陡，路很险。爬着爬着，他们看见前面有一个黑漆漆的山洞。爱数王子一指："这就是蟒蛇洞。"

人还没靠近，就感觉洞里吹出一阵阵冷风，吹得人浑身发抖。

"喀喀。"杜鲁克故意咳嗽两声，给自己壮壮胆。他问："我说王子，这里你肯定也来过吧？你看到的那条黄金蟒有多长？大约有多重？"

"我是两年前来的，那时它还不长，也就五六米吧。听说黄金蟒长得非常快，这两年还不得长出十米八米的？"

"啊？"杜鲁克嘴张得不能再大了，"那还不赶上火车长啦？"

"洞里肯定有牌子，因为鬼算国王要随时掌握宠物的各项指标。进洞吧！"爱数王子下了马，拔出佩剑，带头往里走。杜鲁克抱着铁桶跟在后面。

洞里真黑呀，伸手不见五指。爱数王子用宝剑在前面探路，杜鲁克双手抱着铁桶紧跟在后面。走着走着，有水声传来，前面好像有条暗河。

爱数王子回头小声说："快到了，黄金蟒离不开水。"

杜鲁克越发紧张，双手把铁桶抱得更紧了。再走几步，前面出现了亮光，原来山洞上面开了一个天窗，光线从天窗照了进来。

杜鲁克眨了眨眼睛，适应了一下光亮。他慢慢看清了眼前的一切：高处的洞壁上挂着一杆漂亮的蓝色猎枪，猎枪下面盘踞着一条碗口粗的黄金大蟒，旁边立着一块木牌。

智斗黄金蟒

杜鲁克向前轻轻走了几步，看见木牌上写着：

黄金蟒的长度（单位：米）等于下图中所有最小的正方形

的个数，而重量（单位：千克）是下图中所有正方形个数的和的 2 倍。

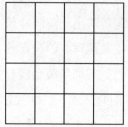

爱数王子说："长度容易求，图中有 16 个最小的正方形，说明黄金蟒现在的长度是 16 米。可是重量怎么求？图中的正方形有小个的，有中等大小的，还有大一点儿的，而且是重叠在一起的，这可怎么数哇？"

"老师教我们，当遇到规格不一的图形重叠在一起时，不能乱数，而首先要把它们分类。"杜鲁克指着图说，"你看，边长为 1 米的最小正方形有 16 个，边长为 2 米的正方形，最上面两行有 3 个，中间两行又有 3 个，最下面两行还有 3 个，加起来是 9 个。"

"噢，我明白了。"爱数王子开窍了，"边长为 3 米的正方形有 4 个，边长为 4 米的正方形只有外面最大的这个了。所有正方形加在一起是 16＋9＋4＋1＝30（个），而黄金蟒的重量是这个数字的 2 倍，就应该是 60 千克。果然这两年它又长大了许多。"

杜鲁克一竖大拇指："爱数王子果然聪明！"

"你们数学老师真棒！我能不能也当他的学生，跟他学数学？"

"没问题！"杜鲁克一指挂在洞壁上的猎枪，"可是，当前咱俩的任务是在黄金蟒的鼻子底下，把猎枪拿出来。"

爱数王子为难地摇摇头："黄金蟒力大无比，谁被缠上都别想活，我们怎么去拿猎枪啊？"

"我有主意。"杜鲁克趴在爱数王子的耳边，小声地说，"咱俩这样……"好像生怕黄金蟒把他的秘密听了去。只见王子一会儿点头，一

数学小子杜鲁克　李毓佩 数学科普文集

会儿摇头，脸上一阵儿高兴，又一阵儿忧虑。

杜鲁克主意已定，他先把铁桶翻了过来，底朝上，又迅速从铁桶的下面钻了进去，将脑袋从铁桶底部的洞中伸了出来。乍一看，杜鲁克好像穿了一件铁桶的外衣。

杜鲁克穿着这件特制的铁桶外衣，晃晃悠悠地朝黄金蟒走去。一直走到跟前，黄金蟒还是不理他。杜鲁克来气了，抬起腿朝着黄金蟒狠狠地踢了一脚。这一脚可激怒了黄金蟒，它"呼"的一声将身体直立起来，张开血盆大口，口中的信子吐出老长，以闪电般的速度，用身体把杜鲁克紧紧缠住。

"快！照计划执行。"杜鲁克一声令下，爱数王子先把猎枪拿到手，又弯腰拉起捆在铁桶上的绳子往洞外走。杜鲁克明白，一条60千克的大蟒缠在铁桶上，再加上铁桶本身的重量，自己"穿着"这么一个外衣是根本走不动的。现在有爱数王子在前面用绳子拉着，他就能够走起来了。

两人配合着，十分艰难地一步一步往外走，终于走出了洞口。杜鲁克身体往旁边一倒，"咕咚"一声，铁桶也跟着倒地，他迅速从铁桶里爬了出来。

这时爱数王子举起猎枪，要一枪打死黄金蟒。杜鲁克赶紧阻止："别开枪，千万别开枪！"

"这是鬼算国王豢养的黄金蟒，应该把它除掉！"

"鬼算国王是个大坏蛋，可是他养的宠物没有罪，而且黄金蟒是稀有品种，我们有责任保护它，应该把它放归山林。"

爱数王子似乎明白了，他拿猎枪用力地顶了一下铁桶，铁桶带着黄金蟒骨碌骨碌滚下了山。

杜鲁克高举双手欢呼："黄金蟒自由喽！"

来了牛头马面

杜鲁克和爱数王子骑上马，继续朝爱数王国的方向进发。杜鲁克非常喜欢王子的猎枪，把猎枪紧紧抱在怀里，一刻也不撒手。

当他们俩走进一片树林时，光线暗了下来。爱数王子忽然紧张起来，迅速拔出佩剑，他左看看，右瞧瞧，看看天，又瞧瞧地。杜鲁克问："你看什么呢？"

"树林历来是个危险的地方。"爱数王子的话还没说完，只听"嗖嗖"两声，左右两棵树上各跳下一个"怪物"。杜鲁克定睛一看，一个是人身牛头，手握一把刀；另一个是人身马头，手执一柄剑。

"妖怪，妖怪！这是传说中的牛头马面。"杜鲁克举起猎枪就要打。

"慢着！"爱数王子伸手拦住了他，"为了不误伤好人，我们先问清楚再说。"

爱数王子用剑一指两个怪物，问："你们是什么人？在这儿装神弄鬼的！"

只听牛头怪笑一声："我们是来要你的脑袋的，你把脑袋留下，身子可以过去。"

杜鲁克一摸脑袋："不对呀！这笑声怎么这么耳熟哇？"

没等杜鲁克想明白，爱数王子"噌"的一声，从马背上凌空跃起，宝剑直指牛头刺去。牛头不敢怠慢，"当"的一声，用刀将剑挡开，顺势挥刀砍向爱数王子。爱数王子一个空翻，躲过刀，"唰"的一剑横扫过去。

爱数王子这一剑动作极快，牛头吓得叫了一声"妈呀"，赶紧低头，可还是晚了，两只牛角各被削去了半截。

马面一看，急了，大喊一声："我来啦！"挺剑就向爱数王子刺去。杜鲁克也急了，他端起猎枪对准马面叫道："你给我老实站住！你敢往前走一步，我就开枪！"

此时牛头也顾不得牛角被削，赶紧拦住马面："你别过来！我能斗得过他！"马面倒是听话，乖乖地站在原地不动。

杜鲁克开始得意了："你要懂规矩，打架讲究的是单打独斗，你们两个人打一个，算什么本事呀？"

爱数王子和牛头继续搏斗，战了有二十多个回合。爱数王子越战越勇，而牛头渐渐体力不支。他把手指放进嘴里，打了一个呼哨，一大群怪物呼啦啦从树后钻出来，有猴头怪、熊头怪和虎头怪，手里分别拿着长枪、短刀、大锤、狼牙棒，十八般兵器样样都有。他们大喊了一声"杀呀"，各执武器冲了过来。

爱数王子一摆手，喊："停！"

牛头问："怎么？害怕啦？"

"你告诉我,这一群怪物有多少个？我好知道自己消灭了多少害人虫。"

牛头点点头："也好，可以叫你死个明白。猴头怪和熊头怪加起来有16 个，猴头怪比虎头怪多 7 个，虎头怪比熊头怪多 5 个。你算算这三种怪物各有多少个？"

"这……"爱数王子有个短处，当题目条件一多，他脑子就乱了。

"有 14 个猴头怪，2 个熊头怪，7 个虎头怪。这群怪物总共是 23 个。"其实，杜鲁克早就算出来了。

"啊，算得这么快？"牛头吃了一惊，"不会是蒙的吧？"

"笑话！我出道题，你来蒙一个试试。"

牛头说："如果不是蒙的，你能把解题过程说给我听听吗？"

"可以。"杜鲁克一指马面，"你让他先把手中的剑扔得远远的，我就放下枪，给你写解题过程。"

牛头点点头："好吧！马面，谅他们也跑不了了,你先把宝剑扔掉！"马面极不情愿地把宝剑扔了出去。

杜鲁克放下手中的枪，连说带比画："你说猴头怪和熊头怪加起来有16 个，就有：猴头怪＋熊头怪＝16(个)。猴头怪比虎头怪多 7 个，又有：

猴头怪－虎头怪＝7（个）。还有虎头怪比熊头怪多 5 个：虎头怪－熊头怪＝5（个）。接下去把这三个式子相加，得：2×猴头怪＝28（个），猴头怪＝14（个）。"

"知道猴头怪有多少个，熊头怪和虎头怪就好求了。"杜鲁克还没说完解题过程，忽然催马向马面奔去，冷不防伸手把马面的面具摘了下来。对方竟然是鬼算王子！

"原来是鬼算王子！"杜鲁克急转马头，向爱数王子奔去，"他们人多，咱们好汉不吃眼前亏。"

此时爱数王子也心领神会，疾跑几步，跃身跳上马背。"驾！"他用力拍了一下马屁股，马猛地蹿了出去，四蹄腾空，霎时间就不见了踪影。

牛头摘下了面具，原来是鬼算国王，其他怪物也纷纷"显形"——都是鬼算王国的士兵。

"这次让他们俩跑了！不要紧，他们躲得过初一，也躲不过十五。咱们等着瞧！"鬼算国王阴沉着脸说。

刁小三私家菜馆

爱数王子和杜鲁克骑着白马好一通猛跑。他们跑到一大片开阔地，回头看看，鬼算国王并没有追上来。"吁——"爱数王子勒住了白马，白马已经累出了一身汗。

"咱俩应该找个地方休息一下了。"

"我早饿得前胸贴后背了！"

突然，前面飘来阵阵炒菜的香味，杜鲁克原本就饿得要命，现在又闻到炒菜香，更是饿得受不了啦！他大叫："我要吃饭！我要吃饭！"

"好、好，咱们到前面看看去。"爱数王子催马往前走。

只见一家饭馆的门上写着：刁小三私家菜馆。门框的两边还有一副对子：开坛千家醉，饭菜百里香。

杜鲁克一看真是饭馆，高兴极了，立即跳下马来，朝饭馆奔去。

进门一看，饭馆地方不大，只摆着两张桌子，掌柜的有40多岁，长得又矮又瘦，腰间围着围裙，肩膀上搭着一块擦桌布。他见杜鲁克蹦了进来，吓了一跳，忙说："这位小少爷，您是来吃饭哪，还是参加运动会？"

"谁是小少爷？我到饭馆来参加运动会干什么？我要吃饭！"杜鲁克真是饿得有点儿急眼了。

掌柜的满脸赔笑："小少爷，哦，不，应该叫小朋友，您有几位？请坐！"

这时，爱数王子也把白马拴好，走了进来。他对掌柜的说："喂喂我的马。"

"好的，您先请坐。"掌柜的一面擦桌子，一面问，"两位想吃点儿什么？"

"菜，拣最好的上。"

"一定要快，慢了会出人命的！"杜鲁克恨不得立刻就能吃上饭。

掌柜的手脚还真够快的，不一会儿，菜就上桌了——有红烧兔子肉、清蒸鳜鱼、软炸大虾、百合炒芹菜。

杜鲁克看到这么多好吃的，拿起筷子就要夹菜。

"慢！"掌柜的满脸赔笑地说，"到我刁小三私家菜馆吃饭有个规矩，必须喝刁小三远年陈酿。"

"什么是远年陈酿？"杜鲁克从没喝过酒。

"远年陈酿就是多年前酿制的好酒。"掌柜的立刻搬来了一个黑坛子，打开封口，一股浓郁的酒香从坛子里蹿了出来。

"好香啊！"爱数王子不由得称赞起来。

掌柜的拿来两只碗，给每人倒满了一碗酒，说道："两位请！"

爱数王子拿起酒碗，一仰脖"咕咚咕咚"喝下了肚，然后一擦嘴："好酒！"

杜鲁克却看着眼前的酒碗，一动不动。掌柜的问："小朋友，你怎么不喝呀？”

杜鲁克说：“我从没喝过酒，再说，小孩子也不能喝酒呀！”

掌柜的笑了笑：“没喝过不要紧，你尝尝我酿的酒，可好喝了！度数不高，喝了没事。”

杜鲁克摇摇头，坚决不喝。

掌柜的忽然变了脸，他用十分强硬的口气说：“按照我店里的规定，不喝我的酒，就不能吃我的饭菜！”

事情闹僵了！爱数王子出来打圆场：“这又不是在学校，少喝一点儿嘛！不然我们连饭都吃不上。来，我帮你把这碗酒喝了。”说着，拿起杜鲁克面前的酒碗一饮而尽。

此时，杜鲁克更饿了。他眼珠转了几圈，有了主意：“掌柜的，我怕喝了酒，吐得哪儿都是，你给我一条大毛巾吧。”

“好说！”只要杜鲁克喝酒，掌柜的什么要求都可以答应。

掌柜的又给杜鲁克倒满了一碗酒：“请！”杜鲁克端起酒碗，喝了一大口酒，但立刻用毛巾捂着嘴，把头埋到桌子底下。

“哈哈！”掌柜的夸奖说，“好样的！真勇敢！再来一口。”杜鲁克用同样的方法又喝了一口。

掌柜的阴笑着点了点头：“嗯，差不多了！”

终于可以吃饭了，杜鲁克端起碗，低下头，赶紧往嘴里扒饭。一碗、两碗、三碗……

突然，爱数王子脑袋乱晃，掌柜的见了，拍着双手，说道：“倒！倒！倒！”

扑通一声，爱数王子晕倒在桌子上。杜鲁克心想：不好！这酒里准下了小说里所说的蒙汗药，这掌柜的没安好心。怎么办？

杜鲁克急中生智，也开始晃悠脑袋。

掌柜的也拍着双手，说道：“倒！倒！倒！”杜鲁克应声假装晕倒在桌子上。

杜鲁克偷偷盯着掌柜的，只见他走到墙壁前，摘下弓和箭。杜鲁克吓了一跳，心想：他难不成要把我们俩当箭靶子射？

还好，掌柜的没有把箭对准他们俩，而是跑到外面，拉弓搭箭向天空射出一箭，只听"嘶——"的一声，杜鲁克明白了，这是射的响箭，是在向远处发信号。紧接着，掌柜的又射出两支响箭，前后一共射了三支。

过了一会儿，一阵急促的马蹄声由远及近，停在了门口。接着走进来两个人，杜鲁克一看，倒吸了一口冷气：怎么会是他们俩？

特效蒙汗药

走进来的竟是鬼算国王父子俩。

掌柜的单膝跪地："欢迎鬼算国王，一切都是按您的吩咐做的。爱数王子和那个小孩都已经被蒙汗药迷倒了。"

"嘿嘿！"鬼算国王奸笑了一阵，他走到趴在桌子上的爱数王子身边看了看，"他武艺高强，趁他昏睡，把他捆起来！"

"是！"掌柜的拿出绳子将爱数王子捆结实，又一指杜鲁克，问，"他也捆吗？"

鬼算国王的脑袋摇得像拨浪鼓："哼，一个小屁孩儿，捆他干什么？"

杜鲁克听到鬼算国王叫他小屁孩儿，气得直攥拳头。

鬼算国王问："他们吃了这种蒙汗药，会昏睡多长时间？"

"报告国王，这是一种新型的特效蒙汗药，我这里有说明书。"说着，掌柜的拿出一张纸，读道，"服下此药后，要昏睡固定的一段时间。在这段时间中，有 $\frac{1}{2}$ 的时间是趴着睡，有 $\frac{1}{4}$ 的时间是仰着睡，有 $\frac{1}{7}$ 的时间是靠着睡，最后还有 3 分钟的时间是站着睡。读完了。"

"这说的都是什么呀？"鬼算国王摇摇头，"幸好我鬼算国王会算，这个问题小意思！"

鬼算王子问："人还能站着睡觉？如果还能站着打呼噜，就更吓人啦！父王，这个问题从哪儿着手呢？"

"可以设固定的时间为1。趴着睡的时间、仰着睡的时间和靠着睡的时间加起来肯定小于1。"

鬼算王子动手算：$\frac{1}{2}+\frac{1}{4}+\frac{1}{7}=\frac{25}{28}$。

"果然不够1，是$\frac{25}{28}$。"

"对了。"鬼算国王有点儿神气，"所差的那点儿是什么呢？"

鬼算王子抢着说："我知道，就是站着睡的3分钟。这3分钟应该占$1-\frac{25}{28}=\frac{3}{28}$，总的时间就是$3\div\frac{3}{28}=28$（分钟），他们要28分钟才能醒呢！"

"不对，不对！"鬼算国王说，"你别忘了，最后3分钟是站着睡的。人怎么可以站着睡呢？一定是半醒半睡的，这不能算昏迷状态。真正昏迷的时间是25分钟。"

掌柜的竖起大拇指："高，高！国王是真正的高！"

鬼算国王十分得意："我说王宫大厨呀，我有好几天没吃你炒的菜了。爱数王子还要二十多分钟才会清醒。你去给我炒几个好菜，咱们先喝坛子好酒。"

"国王英明！"掌柜的先搬来一坛子酒，放在另一张桌子上，然后马上到厨房忙活去了。杜鲁克这才知道，原来这个掌柜的是鬼算国王的御厨，怪不得他这么坏！

鬼算国王对儿子说："我早听说爱数王子的白马十分了得，它只让爱数王子骑，别人休想单独骑它！"

"我就不信这个邪。父王，你看着，今天我非骑上它不可！"鬼算王子拉着鬼算国王走了出去。

这真是千载难逢的好机会！杜鲁克抱起自己面前放了特效蒙汗药的酒，和鬼算国王他们准备喝的那坛好酒互换了一下。做完了这些，他继续假晕，趴在桌子上。

这时，外面乱作了一团：人的叫喊声，马的嘶叫声，"咚"的重物落地声，鬼算王子的"哎哟"惨叫声……

掌柜的做好了菜，跑到门口说："国王，王子，菜已经炒好了，快进来吃饭吧！"

杜鲁克偷看一眼，只见掌柜的搀着摔得鼻青脸肿的鬼算王子一瘸一拐地走了进来。

鬼算王子骂骂咧咧："死白马，竟敢摔我，我跟你没完！我要把你宰了，炖马肉吃！"

掌柜的安排鬼算国王父子俩坐好，打开酒坛子，给每人倒了一碗酒。两人也真是渴了，端起酒碗一饮而尽："好酒！"

"好！"杜鲁克高兴得差点儿叫出声来。

鬼算国王对掌柜的说："你在这儿埋伏了好几天，也辛苦了，来，我敬你一杯！"说着，倒满一碗酒，递给了掌柜的。掌柜的受宠若惊，双手接过碗，一仰脖就喝了进去。

"好！"杜鲁克这次真叫出了声。

"谁？"鬼算国王吃了一惊。他刚想拔刀，可是蒙汗药的药力来得特别快，他的手已经够不着刀了，脑袋也开始晃悠。

杜鲁克腾地跳了起来，嘴里喊着："倒！倒！倒！"鬼算国王非常听话，"咕咚"一声就倒在了地上。

这时，鬼算王子和掌柜的脑袋也同时晃悠起来，杜鲁克大喊："倒！倒！倒！"咕咚咕咚，他们俩先后倒在了地上。

杜鲁克一竖大拇指："这蒙汗药果然是特效的！"

真假难辨

杜鲁克赶紧把捆爱数王子的绳子解开。他在小说里看过，要解蒙汗药，可以往脸上喷凉水。

杜鲁克端来一大碗凉水，"噗——噗——"一通猛喷。

这招儿还真管用，"阿嚏！阿嚏！"爱数王子连打了两个喷嚏，醒了过来。他看到躺在地上的三个人，十分吃惊，问："这是怎么回事？"

杜鲁克说："只剩下十几分钟了，我没时间给你解释，快拿绳子把他们三人捆起来，然后咱俩赶紧走。"

爱数王子和杜鲁克把三个坏家伙捆了个结结实实。杜鲁克右手拿猎枪，左手拉着爱数王子，往门外走去。一出门，他们看见门口拴着三匹马。白马是爱数王子的，黑马是鬼算国王的，花马是鬼算王子的。

杜鲁克说："现在有三匹马了，我就不用和你挤在一匹马上了，我骑鬼算国王的黑马吧。"说着，解开黑马的缰绳，翻身上了马。他照着马屁股狠拍了一巴掌，黑马非常听话，"噌"的一声就蹿了出去。

爱数王子赶紧催马跟上："我说数学小子，我喝了酒就晕倒了，你也喝了，怎么没倒下？"

"嘻嘻！"杜鲁克扔给爱数王子一条毛巾，"你闻闻就明白了。"

爱数王子接过来一闻："哇，怎么这么大的酒味？"

"嘻嘻！你想，我怎么能喝酒呢？你没看见我喝酒时，每喝一口酒，我就用毛巾捂住嘴，把头埋到桌子底下？我这样做，是趁机把酒吐到毛巾上。"杜鲁克边说边表演，爱数王子被逗得哈哈大笑："你小子真是鬼呀！"

"吁——"爱数王子忽然勒住了马。

杜鲁克忙问："怎么啦？"

"我迷路了！"爱数王子摸摸脑袋，"应该是这么走啊，怎么今天就不对了呢？"

"别着急，问问过路人。"

这时，一位老者拄着拐杖，颤颤巍巍地走了过来。爱数王子下马走到老人面前，先鞠了一躬："老人家，请问到爱数王国怎么走？"

"你爱什么？"看来这位老人耳朵还有点儿背。

杜鲁克跑过去，对着老人的耳朵大声说："是爱数王国！"

"不用这样大声喊，我听得见！"老人最讨厌别人对他大喊大叫，"你们不是去爱数王国吗？先往东走一大段，再往北走一小段，就到了。"

爱数王子又问："您知道这两段各走多远吗？"

"知道、知道，大段和小段之和是 16.72 千米，把小段千米数的小数点向右移一位，就等于大段的千米数。对了，差点忘了，我的朋友正等着我下棋呢！你们自己算吧！"老人说完，又拄着拐杖颤颤巍巍地走了。

爱数王子一脸茫然："他等于什么也没说呀！"

"不，可以算出来。"杜鲁克蹲在地上，边写边说，"一个数的小数点向右移一位，这个数必然是之前数的 10 倍。"

"这么说，大段一定是小段的 10 倍，而大小段之和一定是小段的 11 倍。"

杜鲁克夸道："王子，你太聪明了！你说出了解题的关键，往下就好求了：小段路程是 $16.72 \div 11 = 1.52$（千米），大段路程是 $16.72 - 1.52 = 15.2$（千米）。"

"走！咱们先往东走。"

一黑一白两匹马向东疾驰，没走一会儿，爱数王子停住了："咱俩再往北走。"两人又走了小段路程，看到前面有一左一右两条道路。

杜鲁克问："走哪条路？"

爱数王子一摇头："没走过，不知道。"

"那得问问。"杜鲁克看到两个小孩吵吵闹闹地走来。

杜鲁克好奇地问："这俩小孩怎么长得这么像？"

两个小孩同声回答："因为我们是双胞胎。"

一个小孩指着另一个说："他讨厌！他总说假话，一句真话都没有！"

另一个指着这个小孩："他更讨厌！他总说真话，一句假话也没说过！"

爱数王子下马走过去，问："请问，去爱数王国应该走哪条路？"

一个往左一指："走左边这条路。"

一个往右一指："走右边这条路。"

爱数王子又问："你们俩谁说的是真话？"

两个小孩围着王子转了三圈，异口同声地回答："我说的是真话！"

爱数王子张口结舌，没辙了！

杜鲁克拉着其中一个小孩，问："如果我问你兄弟去爱数王国走哪条路，他会怎样回答？"

这个小孩略微想了一下，说："走左边这条路。"

杜鲁克翻身上马，对爱数王子说："走右边的路！"

"为什么走右边的路？"爱数王子不明白。

"他们俩一个说真话，一个说假话。把一句真话和一句假话合在一起，结果一定是假话！所以他回答走左边，我们肯定走右边。"

爱数王子一竖大拇指："高！实在是高！"说完，上马跟杜鲁克走了。

两个小孩嘿嘿一乐："进口袋喽！"

四面围攻

爱数王子和杜鲁克顺着右边的道路往前走，忽然听到有人小声说话："注意，爱数王子进口袋了！"

爱数王子听了一愣，他倒吸一口凉气，赶紧勒住了马："不好！咱俩上当了。"话音未落，只听左边"咚"的一声炮响，杀出一队人马。

杜鲁克定睛一看，只见士兵们排成一个正方形的队形，每条边有4

名士兵，每人都穿着红色的军装，手中统一举着大刀，迈着整齐的步伐，口中喊着："鬼算王国必胜！爱数王国必败！"杀了出来。

爱数王子说："每条边4人，4×4＝16，总共才16人，不去理他们，我们走！"两人刚往前走了几步，又听右边"当当当"一阵锣响，呼啦啦又杀出一支队伍。这支队伍排的是等边三角形，每条边都是5名士兵，他们穿着黄色军装，手中一律拿长枪，喊的口号是："抓住爱数王子可得10枚金币！"

"这支队伍很实在，口号是抓住我就给赏钱。"爱数王子问，"数学小子，这支队伍有多少人？"

"这个好算！一共是5行，人数是1＋2＋3＋4＋5＝（1＋4）＋（2＋3）＋5＝5＋5＋5＝15（人）。"

"嗯？比左边还少1人。不去管他们，咱们继续往前冲！"说完，爱数王子催马前行。

两人走了有十几步，又听前面"咚咚咚"鼓声震天，横着摆出一支队伍，挡住了去路。这支队排成一个梯形。这个梯形上底有4名士兵，一共有6排，每排后一排都比前一排多一名士兵。他们穿的是绿色军装，手中都拿着大铁锤，他们喊的口号是："爱数王子快投降，不然脑袋要遭殃！"

杜鲁克缩了缩脖子，一吐舌头："我的妈呀！他们要拿大铁锤砸烂你的脑袋！"

"要砸烂我的脑袋？他们一共有多少把大铁锤？"

"有多少士兵就有多少把大铁锤呗！"

"我把它们相加就可以了。"爱数王子口算，"4＋5＋6＋7＋8＋9＝（4＋9）＋（5＋8）＋（6＋7）＝13＋13＋13＝39（人）。这队人最多。"

"也可以用求梯形面积的公式来求。"杜鲁克说，"梯形的面积公式是 $\frac{1}{2}$（上底＋下底）×高。上底＝4，下底＝4＋5＝9，高＝6。这样 $\frac{1}{2}$×（4＋9）×6＝13×3＝39，答案一样。他们有这么多人，我们怎么办？硬闯？"

"硬闯我没问题，只是你不会武功，怕闯不过去！咱俩原路退回。"说着，爱数王子掉转马头往回走，杜鲁克赶紧跟上。

此时，炮声、锣声、鼓声响成一片，三面的士兵齐声高喊："抓住爱数王子！"声势浩大，杜鲁克哪见过这种阵势，他脑袋有点儿晕。

杜鲁克忽然听见一声大喊："爱数王子，你已四面楚歌，还往哪里跑？"

杜鲁克抬头一看，不由得"呀"地惊叫了一声。只见后路上站着鬼算国王父子俩。

鬼算国王打了一声呼哨，杜鲁克骑的黑马立刻又蹦又跳，一下子把杜鲁克从马上甩了下来，"哎哟！"摔得杜鲁克大声喊疼。黑马飞快地跑向鬼算国王。

爱数王子快速拾起杜鲁克丢在地上的猎枪，从口袋里拿出三颗子弹装进枪里，举枪朝天空"砰砰砰"连放三枪。原来这是信号弹。霎时间，空中出现了三朵美丽的红花。

"嘿……"鬼算国王又是一阵冷笑，这笑声阴森恐怖，让人听起来全身起鸡皮疙瘩。

鬼算国王一指杜鲁克："没想到你一个小屁孩儿心眼儿还不少，骗过我的大厨，偷换了药酒，让我们上了当！"

杜鲁克就恨人家叫他小屁孩儿。他指着鬼算国王说："谁是小屁孩儿？人家有名有姓的，大名杜鲁克，外号数学小子！我告诉你，你这叫作'偷鸡不成蚀把米，害人不成反害己'，送你两个字——活该！"

杜鲁克的几句话，把鬼算国王气得双眉倒竖，胡子乱颤。他恶狠狠地说："哼！你们俩终究没能逃过我鬼算盘的算计。你们过来！"只见给杜鲁克他们指过路的老头儿和那对双胞胎小孩走了出来。

鬼算国王得意地说："小屁孩儿，你看清楚，这是我事先设好的局，把你们引进了我的口袋阵。进了我的口袋阵，你们就别想活着出去！等我抓住你，我把你碎尸万段！"然后对士兵一挥手，"士兵们，抓住爱数

李毓佩
数学科普文集

王子和这个小屁孩儿的有重赏！"

三面的士兵一听有重赏，呼啦一声，都拥了上来。

正在这万分危险的时刻，上空忽然响起了"啸——"的声音，只见两只硕大无比的雄鹰从天而降，一只黑色大鹰抓住了爱数王子，另一只白色大鹰抓住了杜鲁克，它们腾空而起，朝爱数王国的方向飞去……

此时鬼算国王却并不慌张，他冷笑一声："你们俩跑不了的！"

四只秃鹫

两只雄鹰分别抓住爱数王子和杜鲁克，朝爱数王国飞去。突然，前面黑压压飞来一群大鸟，挡住了去路。这些大鸟，羽毛以黑色为主，杂以白毛，脖子很长，但光杆无毛，嘴很大，前端还带钩，长得极为难看。

杜鲁克好奇地问："我说爱数王子，这是什么鸟哇？长得这么吓人。"

"大名叫秃鹫，外号叫坐山雕，是鬼算国王养的宠物，专吃腐肉，喜好打斗，凶残无比。"爱数王子话还没有说完，只听"呱"的一声，秃鹫开始向雄鹰进攻了。

两只秃鹫分左右两边向黑色雄鹰猛扑，眼看就要扑上了，雄鹰一声长鸣，迅速飞升，两只秃鹫刹车不及，"当"的一声撞到了一起。"呱"的一声惨叫，两只秃鹫同时跌落下去。

"好！"杜鲁克看得高兴，大声叫好。

这时又有四只秃鹫从四面向黑色雄鹰包围过来，此时爱数王子对黑色雄鹰说了些什么，雄鹰点点头，抓住爱数王子向前飞去，四只秃鹫在后面紧紧追赶。前面有三座山峰并排在一起，像一个笔架，当地称之为"笔架山"。雄鹰飞临笔架山的上空，忽然松开了爪子，爱数王子从半空中跌落下来。

眼前这一幕惊得杜鲁克失声大叫："呀！"这时，只见爱数王子在空中做了几个漂亮的空翻，然后稳稳地落在笔架山中间的山头上。

"哇，真棒啊！"杜鲁克喊道，"喂，爱数王子，雄鹰怎么能听懂你说的话呀？"

"我长期和它们打交道，我的话它们听得懂，它们说什么，我也知道。"

"太棒了！将来你一定教教我！"

"没问题！"

把爱数王子放到了笔架山上，黑色雄鹰就没有负担了，它展开双翅向四只秃鹫冲去。其实黑色雄鹰认识这四只秃鹫，在野外生活时曾和它们打过交道。这四只秃鹫中，有一只叫歪脖，它的脖子是在和别的秃鹫争食时被啄歪的。秃鹫是一见吃的就不要命，它们抢食时往往是一哄而上，而后是一通乱啄，常常啄伤同伴。其他三只，一只叫独眼，一只叫瘸腿，还有一只叫少毛，都是在抢食时被啄伤的。

黑色雄鹰还知道，这群秃鹫有个首领，叫作"大嘴秃鹫"。它的个头比同类秃鹫大许多，特别是它的嘴，有同类秃鹫的两个大，和同伴争食时，大嘴一张，凶残无比，上面提到的四只有残疾的秃鹫，大部分都是被它啄伤的。这群秃鹫事事都得听大嘴秃鹫的指挥，否则必遭严惩。

黑色雄鹰朝实力最弱的歪脖秃鹫冲去，没斗几个回合，歪脖秃鹫的脖子就被黑色雄鹰紧紧抓住。

歪脖秃鹫赶紧求饶："伟大的、可敬的雄鹰爷爷，您放开爪子，我的脖子本来就歪，您要一使劲，我的脖子非折了不可！"

黑色雄鹰问："我问你，大嘴秃鹫是如何布置你们向我进攻的？"

"这——"歪脖秃鹫还不敢说。

"不说？"黑色雄鹰两只爪子一使劲，歪脖秃鹫马上就要变成没脖子的秃鹫了。

"我说、我说。"歪脖秃鹫脸都变色了，"大嘴秃鹫要求我们狠命啄你！它对我们每只秃鹫啄你的次数都有严格规定，可惜到现在我也不知

李毓佩
数学科普文集

道我应该啄你多少下。"

"你说说大嘴秃鹫是怎样布置的。"

"它要求独眼啄你的次数是我的 2 倍，瘸腿啄你的次数是独眼的 3 倍，少毛啄你的次数是瘸腿的 4 倍，啄你的总次数是 132 下。你算算我应该啄你多少下。"

黑色雄鹰也不会算，它把题目传给爱数王子。爱数王子又大声把题目告诉杜鲁克。

此时杜鲁克正被白色雄鹰抓着，悬在半空，他笑嘻嘻地说："我还真没有用这种姿势做过题呢！这个姿势，恐怕那些数学博士也做不出题来。不过我想创造一种'悬空做题法'。我用方程来解。设歪脖啄你的次数为 x，则：$x+2x+6x+24x=132$，解得 $x=4$。歪脖啄 4 下，独眼啄 8 下，瘸腿啄 24 下，少毛啄 96 下。"

爱数王子迅速把杜鲁克计算的结果告诉了黑色雄鹰。

惊心动魄的空中大战

黑色雄鹰听了杜鲁克计算的结果，怒火万丈。它放开歪脖，直奔少毛冲去，嘴里叫道："你想啄我 96 下，我只啄你一下！"说完，黑色雄鹰飞到了少毛的头顶上，一只爪子抓住它的脖子，在它的脑袋上狠狠地啄了一下。只听"呱"的一声惨叫，少毛就像断了线的风筝，从高空跌落下来，"咚"的一声，摔死在地上。

"好啊！我方击落敌机一架！"杜鲁克高兴得手舞足蹈。

其他三只秃鹫见少毛这么快就被消灭了，吓得不敢恋战，哀号一声，各自逃命去了。

正在观战的鬼算国王，看到四只秃鹫被一只雄鹰杀得死的死、逃的逃，气得暴跳如雷："一群废物！平日我那么疼爱你们，就是为了养兵千日，用兵一时呀！"他嘴里呜里哇啦说了一通别人听不懂的语言，然后用手一指杜鲁克。

余下的秃鹫就像士兵接到了命令，一股脑儿地向杜鲁克和白色雄鹰冲去，但并不进攻白色雄鹰，而是全部攻击杜鲁克。

白色雄鹰见状，先向黑色雄鹰"啸——"地叫了一声，黑色雄鹰"啸——"的一声回应之后，迅速向白色雄鹰的下方飞去。与此同时，白色雄鹰把抓杜鲁克的爪子松开了，"啊！"杜鲁克大叫一声，身体急剧向下坠落。正在这万分紧急的时刻，黑色雄鹰飞到了杜鲁克的下方，杜鲁克稳稳地落到了黑色雄鹰的背上。

白色雄鹰没有了负担，立刻精神抖擞地向秃鹫群冲了过去。白色雄鹰非常勇猛，它用爪子抓，用嘴啄，杀得秃鹫们呱呱乱叫，羽毛满天飞舞。

"好啊！太酷啦！"杜鲁克在黑色雄鹰背上坐不住了，他站了起来，在黑色雄鹰背上又蹦又跳，又喊又叫，吓得黑色雄鹰"啸——啸——"地叫，不断向他发出警告。爱数王子也大声叫喊："杜鲁克，快坐下！危险！"

一群秃鹫被白色雄鹰全打跑了。

这时传来一声刺耳的叫喊，只见鬼算国王骑着大嘴秃鹫，手舞着大刀向杜鲁克杀来："我先杀了你这个数学小子，爱数王子少了你这个帮手，我就胜券在握！"

杜鲁克见鬼算国王来势汹汹，赶紧抱住黑色雄鹰的脖子大喊："爱数王子救我！"

爱数王子见状，一声吆喝，白色雄鹰立刻飞到他的身旁。爱数王子抽出宝剑，一跃骑到了白色雄鹰的背上，白色雄鹰径直向鬼算国王冲去。

一场空中搏杀开始了。鬼算国王骑着大嘴秃鹫，拿着刀；爱数王子骑着白色雄鹰，舞着剑。上面爱数王子对鬼算国王，两个人刀剑相碰，当当作响；下面白色雄鹰对大嘴秃鹫，又抓又啄，羽毛乱飞。鬼算王国的士兵在鬼算王子的带领下，大声为鬼算国王加油；杜鲁克一个人大喊大叫，为爱数王子助威。

两人你来我往，杀了有四十多个回合，不分胜负。杜鲁克心想：这样打下去，恐怕爱数王子要吃亏，我要想个法子。他用指尖轻轻拍打前额，忽然想起爱数王子曾说过，这些秃鹫闻到腐肉味，便会不顾一切去寻找，不找到腐肉绝不罢休。我何不这样……好！就这样办！

杜鲁克大声叫道："你们俩这样打下去，什么时候算完哪？我有个办法，谁先被打落在地，谁就算输！"

此时两人打得已是筋疲力尽，都想找个理由停下来歇歇。于是两人都表示接受杜鲁克的方案。

杜鲁克十分兴奋，他连说带比画，要黑色雄鹰去找一块腐肉来。真是心有灵犀一点通，黑色雄鹰点点头，竟明白了杜鲁克的意思。它驮着杜鲁克向草地飞去，在草地上来回寻找，终于找到一只已经腐烂的兔子。黑色雄鹰一爪抓着杜鲁克，一爪抓住死兔子飞回了战场。

爱数王子和鬼算国王正斗得激烈，黑色雄鹰抓住死兔子围着他们转圈。刚刚转了一圈，大嘴秃鹫就闻到了死兔子发出的臭味，它也顾不上打仗了，眼睛四处搜寻，发现黑色雄鹰抓着一只死兔子。

大嘴秃鹫甩开白色雄鹰，直奔死兔子飞来。说时迟那时快，黑色雄鹰抓住死兔子向地面飞去，等快接近地面时，一松爪子，死兔子"咚"的一声掉在地上。

到嘴的美食怎能错过？大嘴秃鹫"呼"的一声落到了地面，由于惯性的作用，背上的鬼算国王一下子就被甩出去好几米。"哎哟！"鬼算国王叽里咕噜连滚了好几圈。

"输喽！输喽！"杜鲁克高兴地拍着手，"鬼算国王被打到地上，按照事前的约定，鬼算国王输了！"

"不对、不对！"鬼算国王争辩说，"我不是被爱数王子打下来的，是大嘴秃鹫上了数学小子的当，为了抢吃臭兔子肉，自己降落下来的！"

杜鲁克笑嘻嘻地说："不管怎么说，你在地面上啊！你输啦！"

"数学小子！"鬼算国王气急败坏，指着杜鲁克说，"你自认为数学好，你敢和我鬼算国王一对一地比试一下数学吗？"

"没问题！"

数学小子独斗鬼算国王

鬼算国王首先出题考杜鲁克。他说："歪脖、独眼、瘸腿、少毛是我最喜爱的四只秃鹫，我经常操练它们。一次，我让它们循环比赛，四只秃鹫两两对打。比赛的结果是：歪脖胜了少毛，而歪脖、独眼、瘸腿所胜的次数相同。我问你，少毛胜了几场？"

杜鲁克稍微想了一下，说："你的爱将少毛秃鹫真给你争气，它胜了0场。"

"0场？0场是什么意思？"鬼算国王没听懂。

杜鲁克笑嘻嘻地说："0场是什么意思，0场就是说少毛一场也没赢，全输了呗！"

"这不可能！"鬼算国王眨眨眼睛，不怀好意地笑笑，"少毛一向骁勇善战，怎么能全输了呢？一定是你算错了！"

"我来给你讲讲其中的道理。"杜鲁克不慌不忙地说，"四只秃鹫循环比赛，两两对打，一共要比6场。由于歪脖、独眼、瘸腿所胜的次数相同，所以只有两种可能，一种是它们每只胜1场，另一种可能是每只胜2场。"

鬼算国王点点头："对。"

"先看看胜1场的可能，如果这三只秃鹫每只只胜了1场，少毛就必

数学小子杜鲁克 李毓佩
数学科普文集

须胜 3 场，由于少毛输给了歪脖，所以少毛就不可能胜 3 场，说明这种情况不可能出现。实际情况只可能是歪脖、独眼、瘸腿各胜了 2 场，少毛一场没胜。"杜鲁克向鬼算国王做了个鬼脸，"你说我分析得对不对？"鬼算国王低头不语，牙齿咬得咯咯作响。

"对啦，该我考你了！"杜鲁克想了想，说，"我出个有趣的，给你出道数学魔术题。"

"好！好！"听说杜鲁克要出数学魔术题，爱数王子和鬼算王子都来了精神，连连叫好。

杜鲁克一指鬼算国王："你随便想一个由相同数字组成的三位数，然后用这个数的三个数字之和去除，这个商我知道。"

"不可能！你骗小孩儿呢？好，我现在就想。"鬼算国王闭上眼睛，口中念念有词，过了一会儿说："我算好了！你告诉我，商是多少？"

杜鲁克连想都没想，张口就来："是 37。"

"嗯？"鬼算国王大吃一惊，"你一定是蒙的：咱们再来一次。"说完，又紧闭双眼，嘟囔了一阵，"我又算好了！你告诉我，商是多少？"

"还是 37。"

"奇怪！数学小子，你要能说出这数学魔术的奥秘在哪儿，我就认输。"

"咱们说话可要算数。"杜鲁克看鬼算国王已经入了套，解释道，"不管这三个相同的数字是几，我统一用 a 来表示。一个由相同数字组成的三位数，就是 $100a+10a+a$。而这三个数字之和就应该是 $3a$。相同数字组成的三位数，被这个数的三个数字之和除，就是：$(100a+10a+a) \div 3a = 111a \div 3a = 37$。"

"看，不管你想的是哪个数字，最后的商都是 37。"

"这么说，我是上你的当了？不管我想什么数，答案都一样！"鬼算国王眼珠一转，心中的鬼算盘一打，鬼主意就来了。他说："我的大嘴秃鹫中了你们的圈套，把我摔到了地上；和你比试数学，又上了你的当，被你耍弄了一番。这样吧，这一场空中大战就算告一段落。但我看你们被两只大鹰抓住，吊在空中飞行，挺受罪的。"

"你想怎么样？"

"我愿意把爱数王子的白马还给你们，让你们骑在马上，舒舒服服地继续上路。怎么样，我够宽宏大量的吧？"

杜鲁克心里想：哼，你指不定又要什么鬼心眼儿呢！

杜鲁克问爱数王子："王子，鬼算国王的主意怎么样？"

爱数王子点了点头，表示同意。

智斗夺命鬼

离开了鬼算国王，杜鲁克和爱数王子继续同骑一匹马向前走，头上两只雄鹰跟随前进。

杜鲁克笑着说："咱俩真够气派的，天上还有护航的雄鹰，元首级待遇啊！"

走着走着，他们来到一个小镇，镇上人来人往，好不热闹。前面的一阵锣鼓声吸引两人循声望去，只见不远处搭了一个木头台子，台子的两侧贴着对联：拳打南山猛虎，脚踢北海蛟龙。横批是：天下无敌。

爱数王子看了，摇摇头说："狂徒一个，咱们走。"

他们刚想走，迎面走来几个彪形大汉，他们个个敞着衣襟，露出一身的黑毛和块块肌肉。

为首的大汉瓮声瓮气地说："想从这儿过，每人要交 10 枚金币。"

爱数王子两手一摊："对不起，我身上没带钱。"

"不交钱也可以，你上擂台，和我们的擂主夺命鬼过过招儿。如果你能战胜擂主，那就不用交钱了。"

话音未落，只听台上闷雷似的一声喊："是谁不想活了，要上台打擂？"瞬间，台上闪出一个黑铁塔似的人物，此人身高足有2米，体重不低于150千克，头大如斗，口大如盆，腿粗如柱，两只铜铃般的大眼露着凶光。不用问，这就是那个绰号夺命鬼的擂主了。

一名武士跳上了擂台。武士冲夺命鬼一抱拳："听说擂主身高力大，武艺高强，我不是缺少10枚金币，而是专门来会会擂主，请！"说完，武士抬左腿，举右臂，来了个"猴子望月"。

夺命鬼哈哈一笑："想和我耍'猴拳'？来得好！看我的。"说时迟那时快，他的两只铁锤似的拳头，带着呼呼的风声直奔武士打去。

武士不敢怠慢，一个后空翻躲过双拳。武士叫道："哇，'黑虎掏心'，你用的是'虎拳'！"两个人一个用猴拳，一个使虎拳，你一拳我一脚地打在了一起，台下的叫好声不断。

杜鲁克看到一位老人站在台下，正聚精会神地看着台上的打斗。他凑了过去："老爷爷，这个夺命鬼好厉害呀！"

"厉害！"老人把嘴凑到杜鲁克的耳边，小声说，"你有所不知，这个夺命鬼是鬼算国王的护卫官，有一身好功夫！是鬼算国王派他到这里，专门等着收拾一个什么王子。"

"噢，"杜鲁克小声问，"他的武功真是天下无敌？"

老人摇摇头："也不是。据说他最害怕一样东西。"

"什么东西？"

"蛇！"

"蛇？"杜鲁克吃了一惊。

"嘘——"老人紧张地说，"只有我知道这个秘密，你可千万别说出去！"

"好！"杜鲁克点头答应。他眼珠一转，计上心来，有办法了！他偷偷地从口袋里拿出一把带刻度的小尺子，测量夺命鬼。

杜鲁克测量以后，又做了计算，然后附在爱数王子耳边嘀嘀咕咕一通，只见王子的面部表情一会儿紧张，一会儿放松，一会儿高兴，一会儿忧愁，最后王子竟然哈哈大笑起来，引得观众都回头看他们俩。

正在他们俩说悄悄话的时候，台上的形势发生了变化。武士稍不留神，被夺命鬼的大手一把抓住。被这样一双大手抓住，武士再想挣脱是万万不可能的了。

只见夺命鬼"嘿"的一声喊，把武士高高举过头顶，然后快速旋转，又"嘿"的一声把武士扔向了高空。台下的观众都"呀"地惊叫了一声。武士如果摔下来，肯定会成肉饼。

在这危急的关头，爱数王子吹了一声口哨，只见黑色雄鹰和白色雄鹰同时赶到，一只抓住武士的肩膀，另一只抓住武士的左腿，稳稳地接住了这名武士，然后把他轻轻放到了地面上。

"好！"台下一片叫好声。

"哪来的两只畜生，敢来管老子的闲事！看我怎么收拾你们！"说着，夺命鬼跳下擂台，朝两只雄鹰奔来。

两只雄鹰"呼"的一下飞到两层楼高，在空中盘旋。夺命鬼蹦起来老高，可就是够不着，气得嗷嗷乱叫。

这时，爱数王子嘴里嘟嘟囔囔，对两只雄鹰说了些什么。两只雄鹰点点头，向远处飞去。

夺命鬼一看雄鹰飞走了，气不打一处来，他指着爱数王子的鼻子："看来，你和那两只畜生是一伙的，它俩飞了，我要找你算账！"说着举拳就要打。

"慢着！"杜鲁克拦住说，"今天是打擂，应该在擂台上较量，在台下打不合规矩。"

台下的观众也大声呼喊："对，上台打，我们看得清楚！"

"上台就上台。"夺命鬼迈着大步"噔噔噔"走到了擂台边，一纵身就跃上了擂台。

爱数王子刚要上台，却被杜鲁克拦住了："王子别动，让我上去。"

数学小子杜鲁克 李毓佩 数学科普文集

"啊？你上擂台？你又小又瘦，他对你打个喷嚏，也能把你喷出 5 米远！"

"王子不要长别人志气，灭自己威风。今天，我杜鲁克要给你露两手！"说完，杜鲁克顺着梯子爬上擂台。

夺命鬼低头看着杜鲁克，嘿嘿一笑："娃娃，你是不是活得不耐烦了？你看到了吧，刚才那个武士猴拳要得多好，还是被我扔上了天。你这个小屁孩儿，我一脚就能把你踩进地里！"

杜鲁克又一次听到人家叫他小屁孩儿，他勃然大怒，指着夺命鬼叫道："大胆短命鬼！你敢叫小爷小屁孩儿，我必然把你打翻在地，再吃我一拳！"

夺命鬼听杜鲁克叫他"短命鬼"，气得"哇呀呀"乱叫，伸出双手就去抓杜鲁克。杜鲁克一低头，从他胯下钻过。夺命鬼转身又要抓，忽听空中响起"啸——啸——"的叫声。

杜鲁克知道是雄鹰回来了。大家抬头看，只见黑色雄鹰两只爪子各抓着一条活蛇，每条都有 3 米长；而白色雄鹰两只爪子也各抓着一条活蛇，这两条蛇短一些，但每条也有 2 米长。

两只雄鹰飞到擂台上空，忽然俯冲下来，像飞机投弹一样，黑色雄鹰先把两条 3 米长的蛇投了下来，正好落在夺命鬼的脚下。"什么？什么？"夺命鬼还没弄清楚怎么回事，两条蛇分别在他的腿上缠了 3 圈。

"蛇！蛇！"夺命鬼吓得灵魂出窍，他急忙弯腰，想用手把两条蛇拽下来。这时白色雄鹰又到了，把两条 2 米长的蛇扔了下来，这两条蛇迅速在他的双臂上各缠了 3 圈。只听夺命鬼"啊"地大叫了一声，就昏死过去。

"咱俩快走吧！"杜鲁克和爱数王子骑上白马继续赶路。

价值连城的长袍

爱数王子问："数学小子，你怎么知道缠夺命鬼腿的蛇要 3 米长，缠他手臂的蛇要 2 米长？"

"我事先测量和计算了的。"杜鲁克解释说，"我用尺子对夺命鬼的腿的直径进行了估测，差不多是 30 厘米，而手臂的直径差不多是 20 厘米。可以把腿和手臂看成圆柱，知道了圆的直径 d，求圆的周长，可以用公式计算：周长＝πd，腿的周长＝$3.14 \times 30 ＝ 94.20$（厘米），大约要 1 米的蛇。"

杜鲁克继续说："为了能让蛇在他腿上缠得结实，最少也要缠 3 圈，这样缠腿的蛇至少要 3 米长。同样的方法，可以求出缠双臂的蛇最少要 2 米长。"

爱数王子一竖大拇指："真是好样的！"

两人正往前走，路旁忽然闪出一个人来。此人有五十多岁，头发和胡子都挺长，左手拿一个酒瓶子，右手拿一个钱袋，最奇怪的是，他身上穿着一件非常不相称的华丽长袍。他展开双手拦住了白马。

爱数王子很客气地问："老人家，您有事吗？"

"有事、有事、有大事！没事我拦你干吗？"说完，他喝了一口酒，"我是一名老裁缝，前些日子被鬼算国王雇用，他让我给他做一件国王穿的长袍，年薪是 120 金币。我用了 7 个月的时间给他做好了长袍，他却说我做得不好，就把我解雇了。"

"他给了您一年的薪水？"

"哪有的事！"老裁缝有点儿激动，"鬼算国王说：'你只干了 7 个月，我给你 60 金币，还差你一点儿薪水。你把这件长袍拿去卖掉，卖价恰好是差你薪水的 100 倍，不能多，也不能少。卖出后，我会把差你的薪水补给你。'"

杜鲁克好奇地问："您卖掉了吗？"

"卖掉？"老裁缝生气地说，"我问鬼算国王，谁买得起这么贵重的长袍，他嘿嘿一笑说，让我把这件长袍穿上，到北边的大道上等着，见到一位骑白马的王子，他肯定买得起这件长袍。"

"鬼算国王又给我设了一道关卡。"爱数王子苦笑着摇了摇头，"看来我首先需要算出，这件长袍鬼算国王要你卖多少钱。"

"对，就是这个理儿！"老裁缝说。

"可是这个问题从哪儿着手算呢？"爱数王子转头看着杜鲁克。

杜鲁克心知肚明，这时他必须挺身而出："鬼算国王说，老人家的年薪是 120 金币，每月是 10 金币，干了 7 个月，应得 70 金币，可是鬼算国王只给了你 60 金币。王子接着往下算吧！"

爱数王子说："鬼算国王还差你 10 金币，而 10 金币的 100 倍就是 1000 金币。哇，一件长袍要 1000 金币，是纯金打造的？"

"这件长袍值 1000 金币？这纯粹是讹人！"老裁缝边说边脱下长袍，把长袍递给爱数王子，"不管值不值，这件长袍归你了，你给我 1000 金币吧！"

爱数王子双手一摊："我是和鬼算国王出来打猎的，身上一个金币也没带，哪里去弄 1000 金币？"

"堂堂一名王子，口袋里连 1000 金币都没有，真可怜！这样吧，你把这件长袍穿上，让我看看合适不合适。别忘了，这件长袍是我做的。"

"好吧，我穿给你看看。"爱数王子接过长袍，穿了上去。

"嗯，不错，不错。"老裁缝左看看，右看看，又走上前去，揪揪长袍的这儿，拉拉长袍的那儿。他在衣领处摸到一个绳头，拉住绳头用力一拽，奇怪的事情发生了：长袍快速收缩，把爱数王子捆了个结结实实。原来长袍里面从下到上呈螺旋状隐藏着一条绳子，用力拽绳子的一端，绳子就会在长袍里面缩紧，相当于用一条绳子把穿长袍的人从上到下地捆了起来。

"啊!"爱数王子大吃一惊。

"哈哈,俗话说,智者千虑,必有一失。上当了吧?让有眼不识泰山的人看看我的庐山真面目吧!"说完,老裁缝摘掉了长发和胡子。啊,原来是鬼算王子!

鬼算王子非常得意,他招招手,鬼算王国的四名士兵走了过来。他对士兵们说:"今天我们抓到的,一个是大名鼎鼎的爱数王子,一个是诡计多端的数学小子。你们把爱数王子的长袍给脱了,没收白马和猎枪。既然他们都喜欢数学,你们就把他们送进'生死数学宫'。他们俩是生是死,就看他们俩的数学水平了。哈哈——"

生死数学宫

士兵押着爱数王子和杜鲁克来到一座很大的宫殿前,只见匾额上写有五个大字:生死数学宫。大门上则写着:第一宫——快速死亡宫。门的两侧还有一副对联:数学急转弯,生死一瞬间。士兵说:"这是我们鬼算国王用了三年时间精心设计的宫殿。这是第一宫,里面有许多个关卡,每个关卡都有一道数学题,你们必须在一分钟内把数学题正确解答出来,否则必死无疑!所以这里叫作'快速死亡宫'。也就一分钟的事儿,进去吧!"说完,士兵把两人推进了数学宫,"咣当"一声把大门关上了。

门里还有第二道门。大门紧闭,门上有一排电钮,电钮上分别有从0到9共10个数字。电钮下面写着几行字:

开门的密码是傻傻傻傻傻傻傻傻傻,其中:

$$
\begin{array}{r}
傻爱数王子不会开 \\
\times \qquad\qquad 开 \\
\hline
傻傻傻傻傻傻傻傻傻
\end{array}
$$

李毓佩
数学科普文集

爱数王子看罢，怒火中烧："竟敢说我傻？这是对我的极大侮辱！"说着，"唰"的一声拔出了佩剑，想砍掉这几行字。

"要不得，要不得！"杜鲁克赶紧上前把王子拦住，"砍掉了这几行字，说明咱们不会解这道题，按照'生死数学宫'的规矩，不会答的，必死无疑呀！"

爱数王子一听，是这个理儿，又把佩剑收了回去："你说这题，一个数字也没有，怎么解呀？而且还要一分钟内答出来，不可能！"

杜鲁克说："电钮只有从 0 到 9 这 10 个数字，一个文字也没有，而题目中全是文字，一个数字也没有，说明这里的每个文字都代表一个数字。"

"对！"

"我曾做过一道类似的题目。"杜鲁克写出一道题：

$$
\begin{array}{r}
1\ 2\ 3\ 4\ 5\ 6\ 7\ 9 \\
\times\qquad\qquad 9 \\
\hline
1\ 1\ 1\ 1\ 1\ 1\ 1\ 1\ 1
\end{array}
$$

"对，就是这样！'傻'字代表的就是'1'。"爱数王子十分激动，他赶紧跑到电钮前，一连按了九下"1"。

一阵音乐声响过，门自动打开了。

"噢——第一道关过了！"杜鲁克连蹦带跳地进去了。

杜鲁克高兴得太早了，进了第二道门，里面还有第三道门，而且第三道门不是一个门，是并列着的三个门。

门的上方分别标着 1 号、2 号、3 号，还有文字：1 号门上写着"2号门不是生门"，2 号门上写着"这个门不是生门"，3 号门上写着"2号门是生门"。门旁边有一行注释：三个门，三句话，只有一句真话。只有进生门才能活！

爱数王子紧锁双眉，摇摇头说："这是叫咱俩过生死门哪！也对，'生死数学宫'里哪能没有生死门哪？"

杜鲁克说："看来这三个门中只有一个是生门，另两个都是死门。"

"一个门上写着'2号门不是生门'，另一个门上写着'2号门是生门'。究竟哪句话是真话？只有一分钟的时间，这可怎么办？"爱数王子急得抓耳挠腮。

"别着急！"杜鲁克分析，"三句话中，只有一句真话。1号门上写的和3号门上写的正好相反，其中必有一句真话。"

"对！"

"可以肯定2号门上写的一定是假话！"

"2号门说自己这个门不是生门，一定是假的，它一定是生门！"说完，爱数王子跑到2号门前，"砰"地把门踢开了。

"进生门喽！"两人欢呼着往里跑。

一口木头棺材

两人刚刚进了门，只听"轰隆"一声，门自动关上了。屋里漆黑一片，两个人像盲人一样在屋里到处乱摸，同时摸到一个大的木头台子。

这时，屋里的灯一下子亮了起来，两人低头一看，同时"啊"地叫了一声，又倒退了三大步——他们俩摸到的哪里是木头台子，是一口木头棺材！

吓死人啦！两人决定赶紧离开这间屋子。他们俩奔到刚刚进来的"生门"，门被关得死死的，想推开是不可能的。两人到了近处才发现，这"生门"的背面写着"死门"两个字。

杜鲁克吃惊了："这门也有两面性，外面是'生门'，里面却是'死门'。咱俩再到别处找找吧！"

两人把屋里上上下下找了个遍，什么门也没发现。

杜鲁克十分懊丧："完了，出不去了！看来这口棺材是为咱俩准备的，可是两个人就一口棺材，也不够用啊！"

"别瞎说！"爱数王子鼓励杜鲁克说，"还不到山穷水尽的时候，咱俩再想想办法。"

"还有什么办法？没有出口呀！"杜鲁克停了一下，"唉，出口会不会藏在棺材里面？"

"不会，不会。你别胡思乱想。"

"不，只剩棺材这一条路了。你别忘了，鬼算国王什么坏主意都有，咱俩把棺材盖抬开看看！"

爱数王子拗不过杜鲁克，两人抬着棺材盖，"一、二、三"，把它打开了。两人扔掉棺材盖，探头往棺材里一看，"哎呀，妈呀！"撒腿就跑。

什么事情让两人如此大惊小怪？原来棺材里躺着一个人，不是别人，竟是爱数王子！

杜鲁克定了定神，先看看身边的爱数王子，再看看躺在棺材里的爱数王子，怎么一模一样？杜鲁克自言自语："哪个是真的？"

身边的爱数王子忙说："当然我是真的！哪里来的浑蛋小子，竟敢冒充本王子？吃我一剑！"说着，他抽出佩剑，朝棺材里的假冒王子狠狠刺去，才发现假爱数王子原来是木头做的。

真是虚惊一场！杜鲁克不再害怕了："咱俩把这个木头王子抬出来，可能出口就在棺材底呢！"

两人抬出木头人，发现棺材底画着一个大圆，大圆的边缘有 12 个按钮，其中有一个是大按钮。

大圆下面有一行字：大圆中有 12 个按钮，从大按钮开始顺时针数按钮，数到 500 的按钮，是救命的按钮。

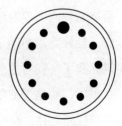

爱数王子说："咱们开始数吧！"

"不成！等你数到 500，1 分钟早过了。"

"不数又能怎么办？"

"我来做个运算。"杜鲁克开始计算：$500 \div 12 = 41 \cdots\cdots 8$。

"从大按钮开始顺时针数，数到8，按下这个按钮。"

爱数王子按照杜鲁克说的做，只听"吱"的一声，棺材底板翻了下去，露出了地道入口。

杜鲁克高兴极了："这就是出口，咱们从这儿出去。"说着就要下地道。

"慢着！"爱数王子一把拉住杜鲁克，"你先给我说说，你刚才的计算是怎么回事？"

"顺着大圆转一圈，要数12个按钮。你数500，实际上是转了41圈再数8个按钮。咱们要找到的是最后的那个按钮，前面那41圈是白转圈，是瞎耽误工夫。"

爱数王子点点头："明白了，只数最后的8个按钮就够了。走，下地道！"

走出迷宫

两人进入了地下室，往前走着走着，发现前面被堵死了，走不通，是条死胡同。

两人掉头往回走，又看到一条通道，顺着这条通道走啊走啊，又是一条死胡同，只好再掉头往回走……两人总是遇到一条又一条死胡同，最后又转回出发时的入口处。

杜鲁克走不动了，他一屁股坐在地上，大口喘着粗气："不走了，快累死我了！我看鬼算国王设计的这个迷宫根本走不出去，转来转去又转回来了，他是想把咱俩活活困死在这里面！"

提到迷宫，爱数王子来了精神，他说："你坐在这儿歇歇，我给你讲个有关迷宫的故事：古时候，希腊的克里特岛上有一个王国，国王叫作米诺斯，不知怎么搞的，他的王后生下了一个半人半牛的怪物，起名叫米诺陶。王后为了保护这个怪物的安全，请古希腊最卓越的建筑师代达罗斯建造了一座迷宫。迷宫里有数以百计的狭窄、弯曲、幽深的小路和高高矮矮的阶梯，不熟悉路径的人一走进迷宫就会迷失方向，别想走出来。"

"这和咱俩现在走的迷宫差不多呀！"

"是啊！王后就是把怪物米诺陶藏在这座迷宫里。米诺陶是靠吃人为生的，它会吃掉所有在迷宫里迷了路的人。"

"哇，真可怕！这里会不会有吃人的怪物？"

"你听我讲，别打岔。米诺斯国王还强迫雅典人每9年进贡7个童男和7个童女，供米诺陶吞食。米诺陶成了雅典人的一大灾害。"

"难道就没人出来管一管，消灭这个大怪物？"

"有。当米诺斯第三次派使者去雅典索要童男童女时，年轻的雅典王子忒修斯决心为民除害，杀死米诺陶。忒修斯自告奋勇充当一名童男，和其他13名童男童女一起去克里特岛。"

"忒修斯好样的！忒修斯万岁！"杜鲁克听得入了神，"后来呢？"

"忒修斯一行被带去见米诺斯国王，公主阿里阿德尼爱上了正义勇敢的忒修斯。她偷偷送给忒修斯一个线团，让他进迷宫入口时，把线团的一端拴在门口，叫他一边往里走，一边放线。公主又送给他一把魔剑，用来杀死米诺陶。"

"公主好样的！这叫大义灭亲！后来呢？"

"忒修斯带领13名童男童女勇敢地走进迷宫，他边走边放线，终于在迷宫深处找到了怪物米诺陶。经过一番激烈的搏斗，他杀死了怪物米诺陶。忒修斯带领13名童男童女顺着放出来的线，很容易就找到了入口。"

杜鲁克一竖大拇指，夸奖道："聪明！绝顶聪明！可是，咱们这儿有王子，却没有公主，有宝剑，却没有线团，还是出不去呀！"

"不要紧。"爱数王子胸有成竹，"这个故事，是我小时候父王给我讲的。父王还教给我走出迷宫的方法。"

"你怎么不早说呢？害得我和你没完没了地转圈，腿都走直了！"

"你原来也不是罗圈腿呀？"爱数王子笑着说，"方法我给忘了，刚刚才想起来。"

"快说，怎么个走法？"

"有两条：第一条，往前走，如果遇到死胡同，就马上原路返回，并做个记号；第二条，如果遇到岔路口，观察是否有没走过的通道，如果有，沿这条通道往前走。如果走不通就退回原来的岔路口，并做个记号，继续找没有走过的通道。"

"明白！"杜鲁克来了精神，他捡了几个小石子，爱数王子紧跟在后面。他们俩从入口 A 点往东走，走到 B 点，发现是死胡同，就原路返回；又向西走到了 C 点，这是个岔路口，有向南及向北两条通道可以选择，他们俩选择向北走，走到 D 点，又是一条死胡同，原路退回到 C 点，在向北这条路的路口放上一个小石子，再继续向南走。

虽然两人在 B 点、D 点、F 点都遇到了死胡同，但是他们俩用这种方法，终于从 K 点走出了迷宫。

"啪！"两人相互一击掌："咱俩终于走出迷宫了！"

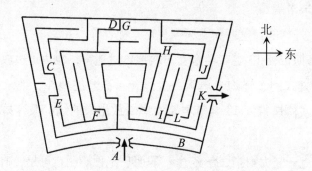

老死人宫

出了迷宫，两人高兴地往前走。前面又出现一扇大门，门上写着：第二宫——老死人宫。

"啊？死人宫就够吓人的了，这'老死人宫'又是什么意思？"杜鲁克又害怕又惊讶。

门的两侧分别写着：古代名题荟萃，题目必须答对。横批是：答错就杀。

爱数王子说："鬼算国王就喜欢故弄玄虚，老死人无非是很老的死人呗！咱们进去看看他要的什么把戏！"

两人刚一进门，门后闪出两名鬼算王国的士兵，他们手中各拿一杆长枪，拦住了爱数王子和杜鲁克。

一名士兵说："你们进了'生死数学宫'中的第二宫——老死人宫。这里面的老死人都是一两千年前的大数学家，既然是数学家，他们出的问题就要难一点。鬼算国王交代过，解答这里面的问题，没有时间限制了，但是规矩还是一样，答对了继续往前走，如果答错了，我们立即将你们处死！请！"

"鬼算国王也太不像话了，怎么能把古代大数学家叫作老死人呢？"杜鲁克首先提出抗议。

"对呀！"爱数王子气愤地说，"没有这些古代大数学家的伟大贡献，哪有今天的数学？"

两名士兵用枪指着他们俩，吆喝道："少废话！快走！"

"你们少耍横！走就走！"杜鲁克说。没走多远，两人看到前面有一座墓，墓碑上写着：古希腊数学家丢番图之墓。右边立着一块牌子，牌子上写着：

丢番图的墓志铭

过路的人，这儿埋葬着丢番图。

请计算下列数目，便可知他一生经过了多少寒暑。他一生的六分之一是幸福的童年，十二分之一是无忧无虑的少年，再过去一生的七分之一，他建立了幸福的家庭。五年后儿子出生，不料儿子竟先其父四年而终，只活到父亲岁数的一半，晚年丧子老人真可怜，悲痛之中度过了风烛残年。请你算一算，丢番图活了多大才和死神见面？

"丢番图是古希腊的大数学家，生活的年代距今已有1600多年。他对代数学的发展做出过巨大的贡献，后世称他为'代数学的鼻祖'。他的墓志铭是古希腊大诗人麦特罗尔写的。"杜鲁克对爱数王子说。他说着说着，一把鼻涕一把眼泪地哭了起来。

爱数王子忙问："我说数学小子，你怎么哭了？"

"这么伟大的数学家晚年却这么凄惨，太让人难过了。"杜鲁克说完，又呜呜哭起来了。

爱数王子安慰说："别哭了，都过去1600多年了。咱俩还是赶紧把丢番图活了多大岁数算出来吧！"

"对！"杜鲁克这才想起自己在"生死数学宫"中，随时都受着死神的威胁。

"既然丢番图是'代数学的鼻祖'，我想这个问题用方程来解，肯定更容易些。"杜鲁克开始解题，"设丢番图活了 x 岁，那么，童年就是 $\frac{x}{6}$ 年，少年时代就是 $\frac{x}{12}$ 年，过去了 $\frac{x}{7}$ 年建立了家庭，儿子活了 $\frac{x}{2}$ 岁。按照题目条件可以列出方程：$\frac{x}{6}+\frac{x}{12}+\frac{x}{7}+5+\frac{x}{2}+4=x$。"

"我来解这个方程。"爱数王子自告奋勇。

$$\frac{14x+7x+12x+42x}{84}+9=x,$$

$$\frac{75}{84}x+9=x,$$

$$x-\frac{75}{84}x=9,$$

$$\frac{9}{84}x=9,$$

$$x=84。$$

"算出来啦！丢番图活了 84 岁！"爱数王子惊叹道，"高寿！"

杜鲁克笑嘻嘻地说："岂止是高寿！我算了一下，丢番图 33 岁才结婚，是晚婚模范！38 岁才生孩子，还是晚育模范哪！丢番图是数学家加模范，真了不起呀！哈哈，咱们答对了，继续往前走吧！"

遇到了牲口贩子

两人正往前走，忽然听到"嘚——驾"赶牲口的声音。只见一名古希腊打扮的牲口贩子，赶着一头驴和一头骡子朝他们俩走来。驴和骡子的背上都驮着口袋，两头牲口一边走，一边争吵。

"二位别走，帮帮忙。"这位牲口贩子拦住了爱数王子和杜鲁克。

杜鲁克好奇地问："您今年高寿？"

"我还小，2000 多岁吧！"

"哇，2000 多岁还小？"杜鲁克的嘴张得老大，舌头吐出老长，"您有什么事？"

"嗨，别提了！"牲口贩子叹了一口气，"这一路上，驴和骡子就不停地争吵。"

"它们争吵，您听得懂吗？"

"当然、当然。我和它俩相处有 20 多年了，它们说什么，我全听得懂。"

"真了不起！"杜鲁克佩服得连连点头，"那它俩争吵什么呢？"

"是驴不好！它一路上不停地埋怨，说自己驮的口袋太多、太重，压得受不了。"

"骡子说什么？"

"骡子说：'你发什么牢骚哇？我驮的口袋比你的更多，分量更重。如果把你背上的口袋给我 1 只，我背上的口袋数是你的 2 倍；而如果把我背上的口袋给你 1 只，你我背上的口袋数一样多。'"

杜鲁克问："我们俩能帮您什么呢？"

"你们帮忙给算算，驴和骡子背上各有几只口袋？"

"嗨！"爱数王子笑着说，"你亲自数数它俩背上各有几只口袋，不就完了吗？"

"数数？不行，不行。"牲口贩子连连摆手，"我家主人是希腊的数学家，这头驴和这头骡子从小就喜欢数学，你要不给它们算出来，它们不承认！"

"哈哈——"杜鲁克听了，笑得前仰后合，"这驴和骡子也喜欢数学，我还是第一次听说。这么说，我们要是不好好学习数学，恐怕连驴和骡子都赶不上了！哈哈——"

爱数王子说："别笑了，咱俩赶紧解题，走出'生死数学宫'，好早日返回爱数王国呀！"

"对！对！"杜鲁克立刻止住了笑。

"我来解这个问题。"爱数王子自告奋勇，"由于把骡子背上的口袋给驴 1 只，它俩背上的口袋数就相等了，可以肯定，骡子背上的口袋比驴的多 2 只。"

"对极了！"杜鲁克连连鼓掌。

爱数王子得到了鼓励，更有信心了："我算出来了，驴背上有 1 只口袋，骡子背上有 3 只口袋，骡子比驴恰好多 2 只口袋。"

爱数王子刚刚说完，两名鬼算王国的士兵不知从哪儿蹿出来，手中各拿一把鬼头大刀，架在了爱数王子和杜鲁克的脖子上。

爱数王子惊讶地问："你们要干什么？"

一名士兵说："一进'生死数学宫'就告诉过你们，答对了问题可以继续前进，答错了就会立即被处死！你刚才答错了，我们要把你们俩的脑袋砍下来！"

"慢！"杜鲁克说，"爱数王子是逗你们玩的，你们没听说'逗你玩'吗？那是相声大师马三立的名段子。这么容易的问题，我们爱数王子能不会做？他是不想跟你们怄这个气，做这么简单的题目。"

另一名士兵瞪圆了眼睛："我们不知道马三立。我们只执行鬼算国王的命令，谁做错了题，我们就砍谁的脑袋！"

"唉，你们是要砍我们两个人的脑袋。爱数王子做错了，不等于我也做错呀！我还没做呢！如果我也做错了，你们再砍也不迟！"

两名士兵一想，觉得有道理，就对杜鲁克说："那你快做！"

"你先把刀放下。"杜鲁克把架在脖子上的大刀推开，对这名士兵说，"我问你，刚才爱数王子说的'骡子背上的口袋比驴的多2只'，你承认不承认？"

士兵点点头："承认。"

"好！"杜鲁克又问，"如果驴把背上的口袋给骡子1只，你说，这时骡子背上比驴背上多几只口袋？"

"3只。"

"3只？鬼算国王平时是怎么教你们数学的？"杜鲁克在地上画图，"你看，AB 表示的是骡子驮的口袋数，CD 表示的是驴驮的口袋数，骡子比驴多2只口袋。如果驴给骡子1只口袋，驴就剩下 CE 了，而骡子再增加1只口袋，就变成 AF 了。你说 AF 比 CE 多几只口袋？"

骡子驮的口袋数　A　　　　　　　　　　2口袋　B　F
　　　　　　　　　　　　　　　　　　　1口袋

驴驮的口袋数　C　　　　　　E　D
　　　　　　　　　　　　　　1口袋

"应该是 4 只。"

"你真是一点就通！"杜鲁克拍着这名士兵的肩膀夸奖说，"你开始说是 3 只，错了！我可没砍你的脑袋，因为你后来说对了嘛！"

"是谁砍谁的脑袋呀？"这名士兵有点傻了。

杜鲁克继续问："如果驴把背上的口袋给骡子 1 只，骡子背上的口袋就是驴的 2 倍。从图上看，AF 就是 CE 的 2 倍，CE 就是 4 只口袋，对不对？"

"对、对，我看明白了。"士兵连连点头。

"记住！老师常和我们说，做数学题要画示意图。示意图能直观地帮助我们理解题意。"杜鲁克说，"CD 表示驴驮的口袋数，是 4＋1＝5；AB 表示骡子驮的口袋数，是 5＋2＝7。解出来了，驴原来驮 5 只口袋，骡子原来驮 7 只口袋。"

两名士兵听到杜鲁克的正确答案，马上收起了鬼头大刀，一前一后排好队，喊着"一二一"的口号，迈着整齐的步伐离去。

爱数王子抹了一下头上的汗："真悬哪！"

"我看出来了。鬼算王国的士兵在暗处，一直偷偷地监视着咱俩。咱俩把题目答对了，他们不出来，让咱俩继续前进；一旦答错了，他们立刻蹿出来，要处死咱俩。"杜鲁克一跺脚，"哼，鬼算国王真够坏的！"

七个俄罗斯老头

告别了牲口贩子，两人继续往前走。突然，七个穿着古代俄罗斯服装的老头跑了过来，他们每人手中都拿着七根手杖。每根手杖上都挂着许多竹篮、鸟笼子，笼子里的麻雀叽叽喳喳乱叫，好不热闹。七个老头手拉手围成一个圈，把爱数王子和杜鲁克围在了中间。

不知谁喊了声口令，七个老头开始跳俄罗斯民间舞蹈，"嘭嚓嚓、嘭嚓嚓"，又唱起了俄罗斯民歌。

杜鲁克经常听爷爷奶奶唱《喀秋莎》《红莓花儿开》等歌曲，对俄罗斯歌曲的旋律很熟。他不由得和着旋律跳起舞来。

一曲舞蹈结束，老头们齐喊："哈罗绍（俄语"好"的意思）！"

爱数王子一抱拳："不知各位老人家有什么事？"

"我说！""我说！""我说！"七个老头抢着说。

"不忙，不忙。咱们找一位代表来说。"爱数王子一指个头最高的老头，"您来说说。"

"哎——还是我来说吧。"这个老头很得意，"我们有个问题，多少年了，一直弄不清楚。我们七个老头是最要好的朋友，用你们时代的话说，就是'铁哥们儿'，每天都在一起，穿的一样，吃的一样，用的也一样。"

杜鲁克把他们上下打量了一番，然后点点头："嗯，是这么回事，够铁的！"

老头一举手杖："我们每人手中都有 7 根手杖，每根手杖上都有 7 个树杈，每个树杈上都挂着 7 个竹篮，每个竹篮里都有 7 个鸟笼子，每个鸟笼子里都有 7 只麻雀，我们一直都弄不清楚，我们和这些手杖、树杈、竹篮、鸟笼子和麻雀的数目全加在一起，总共是多少。"

另一个老头插话："听说你们俩一个是爱数王子，一个是数学小子，今天我们是找对人了，就请你们两人给算算吧！"

"这——"爱数王子有点儿傻眼了。

杜鲁克赶紧出来打圆场："咱们先把每一项有多少写出来。"他边说边写，"老头数是 7，手杖数是 7×7，树杈数是 $7 \times 7 \times 7$，竹篮数是 $7 \times 7 \times 7 \times 7$，鸟笼子数是 $7 \times 7 \times 7 \times 7 \times 7$，麻雀数是 $7 \times 7 \times 7 \times 7 \times 7 \times 7$，最后把它们加起来，不就完了吗！"

爱数王子摇摇头："你说得轻巧！这么多个 7 相乘，再相加，怎么算哪？"

"老师给我们讲过，数学的一个特点是简化。我们可以先把同一个数连乘写成幂的形式。比如，7×7 写成 7^2、$7 \times 7 \times 7$ 写成 7^3、$7 \times 7 \times 7 \times 7$ 写成 7^4，等等。"

"也就是说，一个数右上角的数字，表示有几个相同的数字相乘。"爱数王子的接受能力很强，他写出：

$$总和 S = 7^1 + 7^2 + 7^3 + 7^4 + 7^5 + 7^6。$$

"来，我先把每个幂是多少算出来。"爱数王子来劲了。

"别！那么做多麻烦呀！我教你一个简单的方法。"

杜鲁克开始做：

两边同乘以 7，再做减法：

$$7S - S = (7^2 + 7^3 + 7^4 + 7^5 + 7^6 + 7^7) - (7^1 + 7^2 + 7^3 + 7^4 + 7^5 + 7^6)$$

$$6S = 7^7 - 7 = 823536。$$

$$S = 137256$$

杜鲁克宣布："我算出来了，总共是 137256。"

"这么多？"爱数王子非常吃惊。

"还有更让你吃惊的呢！"杜鲁克说，"我算了一下，麻雀共有 117649 只，按每只麻雀 20 克算，麻雀的重量有 2 吨多。七个老头一起提着 2 吨多的麻雀遛弯儿，这要费多大的劲儿呀！哈哈——"

一个老头说："哈罗绍！你们算出来了，就赶紧往前走，我们有多大的劲儿，你就别管了！"说完，七个老头手拉手，唱着动听的俄罗斯民歌离开了。

杜鲁克左右看了看："咱俩赶紧赶路。"

一个中国牧羊娃

两人没走多远，就听见前面响起了"啪啪"的抽鞭子声。

杜鲁克一惊："听！谁在抽鞭子？"

爱数王子忙把佩剑拔了出来，自己走在前面，保护着杜鲁克。

"嘻嘻——"又传来一阵银铃般的笑声。两人紧走几步，看见前面的一棵树上坐着一个中国农村打扮的小牧童。他下身穿黑色的裤子，上身穿小背心，手里拿着一条皮鞭，不停地往空中抽着玩。树下面有一群羊在吃草，不断地发出"咩——"的叫声。

杜鲁克看见这个中国小孩，感到分外亲切，他大声叫道："喂，小朋友，你在干什么呀？你叫什么名字？"

小孩并不正面回答，而是唱了一首民谣：

> 我叫王小良，放牧一群羊。
>
> 问我羊几只，请你细细想。
>
> 头数加只数，只数减头数。
>
> 只数乘头数，只数除头数。
>
> 四数连相加，正好一百数。
>
> 如果答不出，脑袋搬别处。

"有点儿意思！"杜鲁克听了连连拍手。

"你还有心思拍手哇？你看这个小牧童出的这道题，又加，又减，又乘，又除，多难！"爱数王子埋怨说，"做不出来，脑袋就要搬家！"

"哈哈——"杜鲁克还是笑，"我们要是做出来，脑袋就不用搬家了。

搬家还要请搬家公司，费用不少哇！"

"这加、减、乘、除四种运算，应该先考虑哪种运算？"

杜鲁克考虑了一下："首先弄清楚，头数和只数其实是一码事。这样只数减头数就是只数减只数，应该得多少？"

"0。"

"只数除头数呢？"

"得 1。"

"头数加只数是——"

"我想一下，唔——应该是只数的 2 倍。"

"这样一来，'四数连相加，正好一百数'就剩两个数不知道了。咱们写出来。"杜鲁克写出：

$$（头数＋只数）＋（只数－头数）＋（只数×头数）＋（只数÷头数）＝100，$$

$$2×只数＋0＋只数×只数＋1＝100，$$

$$2×只数＋只数×只数＝99。$$

爱数王子抢着说："我知道答案了，是 9 只。你看 $9×9＋2×9＝81＋18＝99$。正好合适！"

"1，2，3，…，9。不多不少正好 9 只。王子做对了！"杜鲁克很高兴。

突然，脚步声嘈杂，人声鼎沸。有人大喊："抢羊啦！抢羊啦！今天晚上可以吃烤全羊啦！"

喊声刚过，几名扎着红头巾的强盗跑了过来，个个长得五大三粗，后背上都插着一把厚背大砍刀，还有几只凶狠无比的大狼狗跟在他们身后。

"怎么办？"杜鲁克为小牧童着急了。

"想吃我放的羊？没门儿！你先要问问我的皮鞭,看它答应不答应！"小牧童站在树杈上抡起了皮鞭，照着领头的强盗"啪"的一鞭子。"啊呀！"领头的强盗捂着脸倒在地上。

小牧童又抡起皮鞭，"啪啪啪"一连几鞭，把那几名强盗抽得东翻西滚，乱作一团。

"好、好，打得好！"看到这个情景，杜鲁克可乐坏了。

领头的强盗一看不是对手，打了个呼哨，大叫："弟兄们，烤全羊先不吃了，撤！"强盗带狗呼啦啦全跑了。

"王小良真棒！"杜鲁克对小牧童佩服得五体投地。

杜鲁克忽然想起了什么："我说爱数王子，你刚才看清楚有几个强盗、几只狗了吗？"

爱数王子摇摇头："我只顾欣赏王小良的鞭法，忘了数了。"

"嘻嘻，我知道。"小牧童又唱了一首民谣：

> 一队强盗一队狗，
>
> 两队并作一队走。
>
> 数头一共只有九，
>
> 数脚却有二十六。
>
> 算算有多少强盗几只狗？

"这个问题，应该从哪儿入手考虑呢？"爱数王子又陷入思考之中。

杜鲁克提示："假如 9 个头都是强盗的，应该只有 18 条腿。现在是 26 条腿，多出来 8 条腿。"

"我知道，因为狗是 4 条腿，现在多出来 8 条腿，说明有 4 只狗，强盗就是 5 个了。验算一下，$4+5=9$，$4×4+2×5=26$，正好是 9 个头，26 条腿。哈，我算出来啦！"爱数王子真高兴。

"我说，这鬼算国王真够坏的！"杜鲁克明白过来了，"这一关本来只有算羊数一道题，这又添加了强盗和狗，咱们多做了一道题！"

"多做一道题，就多一次练习数学的机会，没什么不好。"爱数王子心地善良，总往好处想。

"嘿，你倒想得开！这是咱们把题目做对了，平安无事。假如做错了呢？咱俩就人头落地！你以为闹着玩哪？"杜鲁克却一肚子气。

爱数王子看杜鲁克正在气头上，也不搭话，催促道："那咱俩快走吧！"

"不成！"杜鲁克反而不想走了，"王小良武艺如此高强，看得出他深得中国武术的精髓。我是中国人，不趁此时向他学习一些武术，更待何时？"

说着，杜鲁克跑到树下，双手抱拳，单膝跪地："师父在上，徒弟杜鲁克拜您为师，请受徒弟一拜！"

王小良吓了一跳，急忙从树上跳了下来，扶起杜鲁克："请起，我不敢当！"

杜鲁克说："师父不教徒弟鞭法，徒弟就在此长跪不起。"看来杜鲁克是非学不可了。

王小良看杜鲁克如此有决心，也就同意教他一套鞭法。杜鲁克十分聪慧，一学就会，几次下来，鞭法已经练得有模有样了。

王小良看了十分高兴："你学得很好，我把这条皮鞭送给你做防身之用吧！"

杜鲁克接过皮鞭，谢过师父，把皮鞭往腰上一缠，向王小良一抱拳："师父，咱们后会有期！"说完头也不回地往前走去。

"等等，还有我呢！"爱数王子赶紧跟上。

独眼巨人

两人继续往前闯关，忽然听到一阵吵架声。杜鲁克喜欢凑热闹，就循声走去，原来是三名阿拉伯人正在争吵。

第一个阿拉伯人说："这羊我会分！"

第二个说："你会分，你怎么分不出来？"

李毓佩
数学科普文集

第三个说："咱们谁也不会分，因为根本没法分！"

杜鲁克走上前好奇地问："怎么就没法分呀？"

"我说！""我说！""我说！"三个人抢着说。

杜鲁克仔细打量这三个阿拉伯人，发现他们长得很像。其中一个阿拉伯人看出了杜鲁克的疑惑，忙解释说："是这么回事，我们三人是亲兄弟，我是老大，叫阿凡提，这是老二买买提，他是老三没法提。"

"没法提？还有叫这个名字的？哈哈——真新鲜！"杜鲁克又捡到乐子了，"你们虽说有了没法提，还是解决不了没法分的问题啊！"

"对呀！"阿凡提说，"我父亲昨天去世了，留下了 17 只羊。父亲临终时交代我们，要按比例来分这 17 只羊。我分 $\frac{1}{2}$，买买提分 $\frac{1}{3}$，没法提还没成家，只分 $\frac{1}{9}$。父亲特别嘱咐我们哥仨，在分羊时不许杀羊！"

买买提说："不许杀羊，根本没法分。从昨天到今天，分了整整一天了，也没分出来。"

"他们俩都有老婆送饭来，我光棍一条，到现在还没吃上一口饭哪！分不出来，我也不能走，饿死我了！"看来没法提最惨了。

杜鲁克的口袋里还藏有一个从刁小三私家菜馆拿的烧饼，他取出来递给了没法提："你最小，先吃个烧饼充充饥。"

"没法分！""真没法分！"阿凡提和买买提还坚持说分不了。

爱数王子也摇摇头说："这 17 是一个质数，不能被 2、3、9 整除。是没法分呀！"

杜鲁克想了一下，对阿凡提说："这地方你熟悉，你去借一只羊来。"

"借一只羊？好办、好办。"阿凡提一路小跑走了。

不一会儿，阿凡提牵着一只羊回来了。

杜鲁克一看，来精神了："那我开始分羊了：阿凡提分 $18 \times \frac{1}{2} = 9$(只)，买买提分 $18 \times \frac{1}{3} = 6$(只)，没法提分 $18 \times \frac{1}{9} = 2$(只)。分完了，

你们各自牵着羊回家吧!"

"慢着!"阿凡提说,"父亲只留给我们 17 只羊,你怎么按 18 只羊来分哪?你把我借来的羊也分了,我怎么还人家?"

"嘻嘻!"杜鲁克乐了,"谁说我把借来的羊也分了?你把你们兄弟仨分得的羊加起来,看看是多少?"

没法提动作快,他列了一个算式:9+6+2=17。"咦,一共是 17 只,没分借来的那只羊!"没法提一竖大拇指,"小伙子,你真行!"

"分完后还剩一只羊。阿凡提,你把这只羊还给人家吧!"杜鲁克左右看看,没有发现鬼算王国的士兵。他说:"王子,咱们做对了,又过了一关,快走!"

阿凡提、买买提、没法提兄弟三人排成一排,右手放在胸前,向杜鲁克鞠躬致谢。

杜鲁克和爱数王子沿着唯一的一条路往前走,远远看见了一座大院子,里面传出哗哗的流水声。两人走进院子一看,院子中间有一个大水池,水池里面有一个巨大的铜像。

铜像足有 4 米高,从穿着打扮上看,铜像原型是个古希腊人。最奇特的是,这个人只有一只眼睛,它的独眼、口、手都在往外流水。

杜鲁克围着水池子转了一圈,他悄悄对爱数王子说:"奇怪呀,这个院子怎么只有一个门?难道让咱俩再从原路返回去?"

还没等爱数王子答话,只听"吱"的一声,这唯一的门也关上了。

"得!这下子咱俩甭出去了!"杜鲁克开始有点儿紧张了。

突然,独眼铜人开口说话了:

> 我是一座独眼巨人的铜像。
>
> 雕塑家技艺高超,
>
> 铜像中巧设机关:
>
> 我的手、口和独眼,

都连接着大小水管。

通过手的水管，

三天流满水池；

通过独眼的水管，

只需要一天；

从口中吐出的水更快，

五分之二天就足够。

三处同时开，

水池几时流满？

杜鲁克点点头："还是一首诗呀！"

"这个独眼巨人说话的声音好耳熟哇！"爱数王子产生了怀疑。

"不可能！"杜鲁克脑袋摇得像拨浪鼓，"2000年前的古希腊人，你能认识？"

"解答这样的问题用什么方法最简单？"

"用方程。"杜鲁克开始计算，"设水池的容积为1，三管同时开，流满水池所需要的时间为 x。"

爱数王子接着算："下面应该分别求出手、口、独眼单位时间的流水量。由于通过手的水管，三天流满水池，那么手一天可以流 $\frac{1}{3}$ 池水；通过独眼的水管，需要一天，那么独眼一天可以流 1 池水；从口中吐出的水更快，五分之二天就足够，那么口一天可以流 $\frac{5}{2}$ 池水。"

"正确！"杜鲁克开始列方程：

$$\frac{1}{3}x + x + \frac{5}{2}x = 1,$$

$$\frac{2+6+15}{6}x = 1,$$

$$x = \frac{6}{23}。$$

杜鲁克左右看看，没有发现鬼算王国的士兵，知道自己算对了。他对爱数王子说："王子，咱们出去吧！"

　　独眼巨人忽然说话了："出去？上哪儿去呀？这是'生死数学宫'的最后一站，也是你们俩的葬身之地。你们和这个世界永别吧！爱数王国归我了，哈哈——"

　　两人一看，独眼巨人的脑袋已经被换成了鬼算国王的脑袋。他狂笑不止，三根水管猛然加大了出水量，水迅速往上涨，水池一会儿就满了。

　　水已经没到杜鲁克的腰了。杜鲁克紧张地说："水涨得这么快，我又不会游泳，一会儿非把我淹死不可。"

　　"不用怕，我的游泳技术很好，有我在，没事！"爱数王子安慰他。

　　水涨得飞快，已经淹到杜鲁克的下巴了。

　　鬼算国王高兴坏了，他一边跳，一边唱："快出水！快出水！王子喂王八，小子喂水鬼。"

　　水已经没过杜鲁克的头顶了，爱数王子用力把他往上托，可是水越涨越快，情况十分危急。在这千钧一发之际，爱数王子急中生智，把手指放进口中，打了一个非常响亮的呼哨，只听空中响起"啸——"的叫声，黑色雄鹰和白色雄鹰从天而降，一个抓住爱数王子，一个抓住杜鲁克，然后高高飞起，把他们俩带到了院子外面的安全地带。

　　安顿好王子和杜鲁克，黑色雄鹰又重新飞回院子里。它一个俯冲，把鬼算国王像抓小鸡一样抓了起来，又一个俯冲，"扑通"一声，把鬼算国王扔进了水中。

　　鬼算国王在水中边挣扎边喊："我不会游泳，我也不想喂王八，更不想喂水鬼。救命啊！"

　　爱数王子说："鬼算国王这是自作自受，害人不成反害己！走，咱们终于走出了'生死数学宫'，回家去！"

　　"不成！"杜鲁克说，"咱们的白马和猎枪还在他们手中呢！"

爱数王子对雄鹰说："你们带路，咱们去要回白马和猎枪。"

雄鹰"啸——"地叫了一声，飞在前面引路。

"老鬼"算式

雄鹰飞呀飞，飞到一个山洞前停住了。山洞口有一扇门，大门紧闭。

爱数王子明白，白马和猎枪一定藏在这个山洞里。他回头对杜鲁克说："咱们进去。"

他们俩刚想往里走，"不许进！"大门一开，三名鬼算王国的士兵从山洞里出来，拦住了去路。士兵出来后，大门又自动关上了。

爱数王子问："你们是什么人？敢阻拦我？"

一名士兵说："我叫不怕鬼，他叫鬼不怕，那个叫鬼都怕，我们是鬼算王国的士兵。"

杜鲁克摇摇头："这哪是名字？纯粹是绕口令！"

"哈哈，早听说鬼算王国盛产小鬼，今天一见，果然如此，这就有三个小鬼！"爱数王子仔细观察，他们穿的军装都一样，只是手中拿的武器不一样。不怕鬼拿刀，鬼不怕拿枪，鬼都怕拿棍。

"我是爱数王国的王子，我要进山洞，你们给我让开！"

鬼都怕笑了笑，说："你虽说贵为王子，但是你是爱数王国的王子，我们是鬼算王国的士兵，我们只听鬼算国王的，不久你们爱数王国将被我们占领，你们也要听鬼算国王的。嘻嘻！"

鬼都怕的一番话激怒了爱数王子，他抽出佩剑，直奔鬼都怕刺去。

"啊哟呵！动真格的了！"鬼都怕急忙用棍把剑挡开。两人拉开了架势，你一剑，我一棍，打在了一起。打了不足十个回合，鬼都怕已经只有招架之功，无还手之力了。不怕鬼一看形势不好，大喊："弟兄们，一起上！"不怕鬼和鬼不怕，一个举刀，一个挺枪，杀了上来，形成三打一的局面。

三打一，这怎么行！杜鲁克猛然想起自己的腰间还有王小良送给他的皮鞭，此时不用，更待何时？他解下皮鞭，大喊一声："仨小鬼，让你们尝尝中华神鞭的厉害！"说完，先"啪啪"抖了抖皮鞭，然后抡着皮鞭冲了上去，朝着不怕鬼、鬼不怕和鬼都怕，每人给了一鞭子。

三名士兵没有防备，每人挨了一鞭子，痛得"呜哇"乱叫。不怕鬼抡刀转向杜鲁克，这下子可把杜鲁克吓坏了，师父王小良教的那几招早被吓忘了。他拖着鞭子撒腿就跑，不怕鬼在后面穷追不舍，大喊："数学小子拿命来！"

突然，不怕鬼踩到了鞭子上，一个趔趄趴在了地上，"当啷"一声，手中的刀也摔出去老远。

"哈哈——你小子防上不防下，来了个'狗啃泥'吧！"杜鲁克收起鞭子，"本大侠不打落水狗，你们三个小鬼谁是头儿啊？"

不怕鬼说："我们三个人，一个是班长，一个是班副，一个是士兵。"

"谁是班长？谁是班副？哪个又是士兵？"

"这是军事秘密，鬼算国王不让我们说。只知道鬼都怕比班副年纪大，鬼不怕和班长不同岁，班长比我不怕鬼年纪小。你算算，我们三个谁是班长，谁是班副，哪个又是士兵？如果你算对了，我就让你进山洞。"

"说话要算数！"杜鲁克开始分析，"由'鬼不怕和班长不同岁'和'班长比不怕鬼年纪小'可以知道，鬼不怕和你不怕鬼都不是班长，所以鬼都怕是班长。"

不怕鬼听了一愣，然后说："你接着说。"

"由'鬼都怕比班副年纪大'和'班长比不怕鬼年纪小'可知，你不怕鬼比班长年纪大，而班长是鬼都怕，因此班长比班副年纪大。这样一来，你肯定比班副年纪大，所以你不是班副，只是一名小兵！班副是鬼不怕，对不对？"

李毓佩
数学科普文集

"对、对。"不怕鬼连连点头。

"对就让我们进山洞吧！"

不怕鬼露出一副为难的样子："你也知道，我是士兵，级别最低，说话不管用啊！这事必须由班长鬼都怕决定。"

杜鲁克转头一看，见爱数王子和鬼不怕、鬼都怕正打得热闹。他抡起手中的皮鞭，"啪啪"甩了两鞭子："别打了！班长鬼都怕，下命令停战！"

鬼都怕听杜鲁克叫他班长，一愣神。心想：我是班长这是军事秘密，杜鲁克怎么知道？在他愣神的工夫，爱数王子的剑锋已经指向了他的喉咙："别动！再动，我杀了你！"

鬼都怕放下手中的棍，高举双手："饶命！"

爱数王子问："白马和猎枪是不是藏在山洞里？"

鬼都怕点点头："是藏在山洞里，不过白马和猎枪没有藏在同一个地方。"

"领我们去拿！"

"这个——"鬼都怕显得十分为难。

爱数王子一举宝剑："不去，我杀了你！"

"别、别。"鬼都怕解释说，"开山洞门是需要密码的，我们三个都不知道密码，需要算。"说完，他指了指门上的一个算式和旁边的一个方框。算式是：

开门密码是"老鬼"，老×鬼×老鬼＝鬼鬼鬼，其中"老"和"鬼"各代表一位不相同的自然数。

爱数王子看到这个"老鬼"算式，傻了眼。他招招手叫杜鲁克过来，又一指算式说："这怎么解？"

杜鲁克拍着脑门想了想："既然这里的文字代表数字，咱们就可以按数字的规律来计算。算式两边同除以'鬼'字，得：老×老鬼＝111＝

3×37，那么老＝3，鬼＝7。"

杜鲁克走到门前，把密码写在旁边的方框里，山洞的大门"吱"的一声打开了。

爱数王子押着鬼都怕走进山洞，杜鲁克紧跟在后面。山洞显然经过了修建，里面道路平整，墙上有灯，很亮堂。鬼都怕带着他们俩左拐七个弯儿，右拐八个弯儿，转了好一阵，才在一扇大铁门前停下来。

杜鲁克问："怎么，又要算密码？"

"不用，我们有联系暗号。"说着，鬼都怕用一只手捂着嘴，头往上扬，"嗷——嗷——"学起了狼嚎。那声音十分恐怖、难听，杜鲁克赶紧用双手捂住自己的耳朵。

过了一会儿，里面传出汪汪的狗叫声。杜鲁克小声说："狼嚎，狗叫，真是狼狗一家亲哪！"

猎枪在 9 号箱子里

鬼都怕在门外大声叫道："看家鬼开门！我是鬼都怕！"

里面的看家鬼答应："好的！"

"轰隆"一声，大铁门打开了。爱数王子一个箭步蹿了进去，立刻用剑控制住开门的看家鬼："不许动！"杜鲁克跑上前，把看家鬼腰间的刀抽了出来。

爱数王子问："看家鬼，我问你，我的白马和猎枪藏在哪儿？"

"猎枪可能归我管，白马归马屁鬼管，我不知道藏在哪里。"看得出，看家鬼回答得很犹豫。

爱数王子又问："什么叫猎枪可能归你管？你一个看家鬼，连自己看管的东西都不知道？"

"鬼算国王每次送来的东西，我都要装箱，编上号。"看家鬼指着放

李毓佩
数学科普文集

在地上的几个箱子说，"鬼算国王前后一共送来 10 件东西，我把它们装进了 10 个箱子，并按照 0, 1, 2, 3, 4, 5, 6, 7, 8, 9 的顺序编上了号。"

"我的猎枪装在几号箱子里？"

"这是绝密，我不能说。"看家鬼用手做砍头的姿势，"我要是说了，鬼算国王要砍我的脑袋！"

爱数王子一举宝剑："你不说，我现在就扎死你！"

看家鬼把胸脯往前一挺："你扎！你扎死我，最多在我身上扎一个窟窿，还能给我留个全尸。如果我被鬼算国王砍了脑袋，可就身首异处了！你扎！"

"这——"看来看家鬼态度挺坚决，弄得爱数王子也没办法。

"我看这样。"杜鲁克想了一个新主意，"装猎枪的那个箱子咱们先把它放在一边，不去管它。咱们就考虑剩下的 9 个箱子，你看怎么样？"

看家鬼想了一下，点点头："可以。这样我就不会说出猎枪装在几号箱子了，我的脑袋也可以保住了。"

"你能把这 9 个箱子分成三组，使得每组里箱子的号码之和恰好相等吗？"

"嗯——"看家鬼的两只手不停地乱画——他是在做计算，突然，他说，"我算完了，可以！"

"你能把这 9 个箱子分成四组，使得每组里箱子的号码之和也恰好相等吗？"

这次看家鬼算的时间比较长，杜鲁克等得有点儿着急。突然，看家鬼兴奋地说："也可以！"

杜鲁克肯定地说："猎枪藏在 9 号箱子里！"说完，就奔 9 号箱子走去。

看家鬼"噌"的一个箭步跑到了杜鲁克身前，张开双臂拦住了他："要打开箱子也可以，但你必须先讲清楚这个 9 号箱子是怎样算出来的！不然的话，我死也不会让你打开箱子！"

刚才杜鲁克已经领教了看家鬼视死如归的精神，知道不讲明算法他是不会让开的。

"好吧！"杜鲁克开始讲，"因为 $0+1+2+3+4+5+6+7+8+9=45$，45 可以被 3 整除。说明 10 个箱子号码之和可以被 3 整除。去掉装猎枪的那个箱子，而余下的 9 个箱子可以分成三组，且每组的号码之和相等，对不对？"

"对！"看家鬼听得入神。

"这说明，余下的 9 个箱子号码之和仍能被 3 整除，进一步可以肯定，装猎枪的那个箱子的号码必定能够被 3 整除。"

"你先等等，我想想。"看家鬼有点儿跟不上，又比画了一阵子，然后点点头，"我弄明白了，你接着说。"

"这样做的结果，是缩小了寻找范围。从 0 到 9，能被 3 整除的只有 0，3，6，9 这四个数，因此，猎枪只可能在这四个号码的箱子里。"

"不错！"这次看家鬼听明白了。

"0 到 9 之和 45，分别减去 0，3，6，9，各剩下 45，42，39，36。由于余下的 9 个箱子能分成四组，且每组的号码之和相等，所以余下的 9 个箱子号码之和能被 4 整除，而 45，42，39，36 中能被 4 整除的只有 36。这就说明，去掉装猎枪的那个箱子，余下的 9 个箱子的号码之和是 36。$45-36=9$，猎枪肯定在 9 号箱子里。"

"晕死我了！"看家鬼捂着脑袋，"咕咚"一声倒在了地上。

鬼算国王的要求

杜鲁克走到 9 号箱子前，用力打开箱子盖，往里一看，只见箱子里忽地坐起一个老头，正是鬼算国王。他手中拿着猎枪，对着杜鲁克大喊："不许动！举起手来！再动我就开枪啦！"

数学小子杜鲁克　　李毓佩
数学科普文集

"啊！"杜鲁克和爱数王子都大吃一惊。

鬼算国王慢慢从箱子里走了出来，他拍拍杜鲁克的肩膀，说："你这个数学小子还真是厉害！在你们俩返回爱数王国的途中，我给你们设了多少障碍：鳄鱼谷里有大群的食人鳄鱼，凡是我送去的人，没有一个能活着回来；蟒蛇洞中的黄金蟒，力大无穷，珍贵无比，活吞一个人用不了五分钟！"

杜鲁克点点头："你说得不错，我们俩都领教过。"

"如果说我的这些宠物都是动物，没有你们俩聪明，被你用诡计骗过，可是我亲自带领的牛头马面也被你识破了；刁小三私家菜馆的特效蒙汗药，多厉害呀！那可是举世无双，结果呢？没把你药倒，反把我们药倒了。你厉害呀！厉害！"鬼算国王一边历数两人的"英雄事迹"，一边仍把枪口对准杜鲁克，边说边围着他转圈。突然，鬼算国王目露凶光："最不可思议的是，我用三年时间设计的'生死数学宫'也被你一关关闯过，最后一关，我还差点淹死在独眼巨人的水池里！"

鬼算国王忽然转身奔向爱数王子，用枪指着王子说："你的黑白两只大鹰确实厉害！我的整整一队秃鹫，都没有斗过它俩！将来我一定把这对大鹰抢过来，归我鬼算国王调遣！"

爱数王子愤愤地说："没门儿！"

"哈哈——"鬼算国王一阵狂笑，"将来爱数王国都是我的，别说是两只鹰了！"

鬼算国王又转回到杜鲁克身边："数学小子，我真的挺喜欢你，当我的手下吧！我送你一个大名——机灵鬼，怎么样？这个名字好多人想要，我都舍不得给他们，他们都不机灵，你叫最合适！"

"谢谢你了！"杜鲁克摇晃着脑袋，"我成不了机灵鬼，反倒快成倒霉鬼了，遇到你鬼算国王，我真算倒了大霉了！"

鬼算国王用枪指着杜鲁克的脑袋："我拇指一动，就能要了你的小命，可是我舍不得。刚才你分析猎枪在哪号箱子里，分析得头头是道，逻辑性极强，我躺在箱子里也不由得暗暗叫好，你是个数学天才！"

"谢谢你的夸奖！"杜鲁克来了个顺坡溜，"不过，敌人拥护的我们就反对，敌人反对的我们就拥护。你夸奖我，我不但不觉得美，反而觉得恶心！"

"哈哈，有个性！"鬼算国王从口袋里掏出五枚金币，"这样吧，你替我去办五件事，如果办成了，我就放你和爱数王子回国。怎么样？"

"说话算数？"

"算数！"

"拉钩！"

"拉什么钩？"

"老傻了不是？连'拉钩上吊，一百年不许变'都不知道！哈哈——"杜鲁克又找到了笑料。

鬼算国王真和杜鲁克拉了钩，然后说："给你五枚金币，你先去宠物店，用一枚金币买一对金毛老鼠；再去鬼主意批发站，花一枚金币买三个鬼主意；去蒙汗药零售店，用一枚金币买一包特效蒙汗药；去武器库，花一枚金币买一组最新的暗器；最后去数学研究所，用一枚金币买一道最难的数学题。"

杜鲁克点点头："记住了。我什么时间去买？"

"嗯——"鬼算国王想了一下，"这些地方不是每天都开门，宠物店星期二和星期四休息；鬼主意批发站星期一不营业；蒙汗药零售店星期三盘点不营业；武器库星期二、星期四、星期六都要试验新武器，不开门；数学研究所正常上班，只有星期日才休息。"

杜鲁克皱着眉头说："这样的话，我需要好几天才能买齐这些东西。"

"不！"鬼算国王伸出右手食指摇了摇，"我只许你去一次，把我要的东西全买齐！"

"让爱数王子和我一起去？"

"不！"鬼算国王又摇了摇左手食指，"你一个人去，我怕你跑了，爱数王子要留下来作为人质。"

杜鲁克双手一摊，大叫一声："哇，鬼算国王，你太狡猾了！不过你得让我和爱数王子商量商量。"

"没问题，给你们十分钟！"

爱数王子着急地问："让你去这么多地方买东西，而且这些地方是今天你家休息，明天我家不营业，这怎么个买法呀？"

杜鲁克想了想，说："这个问题的特点是一个字——乱。对待乱的有效方法是梳理，老师说过，梳理的最好办法是列表。我来列个表。"他画了一张表：

地点	时间（星期）						
	一	二	三	四	五	六	日
宠物店		*		*			
鬼主意批发站	*						
蒙汗药零售店			*				
武器库		*		*		*	
数学研究所							*

杜鲁克说："哪个地方星期几休息，我就在相应的栏内打上'*'号。列表后一目了然，我只能星期五去买东西。"

"对，因为只有星期五这五个地方都营业。"爱数王子明白了。

杜鲁克一想："嘿，今天正好是星期五，我赶紧去买东西！"说完，撒腿就跑。

鬼算国王的毒招

过了大概有一个小时，杜鲁克乐颠颠地跑了回来。他把买回来的东西——一对金毛老鼠，一个文件袋里装的几个鬼主意，一包特效蒙汗药，一个盒子里装的一组最新的暗器，一个信封里面装的最难的数学题，通通交给了鬼算国王。

鬼算国王验收后，点了点头："不错，我让你买的东西，你一样不少地给我买了回来。"

杜鲁克说："说话算数，咱俩都拉过钩了，你该让我们走了吧？"

"当然、当然。我说话算数，会放你们走的。"鬼算国王的眼珠转了三圈，"不过，你数学小子是一个小孩，那些商店会不会骗你，比如给你的不是最新的暗器，不是最难的数学题？"

"这我可不知道！"

"所以啊，我不能花钱买回假货呀！"鬼算国王又来了鬼主意，"这样吧，爱数王子武艺高强，我用你买回来的这组最新的暗器，试射王子一下，看看是不是最新产品。"

杜鲁克腾的一下子蹦了起来："什么？你要试射爱数王子？你明摆着是要害人哪！"

"嘿嘿。"鬼算国王冷笑了两声，"你也别闲着，你把那道最难的数学题给我解出来，如果连你都解不出来，就说明这道题不是难解，而是根本无法解，是他们在骗你！来，我先试射爱数王子！"

杜鲁克跑到爱数王子的身边，对他耳语了几句，爱数王子频频点头。

杜鲁克买回来的最新暗器是一组新式袖箭，它可以藏在袖口里面，出其不意地按动机关，袖箭可以快速发射出去，置人于死地。

鬼算国王让爱数王子站好，自己则把袖箭藏好，倒退了十几步。突然，他一回身，大喊一声："看箭！"袖箭"嗖"的一声直奔爱数王子的

数学小子杜鲁克 李毓佩
数学科普文集

头部射来。爱数王子早有准备，他一低头，袖箭钉在了墙上。杜鲁克在一旁拍手叫好："好武艺！"

说时迟那时快，鬼算国王又一甩手，第二支袖箭奔爱数王子的双腿射来，爱数王子轻轻一跳，又躲了过去。

鬼算国王大叫一声："接我的第三箭！"奇怪的是，这支袖箭一开始并不奔向王子，而是向爱数王子的右边飞去，但是没飞多远又一拐弯儿，直奔爱数王子的心脏部位刺去。

"好厉害！"爱数王子来了一个后空翻，躲过了这一箭。

"好！"杜鲁克拍手叫好，这时他才放下心来。

鬼算国王的这三箭，爱数王子为什么能躲得这么好呢？原来杜鲁克在买袖箭时，就询问售货员这最新暗器有什么特点。售货员告诉他，第一、第二支袖箭是直飞，一支射头，一支射脚，第三支箭非常特殊，它拐弯飞，直射心脏，一般人是无法防备的。刚才杜鲁克已经把这个秘密告诉了爱数王子，所以王子才能轻松地躲过这三箭。

鬼算国王一看，这新式袖箭没有射中爱数王子，就回过头来找杜鲁克的麻烦。他对杜鲁克说："该你解那道最难的数学题了。"说完，就把杜鲁克从数学研究所买回的那道题递给了他。

杜鲁克一看，题目是这样的：

四个数中每三个数相加得到的和分别是 31、30、29、27。

那么，原来四个数中最大的一个数是多少？

爱数王子拿过题目一看，连连摇头："这题目怎么做呀？四个数是一个也不知道，只知道四组三个数的和，还要求四个数中最大的数。我看这题没法做。"

"有法做、有法做。"杜鲁克笑嘻嘻地说，"方程、方程，无所不能！只要设好 x，正确列出方程，一切困难都能迎刃而解！"

爱数王子问："你设什么为 x 呢？"

"我设这四个数之和为 x，则 $x-31$ 就是四个数之和减去三个数之和，它的差一定是四个数中的一个数。"

"对，是这么回事！往下怎么做？"

"照这个思路可以得到其他三个数，并列出方程，王子你来试试。"

"另外的三个数就是 $x-30$，$x-29$，$x-27$。可以列出方程：$(x-31)+(x-30)+(x-29)+(x-27)=x$。解得 $x=39$。已经知道三个数之和最小的是 27，用 x 减去 27，得到的数必然是最大的。因此，四个数中最大的数是 $x-27=39-27=12$。"

爱数王子一口气算出了答案，看来王子的数学水平提高了不少。

"哈哈，不错，不错！"鬼算国王皮笑肉不笑，"看家鬼，你把猎枪还给他们，再去通知马屁鬼，把爱数王子的白马也牵来，让他们回爱数王国！"

"是！"看家鬼答应一声，马上去办。

爱数王子回国

杜鲁克背好猎枪，两人同骑一匹白马向爱数王国进发。

这里距离爱数王国已经很近了，两人没走多远，就听到前面锣鼓喧天、鞭炮齐鸣。他们再走近些，一看，欢迎人群挥舞着旗帜，高喊着"迎接爱数王子回国"的口号，好不热闹。

杜鲁克被热情的民众所感动，他扶着爱数王子的肩膀，站在了马背上，和人群一起欢呼，一起跳跃。

这时，爱数王国的文武百官站了出来，领头的是爱数王国的首相，他们先向王子敬礼。

王子握住首相的手问："七八首相，我父王怎么样了？"

李毓佩
数学科普文集

这位七八首相回答："国王很好，身体在慢慢康复。"

"七八首相？"杜鲁克好奇怪，"爱数王子，你们的首相还编号啊？"

"不。"爱数王子解释说，"我们爱数王国，从国王到民众都喜欢数学，他们处处都离不开数学。首相今年56岁，他用7和8做乘法，7×8＝56，所以自称'七八首相'。"

"噢——是这么回事，有意思！"杜鲁克就喜欢新鲜事，"这么说，明年七八首相就应该改名字了？"

"对、对。"七八首相连连点头，"不过，明年改叫什么名字还是个大问题！哪两个大于1的数相乘得57呀？"

爱数王子忙说："这件事你不用发愁，这位杜鲁克外号'数学小子'，是数学高手，在数学上遇到什么难题，找他就行了！"

杜鲁克摇摇头："你这事还真不好解决，因为57只能是3和19的乘积，57＝3×19，除此以外，再没有哪两个大于1的正整数相乘等于57了！"

"啊？"七八首相很吃惊，"那，我叫什么呢？"

"你——"杜鲁克想了一下，"只好叫'三一九首相'啦！哈哈，也挺好听！"

突然，一匹快马飞驰而来，"报——"马上一名爱数王国的士兵举着一封信瞬间来到跟前。士兵下马先向爱数王子敬了一个军礼："报告王子，这是鬼算国王下的战书！"

"这么快？"爱数王子打开战书，见上面写着：

尊敬的爱数国王和爱数王子：

由于爱数国王年事已高，体弱多病，已不能管理国家大事，而爱数王子年纪尚小，涉世不深，还承担不了管理国家的重任，我建议爱数国王把爱数王国交给我来管理。我——鬼算国王，年富力强，经验丰富，一定能把贵国管理好！如果同意，三日内，你们把主权交给我，咱们顺利过渡；如果不同意，三日后，我将率领我的精兵强将，对贵国发动进攻，一举将贵国占领，到时候，爱数国王和王子就成了我的阶下囚。

两条道路，请选择。

致以

崇高的敬礼！

鬼算国王

爱数王国的众大臣看过信之后，个个气得火冒三丈，七八首相说："鬼算国王没安好心，一直想侵略我国，这次还想威逼我们投降，我们绝不答应！"

一员武将跳了出来："兵来将挡，水来土掩，我爱数王国兵强马壮，官兵都有极强的爱国之心。我们必定让鬼算王国的官兵有来无回！"

杜鲁克小声问爱数王子："这位将军是——"

"噢，他是我军的司令，叫'五八司令'。"

"不用说，这位司令年方四十，真是年轻有为呀！"

"你做乘法真快！"爱数王子双手握拳，对杜鲁克说，"看来，一场战争是不可避免了！"

2. 爱数王国大战鬼算王国

国王的考验

鬼算王国要对爱数王国发动战争，可是爱数国王重病在身，不能起床，国王就把抗击外敌入侵的重任交给了爱数王子，并让七八首相和五八司令辅佐王子。爱数国王听说爱数王子带回一名四年级的小学生杜鲁克，他只有 10 岁，但聪明过人，特别是数学，出奇地好，外号"数学小子"。

在爱数王子归国途中，杜鲁克给王子出了不少好主意，帮了大忙。爱数国王认为杜鲁克是个难得的人才，他爱才如命，一定要亲自接见杜鲁克。

爱数王子带着杜鲁克进了王宫。爱数国王六七十岁的样子，身体消瘦，面色蜡黄。杜鲁克见到国王，行了个少先队员的举手礼，大声说道："敬礼！爱数国王好！"

爱数国王哪见过这种礼节，他也把手举了起来："敬礼！数学小子好！"

国王想试试杜鲁克的数学到底怎么样，就对他说："娃娃，你年方10岁，数学就这么好，真是令人佩服！不过，我叫爱数国王，也非常喜欢数学，我想问你一个数学问题，怎么样？"

"俗话说，初生牛犊不怕虎，尽管我的数学水平还十分有限，但是我愿意接受您的考验。"

"好！"爱数国王就喜欢杜鲁克这股劲儿，"我心里想着一个自然数，这个自然数小于64而大于1，你说说我心里想的是哪个自然数？"

听罢题目，周围的人议论纷纷。

爱数王子替杜鲁克抱不平："这怎么猜？范围太大了！"

七八首相苦笑着说："我看只有神仙才能猜得着。"

五八司令更干脆："如果我遇到这样的问题，只能投降！"

杜鲁克笑着对国王说："王子说得对，范围太大了！从2到63一共有62个数，如果您让我一次就说出答案，我就成算命先生了。"

国王问："你要猜几次？"

杜鲁克想了想："猜六次，最多七次，我一定能告诉您这个数是几！"

爱数国王点点头："好！君无戏言，如果到第七次你还猜不出来，我可要重重地惩罚你！"

"一定！"

"最多七次就能猜出来？这不可能！"大家都为杜鲁克担心。

第一次，杜鲁克问国王："这个数不小于32，对吗？"

"不对！"

"一次啦！"五八司令在一旁记着数。

"这个数不小于16，对吗？"

国王摇摇头。

"两次啦！"五八司令又加上一次。

"这个数不小于8，对吗？"

这次爱数国王没有否定，而是点了点头。

"三次，有苗头了！"五八司令又兴奋又紧张地说。

杜鲁克停住了，爱数王子紧张地问："怎么不问了？出事了？"周围的人也跟着紧张起来。

杜鲁克看大家如此紧张，扑哧一声笑了："你们紧张什么？我歇口气。该第四次了吧？这个数不小于12，对吗？"

国王又开始摇头。

"这个数不小于10，对吗？"

国王第二次点头。

五八司令着急地说："数学小子，你已经问了五次，只剩下最后一次了！"

"知道！"杜鲁克十分冷静，继续问，"这个数不小于11，对吗？"

国王摇摇头，然后坐了起来："六次已问完，看来你还需要问第七次啊！"

"不用！您心中想的自然数是10！"杜鲁克回答得十分肯定。

"对吗？"大家好奇而又紧张的目光全集中在国王的脸上。

国王面无表情。

周围死一样沉寂。

只有杜鲁克在抿着嘴笑。

突然，国王高举双手："数学小子答对了！"

在场的人都松了一口气，向杜鲁克投去赞赏的目光。七八首相问杜鲁克："数学小子，你是怎么猜出来的？"

五八司令在一旁嘟嘟囔囔地说："如果说不出道理，很可能是蒙的！"

"蒙的？"杜鲁克认真地说，"你们谁来蒙一次？"

爱数王子赶紧出来打圆场："这绝不可能是蒙的。杜鲁克，你快说说其中的道理吧！"

杜鲁克解释说："我用的是老师教给我的'二分逼近法'，为了说清

数学小子杜鲁克 李毓佩 数学科普文集

楚，我画一个图。"说完在地上画了一条横线：

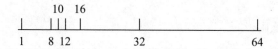

杜鲁克指着图说："这图上画的是从 1 到 64。我第一次问国王'这个数不小于 32，对吗'，这个 32 紧靠线段的中点，国王说不对。国王的否定，就排除了这个要找的数在 32 到 64 这半段的可能，我只考虑 1 到 32 这半段就行了。"

"对呀！"还是爱数王子反应快，"父王的否定，使寻找范围立刻缩小一半。这就是'二分逼近法'！杜鲁克又接着问'这个数不小于 16，对吗'，父王又一次否定，这样 16 到 32 这段可以不要了，又少了一半，要找的数只能在 1 到 16 之间了。"

"明白了，明白了！"在场的人纷纷点头，"这'二分逼近法'果然奇妙无比！"

爱数国王忽然问了一个问题："你问我六次，是怎样算出来的？"

"'二分逼近法'就是每次要除以 2，而 $64=2\times2\times2\times2\times2\times2$，64 是六个 2 连乘，所以我要问六次。"杜鲁克的回答，让爱数国王连连点头。

通过考察，国王对杜鲁克十分满意，当场决定："数学小子是难得的人才，我们和鬼算王国开战在即，我任命数学小子为我军参谋长，协助王子共同抗敌！"

"什么？让我当参谋长？我没当过那么大的官，和小朋友玩打仗游戏时，我也只当过班长！"杜鲁克的话，逗得全场的人哈哈大笑。

五八司令跑过来说："我们这里将军级别的官，前面都带有数字，比如首相今年 56 岁，由于 $7\times8=56$，所以叫七八首相。我今年刚好 40 岁，$5\times8=40$，所以我叫五八司令。你是参谋长，也是将军级别的，你今年 10 岁，$2\times5=10$，你就叫'二五参谋长'，怎么样？"

"不行、不行！"杜鲁克连摆手带摇头，"二、五这两个数，绝不能连用！"

"连用怎么啦？"

"在我们那儿，把'一瓶子不满，半瓶子晃荡'，什么事都办不成的人叫'稀松二五眼'，把傻子叫'二百五'，我能叫'二五参谋长'吗？"杜鲁克急得脸都涨红了。

国王当场决定："数学小子就叫'参谋长'，咱们破个例，前面不加数字了！"

"是！"五八司令接受命令。

战前会议

由于时间紧迫，爱数王子立刻召开战前会议。王子说："鬼算国王早就预谋吞并我国了，前几天他骗我去打猎，就想置我于死地。多亏遇到了杜鲁克，我们才死里逃生，返回祖国。"

杜鲁克接着说："和鬼算国王打了几次交道，我发现这个人诡计多端，十分狡猾。和这种人作战，必须多动脑筋，要智取，不能蛮干！"

"对！说得太好了！"七八首相说，"我和鬼算国王打过多年交道，他做事总是真真假假，虚虚实实，让你摸不清他心里想什么。他说的话如果有十分内容，你最多只能听三分！"

五八司令也不甘示弱地补充："鬼算国王打仗时，喜欢摆出各种阵法，变幻莫测，让你的部队攻进去就出不来！"

"大敌当前，我们不能打无准备之战。我命令——"爱数王子此言一出，在场的文武官员"唰"的一声全部起立，听候命令。只有杜鲁克呆呆地坐在那里，没动窝儿。

五八司令小声提醒杜鲁克："参谋长，最高统帅爱数王子要发布命令，你应该站起来！"

"是吗？"杜鲁克腾的一下蹦了起来。

爱数王子宣布："由于时间紧迫，我命令，我军各支部队，在五八司令的带领下，马上开始操练，要练队列，练射击，练格斗。总之，战斗中用到的各种技巧，都要练！只有我们平时多流汗，战时才能少流血！"

全体官员齐声高喊："王子英明！王子伟大！"

文武官员各自准备去了。

杜鲁克问王子："我现在干什么？"

"咱俩先去攻坚营看看。"爱数王子边走边向杜鲁克介绍，"攻坚营由五个连组成，包括大刀连、长枪连、铜锤连、短棍连和弓箭连。这些士兵都是经过严格挑选的，个个武艺高强，是我军的精锐部队。"

来到练武场，他们看到攻坚营的士兵个个奋勇当先，苦练杀敌的本领。这时，一名身材十分魁梧的军官跑过来向王子敬礼，问："王子有何指示？"

王子还礼："铁塔营长，这五个连队的训练，你是怎样安排的呀？"

"铁塔营长？"杜鲁克对这个名字很好奇，他仔细观察这位营长。只见他长得膀大腰圆，身高足有两米，手像两把大蒲扇，胳膊上青筋暴起。可能是长期在阳光下操练的缘故，这位营长的面孔黑里透亮，整个人活像一座黑铁塔。看罢，杜鲁克不由得点点头：好一员猛将！

铁塔营长汇报说："报告王子，我安排大刀连1小时训练一次，长枪连2小时训练一次，铜锤连3小时训练一次，短棍连4小时训练一次，弓箭连5小时训练一次。报告完毕。"

王子低头想了想，问铁塔营长："我很忙，要是想在某一个时刻同时看他们训练，我应该什么时候来呀？"

"这个……"铁塔营长摸着脑袋，傻傻地站在那里。

王子知道像这样的问题，铁塔营长是回答不出来的，干脆问问杜鲁克吧！王子一回头："参谋长，你说我应该什么时候来呢？"

杜鲁克并没有立刻回答，他也得算一算哪！只见杜鲁克的脑袋左晃了 5 下，右晃了 5 下，眼珠在眼眶里转了 10 圈儿，然后笑嘻嘻地说："鬼算国王说 3 天后就要发起进攻，咱们一天按 24 小时计算，3 天就是 72 小时。"

王子有点着急："我没让你算鬼算国王什么时候发动进攻，我是让你计算我什么时候来能同时看到他们的训练！"

"你别着急啊！"杜鲁克不慌不忙地说，"五个连训练的间隔时间分别是 1 小时、2 小时、3 小时、4 小时、5 小时。要求他们共同训练的时间，就要求这五个数的最小公倍数。我算了一下，它们的最小公倍数是 3×4×5＝60。"

王子拍着脑门儿："这么说，五个连日夜不停地训练，我也需要 60 个小时之后来才能一起看到。可是，我不能让他们不休息啊。就算让他们每天训练 10 个小时，也需要 6 天呀！鬼算王国 3 天就打过来了。看来，我是看不到五个连共同训练了。"

铁塔营长说："现在大刀连正在训练，王子不妨先去大刀连看看？"

"好！"爱数王子、杜鲁克随铁塔营长去看大刀连的训练。他们老远就听到从大刀连的训练场传出的阵阵喊杀声："杀——""杀——"

连长对战士们说："使用大刀要记住三句口诀，那就是：削脑瓜儿，砍中段，剁脚丫儿！大家注意啦，听我的口令！"

连长喊："削脑瓜儿！"

战士们把刀放平，"呼"的一声向高处横扫过去。这是在削假想敌人的脑袋。

连长又喊道："砍中段！"

战士们把刀转了 180°，砍在中间部位，"呼"的一声又反向扫了一刀。这是在砍假想敌人的腰。

李毓佩
数学科普文集

连长接着喊："剁脚丫儿！"

战士们哈下腰，用刀扫下部。这是在剁假想敌人的双脚。

连长加快了速度："削脑瓜儿，砍中段，剁脚丫儿！削脑瓜儿，砍中段，剁脚丫儿……"

战士们一会儿削上边，一会儿砍中间，一会儿剁下边，只见几十把鬼头大刀整齐划一，上下飞舞，刀光闪闪，煞是好看。

"好！"杜鲁克看到好处，又叫好又拍手。

爱数王子也满意地点点头："嗯，不错！我们还能看哪个连队训练？"

"可以看弓箭连，他们正在训练。"铁塔营长说完，带着大家去弓箭连。

招募新兵

一行人还没到弓箭连，就听到前面人声鼎沸，喊叫声乱成一片。

爱数王子眉头紧皱："前面出什么事啦？大战将至，怎么还这么乱哪？"

铁塔营长赶紧向前跑去，不一会儿，他满头大汗地跑了回来："报告王子，许多爱数王国的公民要求参加弓箭连，要为保卫祖国尽一份力。弓箭连连长正在测试他们的水平呢。"

王子问："好啊！不过，他们测试的结果怎么样？"

"报告！"这时，弓箭连连长跑过来报告，"参加测试的不超过 30 人，规定每人射四箭。结果，有 $\frac{1}{3}$ 的人有一箭没有射中，$\frac{1}{4}$ 的人有两箭没有射中，$\frac{1}{6}$ 的人有三箭没有射中，$\frac{1}{8}$ 的人连一箭也没有射中。我想录取四箭全部射中的人，可是大家嚷嚷半天，也没算清楚这四箭全部射中的究竟有几个人。"

爱数王子叫道："参谋长。"

没人答应。

爱数王子加重了语气，喊道："参谋长！"

还是没人答应。

王子急了："杜鲁克，我叫你呢！你怎么不答应？"

直到这时，杜鲁克才反应过来。他都忘了自己已经是爱数王国的参谋长了。

王子小声对杜鲁克说："我叫你，你怎么不答应啊？平时我叫你杜鲁克，在外面我要叫你参谋长！"

杜鲁克点点头，小声嘟囔："我不习惯别人叫我参谋长，还不如叫我数学小子呢！"

王子不理他，继续说："请参谋长给算一下，四箭全部射中的究竟有几个人？"

"好的。"既然当了参谋长，就要履行参谋长的职责，杜鲁克说，"由于参加测试的出现占总人数的 $\frac{1}{3}$、$\frac{1}{4}$、$\frac{1}{6}$、$\frac{1}{8}$ 等情况，说明这个总人数可以被 3、4、6、8 整除。"

"对！"弓箭连连长马上肯定。

"这个总人数一定是 3、4、6、8 的公倍数。我们不妨先求它们的最小公倍数：$3 \times 8 = 24$。因为参加测试的不超过 30 人，所以实际人数就是 24 人。四箭全部射中的人所占的份数就是：$1 - (\frac{1}{3} + \frac{1}{4} + \frac{1}{6} + \frac{1}{8}) = 1 - \frac{21}{24} = \frac{3}{24}$。$\frac{3}{24} \times 24 = 3$，也就是只有 3 人四箭全部射中。"杜鲁克摇摇头，"怎么才这么几个人呢？少了点儿！"

爱数王子也有同感："确实少了点儿。参谋长，我命你去调查一下，为什么那么多人都射不中，特别是还有人连一箭都射不中，看看是什么原因。"

"得令！"杜鲁克学着其他军官的样子，两只脚的脚后跟一碰，行了一个军礼，然后立刻和弓箭连连长一起跑了过去。

杜鲁克对连长说:"咱们先去调查一下有人连一箭都射不中的原因。"

"是,参谋长!"连长向杜鲁克行了一个军礼。由于杜鲁克事先没有准备,连长的敬礼把他吓了一跳。

连长很快带来一个人:"报告参谋长,此人叫高不正,他一箭也没射中。"

高不正长得细高挑儿,没有什么特别的地方,只是走路总走斜。

杜鲁克吩咐连长:"你再给他四支箭试试。"

"是!"连长很快把弓箭交到了高不正的手里。

高不正拉弓搭箭,非常认真地瞄准靶子,瞄了好半天,才"嗖"的一声把箭射了出去。只见箭歪向左边,离靶子有1米多远,"砰"的一声钉在了一棵树上。

"太可气啦!"杜鲁克气得跳了起来,"高不正,你距离靶子也就10米,你怎么能射偏1米多呢?太过分啦!再射!"

"是,参谋长!"高不正嗖嗖嗖又连射三箭,结果是一箭比一箭歪得邪乎,最后一箭差点射中看热闹的观众。

"哇,高不正,你太伟大啦!你射出的箭能不能歪到后面去呀?"

高不正一本正经地回答:"报告参谋长,我没试验过。再说了,开弓没有回头箭,我估计也不大可能,否则,我早就把自己射死啦!"

"真邪了门了!你哪儿出了毛病?"杜鲁克跑到高不正的跟前,仔细观察他的眼睛。突然,他一拍大腿:"我明白了,原来你是斜眼!"

"我生下来就斜眼,所以叫高不正。"

"射不准,不赖你。"杜鲁克说,"不过你生理上有缺陷,就不要报名参军了。如果你参加了大刀连,一刀砍下去还不知道砍到谁呢!回去治一治眼睛,我想是能够治好的。治好以后把名字也改了,不叫高不正,叫高正正!"

"是!谢谢参谋长!"高不正歪歪斜斜地走了。

有 $\frac{1}{8}$ 的人一箭也没有射中，总人数是 24 人，就是 3 人。杜鲁克把剩下的两个人也都检查了一遍，然后回去向爱数王子汇报。

"报告王子，3 名一箭也没有射中的人，我都做了检查。"

"参谋长，检查结果是什么？"

"他们的眼睛都有毛病，一个是白内障，一个是青光眼，一个是斜视。"

爱数王子回头叫道："铁塔营长！"

铁塔营长立刻站出来："到！"

爱数王子语重心长地说："这三个眼睛有病的公民，都有一颗爱国之心，我们不能不管他们。我命你带他们去找最好的医生治病，费用由国家出。"

"是！"铁塔营长遵命去办。

爱数王子对杜鲁克说："参谋长，咱们去看看五八司令如何操练队伍。"

"好！"两人直奔演兵场。

演兵场上的怪事

杜鲁克他们还没走到演兵场，老远就听到五八司令在大声喊叫："你们要服从命令，听指挥。下面我们要操练'列队冲锋'，全体士兵要排列出一个冲锋方阵。每排站 10 个士兵，开始站队！"

杜鲁克一看，嘿，演兵场上的士兵还真不少，足有好几千人。士兵虽多，但多而不乱，士兵按每排站 10 人迅速站好。

一名胖胖的团长跑来报告："报告司令，队伍已按您的要求站好，只是……"

五八司令说："只是什么？快说！"

"只是排到最后一排时，少了 1 名士兵。"

"缺少 1 名士兵？这怎么行？既然是冲锋方阵，缺了一个角就不方了，这不行！"五八司令想了一下，说，"既然每排站 10 名士兵最后差了一个，咱们就调整一下，改为每排站 9 名士兵。"

"是！"胖团长行了个军礼，转身跑步离去。

胖团长跑到队伍前面，大声喊道："全体士兵听我的口令：第一排最后 1 名士兵退到第二排去，第二排的最后 2 名士兵退到第三排去，第三排的最后 3 名士兵退到第四排去……依此类推，开始行动！"

胖团长一声令下，士兵马上按要求重排队形。由于士兵平时训练有素，所以很快又按每排 9 名士兵重新把队伍排好了。

胖团长到最后一排看了看，马上跑到五八司令跟前："报告司令，已按您的要求排好队伍！"

五八司令问："最后一排不缺人了吧？"

胖团长报告："还是少 1 名士兵！"

"啊？"五八司令有点发怒，"邪了门了！我就不服这口气，改成每排 8 名士兵！"

不一会儿，胖团长又跑了回来，他喘了一口气："报告！每排站 8 名士兵，最后一排还是少 1 名士兵。"

"哇！"五八司令跳起来了，他又把每排站的士兵数依次调为 7 人、6 人、5 人、4 人、3 人。胖团长每次回来报告，都是同一句话："最后一排还是少 1 名士兵。"

五八司令摘下军帽，狠狠摔在地上："我今天撞见鬼啦！每排站 2 名士兵，总该成了吧？快去排！"

"是！"胖团长抹了一把脸上的汗水，转身就跑。一会儿，胖团长气喘吁吁地跑了回来，他先甩了一把鼻涕，然后报告说："报告司令，最后一排还是少 1 名士兵！"

"天哪！"五八司令大叫一声，"咕咚"倒在了地上。

爱数王子赶紧跑到他身边："司令，怎么啦？要不要紧？"

五八司令扭头一看，是爱数王子，赶紧爬起来行了一个军礼，高喊："敬礼！"然后把军帽重新戴好。他对王子说："每排从站 10 人到站 2 人，我都试过了，结果最后总是差 1 人！我是排不出冲锋方阵了！"

"真是怪了！"王子一回头，"参谋长，你说这是怎么回事？"

五八司令也着急："你说这事可怎么办呀？"

杜鲁克问："司令，这演兵场上有多少士兵？"

"嗯——有 5000 多人，不到 6000 人。"五八司令不好意思地说，"准确数字，我也说不好。不行，我找人去数一数？"

"不用了！"杜鲁克说，"我先把准确人数给你算出来吧！"

"算出来？这怎么可能啊？"五八司令不相信。

杜鲁克问："司令，如果我给你补上 1 名士兵，你每次排队，最后一排还是少 1 名士兵吗？"

"既然补上了 1 名士兵，当然不少啦！"

"好！"杜鲁克说，"假如我已经给你补上了 1 名士兵，你就可以排出从 10 人一排到 2 人一排的所有形式的冲锋方阵来。"

五八司令点点头："那绝对没问题！"

"我先求 10、9、8、…、3、2 这九个数的最小公倍数，应该是：$2×2×2×3×3×5×7＝2520$。又因为你操练的士兵数多于 5000，所以士兵人数应该是 $2520×2＝5040$（人），可是我借给你 1 名士兵，你应当还我，你场上实际人数是 5039 人。"杜鲁克一口气把人数算了出来。

"好！"爱数王子大声叫好，"我们有这样的参谋长，保证每战必胜！五八司令，我给你 1 名士兵，你就可以任意排冲锋方阵啦！"

五八司令赶紧敬礼："谢谢王子！"

时间已到中午，士兵该吃午饭了。这时来了一辆马车，车夫从车上卸下六个木箱，箱子上分别写着数字 44、48、50、52、57、64。

数学小子杜鲁克　　李毓佩
数学科普文集

五八司令问车夫："箱子里装的是什么？"

车夫回答："是煮熟的鸡蛋和鸭蛋，给战士们的午饭加点营养。"

五八司令又问："哪箱子是鸡蛋，哪箱子是鸭蛋呢？"

"这个——"车夫卡壳了，想了一下，说，"厨师只告诉我，鸡蛋的个数是鸭蛋的 2 倍。"

这时演兵场上，被五八司令折腾得晕头转向的士兵早已饥肠辘辘，他们听说来了鸡蛋和鸭蛋，就呼啦一声围了上来。

有的士兵喊着："我要吃鸡蛋！"

有的士兵喊着："我要吃鸭蛋！"

"别喊了！"五八司令发火了，"想吃鸡蛋的，在我左边排成一排；想吃鸭蛋的，在我右边排成一排。不许乱抢！"

士兵们见司令发火了，立刻安静下来，乖乖地排成两排。

五八司令消了点气："再说了，这六个箱子里，哪个箱子装的鸡蛋，哪个箱子装的鸭蛋，都还不知道，怎么分？"

一个排在最前面的士兵建议："这还不容易？把六个箱子都打开，不就都清楚了吗？"

"这主意还用你出？箱子打开了，大家一哄而上，一通乱抢，你负责？"五八司令一指这名士兵，"你乱出主意，罚你到队伍的最后去排队！"

"倒霉！"这名士兵十分不情愿地到队伍最后去了。

爱数王子知道，这个问题五八司令是解决不了的，就问杜鲁克："这个鸡蛋和鸭蛋的问题，你能解决吗？"

"可以。"杜鲁克十分有把握，"由于鸡蛋的个数是鸭蛋的 2 倍，所以鸭蛋的个数应该是总数的三分之一。"

"对呀！"五八司令忽然明白了，"我先求鸡蛋和鸭蛋的总数：44＋48＋50＋52＋57＋64＝315（个）。可是往下怎么做，我就不会了。"

杜鲁克竖起大拇指，说："很好！先求鸭蛋的数目，做个除法：315÷

3＝105(个)。你按照箱子上写的数目，看看哪两个箱子上的数字之和，恰好等于这个数。"

五八司令立刻说："这活儿我会做，你交给我吧！44 加 48，少了，不成！50 加 52，少了，还不成！57 加 64，又多了，也不成！"

五八司令费了半天劲，最终算了出来："哈哈！终于叫我找到了，是 48 和 57，只有这两个箱子上的数字相加得 105，别的都不行！"

杜鲁克在一旁鼓掌："司令算得好！"

五八司令吩咐，让吃鸭蛋的士兵把写有 48 和 57 的两个箱子抬走，其余四个箱子让吃鸡蛋的士兵抬走。

大家刚想离开，忽然有人"哇——"的一声大哭起来，再一看，原来是刚才从排头被罚到排尾的那名士兵。他十分委屈地说："本来我排在头一个，我肯定可以领到鸭蛋。只因为多说了一句话，司令就把我调到了最后一个，结果鸭蛋分完了，我没吃着。哇——"

杜鲁克见状，走到分鸡蛋的队伍前，从箱子里随手拿出一个鸡蛋，给了这名大哭的士兵："鸭蛋分完了，给你一个鸡蛋，别哭了！"

这名士兵看见鸡蛋，立刻破涕为笑："嘿嘿，谢谢参谋长！"

五八司令恨铁不成钢地说："唉，为了一个鸭蛋，大哭一场，真没出息！"

爱数王子走到这名士兵面前问："今年多大啦？"

"报告王子，我今年 11 岁！"

"11 岁怎么就当兵了？"

"我是替我哥哥来的，我哥哥一会儿就到。"

爱数王子点点头："这就对了，我觉得我也没有这样又贪吃又爱哭的士兵。"王子又从口袋里掏出一张纸递给他，"擦擦鼻涕。想当兵，就不许哭！"

突然，一匹快马风驰电掣般来到爱数王子跟前，马还没站稳，一名侦察兵就从马上跳下来。他先向王子行了一个军礼，接着报告说："城外发现大批鬼算王国的士兵，他们在鬼算国王的指挥下，已排好进攻队形，即将发动进攻！"

"嗯？"爱数王子愣了一下，接着对侦察兵说，"再探！"

"是！"侦察兵上马，照着马屁股狠抽了两鞭子，马飞一样地跑了。

爱数王子皱着眉头说："鬼算国王说三天后再来进攻，怎么今天就兵临城下了？"

五八司令说："鬼算国王从来说话不算数。王子，咱们赶紧商量如何迎敌吧！"

"对！"爱数王子立刻下令，"通知七八首相、胖团长、铁塔营长到城楼上观察敌情，商量对策。"

"是！"

数字口令

爱数王子率领文武大臣登上城楼。大家往城下一看，只见城下战旗飞舞，喊声震天，战鼓咚咚，军号阵阵，战斗一触即发。

鬼算王国部队的正中间摆出了一个八层空心方阵，阵中心搭了一个高台，上面插着一面黑色大旗，旗上写着"鬼算"两个白色大字，大旗旁边放着一把高背虎头椅，鬼算国王手拿鬼头大刀端坐在椅子上。

看了鬼算王国的阵势，五八司令首先说："鬼算国王来势汹汹，我们必须先知道他有多少兵将，具体布的是什么阵，何时发起进攻，做到知己知彼，才好迎敌。"

爱数王子点点头。

七八首相说："大战在即，我军要有统一的口令，以防鬼算国王派来的特务或间谍。"

爱数王子又点点头："你说用什么口令好？"

七八首相想了一下，说："问'爱数'，答'必胜'。"

五八司令连连摇头："这太简单，太老掉牙了。"

七八首相兴奋地说："我有个好的！问'鬼算'，答'必败'，怎么样？"

胖团长说："不好，不好！别说是诡计多端的鬼算国王了，三岁小孩都能猜出来。"

七八首相不说话了。

爱数王子说："口令一般都是对话，我想如果用数字来当口令，敌人一定猜不出。"

铁塔营长高兴地说："好主意！可是用什么数字呢？我们的参谋长是数学高手，还是让参谋长想一个吧！"

"好！"大家齐声呼应。

杜鲁克一看，自己推辞不了，于是说："我说一个试试，问'220'，答'284'。"

大家还等着他往下说，杜鲁克却冲大家一笑："说完了。"

"完了？"七八首相问，"这是什么意思？"

杜鲁克解释说："220和284在数学上是一对'相亲数'。"

"数还能相亲？真新鲜哪！有没有'结婚数'呀？哈哈——"杜鲁克说的"相亲数"引起大家一阵哄笑。

杜鲁克一本正经地回答："有'结婚数'，5就是'结婚数'。"

胖团长一看机会来了，眨巴着两只小眼睛问："参谋长，还有'生孩子数'吗？"胖团长的发问，又引起一阵哄笑。

"不要笑了！"爱数王子发火了，"你们对数学所知甚少，数学上的'相亲数'都没听说过，不知道的就应该好好学，起什么哄！"

众官员立刻收敛了笑容，个个低头不语。

爱数王子见状，气也消了些："下面请参谋长给大家讲讲'相亲数'

的来历。”

“我也是从书上看到的。”杜鲁克说，“2500 多年前，古希腊有位大数学家叫毕达哥拉斯。他特别喜欢数学，把数像人一样看待。他常和朋友讲：‘谁是我的朋友，就会像 220 和 284 那样。’”

“道理是什么？”五八司令喜欢刨根问底。

“220 除了本身以外，还有 11 个因数，它们是 1、2、4、5、10、11、20、22、44、55、110。谁把这 11 个数加起来？”

“我来！”胖团长刚才受到了批评，这次自告奋勇做加法，想以此得到王子的谅解。他写出一个算式：$1+2+4+5+10+11+20+22+44+55+110=284$。

“嘿，正好等于 284！”胖团长挺高兴。

杜鲁克又说：“284 除了本身以外，还有 5 个因数，它们是 1、2、4、71、142。这 5 个因数相加，恰好等于 220！”

“妙！妙！妙！”五八司令一连说了三个“妙”。

七八首相开玩笑：“你要再多说几个‘妙’，就快成猫叫了。”

杜鲁克说：“220 和 284 这两个数是你中有我，我中有你，相亲相爱，形影不离！”

“好！就是这一对‘相亲数’啦！”爱数王子拍板，把数字口令定了下来。

爱刨根问底的五八司令小声问杜鲁克：“你能给大家讲讲，5 为什么是‘结婚数’吗？”

“好的！毕达哥拉斯把除 1 以外的奇数叫作‘男人数’，把不是 0 的偶数叫作‘女人数’。这样第一个‘男人数’是 3，第一个‘女人数’是 2，而 $2+3=5$ 表示男女相加，结婚了，所以 5 叫作‘结婚数’。”

五八司令大呼：“高！高！实在是高！我可大长学问啦！”

见杜鲁克说完了，爱数王子立刻开始部署：“我们应该派一个侦察小分队，到敌军阵地侦察一下。"

五八司令说："如果能捉到一个'舌头'更好！"

"什么？舌头？舌头怎么捉呀？"杜鲁克有点儿怀疑。

胖团长解释说："这里说的不是嘴里长的舌头，而是敌军的军官或士兵，从他那儿可以了解敌人的很多信息。"

"噢，是这么回事。"杜鲁克不经意地向城下看了一眼，忽然很紧张地对爱数王子说，"王子，你快看，那个往城里走的士兵，好像是鬼算王国的鬼不怕！"

"在哪儿？"爱数王子往城下一看，见一名爱数王国士兵打扮的人正往城里走。王子想起来了，他们在归国的路上，曾去过藏白马和猎枪的山洞，看守山洞的三名士兵分别是不怕鬼、鬼不怕和鬼都怕，其中鬼都怕还是班长。

"好！送上门来了！"爱数王子命令铁塔营长，"立即去把那名要进城的士兵抓来！"

"是！"铁塔营长带领几名士兵跑了下去。

鬼不怕是奉鬼算国王的命令化装侦察来了。他假扮爱数王国的士兵，想混进城里刺探爱数王国的军事情报，包括士兵数量、军队部署、武器配备，等等。

鬼不怕刚走到城门口，铁塔营长就带着士兵迎了出来。

铁塔营长一伸手，拦住鬼不怕的去路。铁塔营长问："口令？220！"

"220？"鬼不怕一摸脑袋，心想：我加30吧！他回答："250！"

铁塔营长一招手："来人！将这个二百五抓起来！"

鬼不怕一翻白眼："哇，坏就坏在这二百五上了！"

铁塔营长押着鬼不怕来见爱数王子。王子一见，调侃说："嘿，这不是老朋友吗？你是鬼不怕，对吧？"

鬼不怕点点头，说："我说爱数王子，你们这是什么口令啊？220是

数学小子杜鲁克　李毓佩
数学科普文集

什么意思？我从没听说过。"

王子笑笑说："口令是军事机密，我不能告诉你。但是你必须告诉我，鬼算国王在城下摆出的八层空心方阵是什么意思？这个方阵共由多少士兵组成？"

鬼不怕哼哼一笑："这是高级机密，我不能说。"

王子一拍桌子："你不说也行。来人！把他关起来，三天不给饭吃！"

鬼不怕是天不怕地不怕，就怕挨饿。他听说要三天不给饭吃，立刻着急了。他说："别、别，你们打我骂我都行，别饿着我呀！别说饿三天，饿一天也不行呀！"

铁塔营长在一旁大声说："怕饿就说实话！"

鬼不怕点点头："我说、我说。八层空心方阵是鬼算国王的中心方阵，士兵都是精锐的皇家近卫团士兵。鬼算国王坐在方阵中心的高台上指挥战斗，中心是空的，是为了视野开阔，不受阻挡。"

王子问："人数呢？"

鬼不怕摇摇头："人数我可真不知道，不过有一次听鬼算国王说过，要把方阵的中心填满，还需要 121 名士兵。"

铁塔营长把眼一瞪："谁问你填满中心需要多少士兵了？问你整个方阵有多少人！"

"你别跟我来横的！"鬼不怕指着自己的鼻子大声说，"我叫鬼不怕，我连恶鬼都不怕，能怕你吗？我就知道这么些，爱怎么着就怎么着，你看着办吧！"

爱数王子看鬼不怕犯倔了，赶紧出来打圆场："可能鬼不怕一时想不起来了，先把他押下去，等他想起来再说。"

鬼不怕忙问："给饭吃吗？"

"给、给，哪能不给饭吃呢。"爱数王子给了他一个肯定的答复。

神兵天降

等鬼不怕走远，爱数王子问杜鲁克："参谋长，空心方阵的人数能不能算出来呀？"

"当然可以。"杜鲁克说，"空心方阵是个正方形，而正方形的面积＝边长×边长。121人要排成一个正方形，边长就是11，因为 $11×11＝121$。"

"没错！"五八司令听得明白。

"下面是关键一步！"杜鲁克说到这儿，大家都把脖子伸长，嘴巴张大，"正方形中相邻两层所差的士兵数是2。"

七八首相在地上画了一个草图，他指着图说："一头多出1名士兵，合起来正好是2名，对，没错！"

杜鲁克继续说："空心方阵最外面的正方形，它的一条边上的士兵数应该是：$11+2×8＝27$（人）。这里的2就是相邻两层外面比里面多的人数，而8则是层数。"

在场的人都低着头在计算，抬起头的是算完了的，他们点了点头，表示明白了。

杜鲁克等大家都抬起了头，又接着往下说："这样一来，我们就可以算出空心方阵的士兵数了：空心方阵士兵数＝整个方阵的士兵数－空心部分的士兵数＝$27×27-11×11＝608$（人）。"杜鲁克一口气算完了。

"好！"铁塔营长带头叫好，"咱们有这样足智多谋的参谋长，怎么能不打胜仗呢？王子，这仗怎么打？"

爱数王子招招手，让大家聚拢过来，然后小声说："这次攻击由胖团长和铁塔营长共同完成，你们这样……"

数学小子杜鲁克　李毓佩
数学科普文集

大家听完以后，同时竖起大拇指："王子的主意妙！"

胖团长和铁塔营长匆匆离开，去做战斗准备。爱数王子带领其他官员在城楼上等待着进攻的开始。

这时，铁塔营长带领一队士兵登上城楼。每名士兵都穿着黑色的紧身衣裤，包着红头巾，胸前写着白色数字"220"，背后斜插着一把大砍刀，手里拿着一根长长的竹竿。

"拿竹竿干什么？又不比赛撑竿跳！"杜鲁克没看明白。

杜鲁克正琢磨着，忽听"咚咚咚"三声炮响，爱数王国的城门大开，"杀呀！"胖团长率领一队人马直奔空心方阵杀去。队伍的前面是一面红旗，旗上写着"爱数"两个大字，每名士兵穿着红衣红裤，胸前写着黄色数字"284"，显然这是城上那支黑衣部队的友军。只见红旗一摇，这队人马很快就一分为四，从四个方向由外向里攻击空心方阵。

与此同时，铁塔营长大喊了一声："走！"城上的士兵便各自来了个"撑杆跳"，借助竹竿，从城楼上飞了出去。这些士兵真是好武艺，个个都落到了方阵的空心部分。他们在铁塔营长的指挥下，抽出背上的大砍刀，由里向外进行攻击，而铁塔营长挥舞大刀，直奔鬼算国王杀去。

爱数王子这一招，可把鬼算王国的官兵吓坏了，他们大喊："神兵天降！神兵天降！"他们乱了手脚，胡乱地进行抵抗。

鬼算国王看铁塔营长提着大砍刀冲他跑来，赶紧拔出腰间的鬼头大刀迎了上去。仇人见面分外眼红，两个人也不搭话，上来就砍，刀碰刀叮当乱响。铁塔营长武艺高强，大砍刀一刀紧过一刀。鬼算国王也不含糊，鬼头大刀舞动起来呼呼作响，滴水不漏，把周围的士兵都看傻了。

鬼算国王一看自己的部队被人家冲乱了，立刻着了慌。他一边和铁塔营长进行殊死搏斗，一边还要指挥自己的部队。他大声喊道："全体鬼算王国的士兵听我的命令：最外面的 4 层士兵，要全力抵抗从外往里攻的红衣部队；最里面的 4 层士兵要向里收缩，消灭空降下来的黑衣部队！"

鬼算国王的话还真管用，士兵们开始按他的命令执行。最外面的 4 层士兵拼死抵抗胖团长的进攻，使得胖团长的部队每前进一步都很困难；最里面的 4 层士兵有 240 人，铁塔营长带的空降部队只有 100 多人，双方实力悬殊。一名爱数王国的士兵往往要和两三名鬼算王国的士兵作战，渐渐有些体力不支。

城楼上的爱数王子看得清楚，他立刻一挥手，大喊一声："第二梯队上！"这时又一队士兵利用竹竿从城上跳了下去，也准确地落到了中心位置。

铁塔营长一看援兵已到，大声喊道："弟兄们，第二批援兵已到，接下来我们还有第三批、第四批援兵，胜利在望，杀呀！"

爱数王国的士兵听铁塔营长这么一喊，立刻信心倍增，齐声呐喊："消灭鬼算国王，杀呀！"

兵不厌诈，鬼算王国的士兵听了对方的喊话却蒙了，不知空中还会降下多少敌军。趁这个机会，铁塔营长又大喊："鬼算王国的士兵听着：鬼算国王命令你们马上撤退，快跑呀！"本来鬼算王国的士兵已心无斗志，听铁塔营长这么一喊，也不管真假，立刻争相逃命，空心方阵大乱。

再看鬼算国王，他已经被几名爱数王国的士兵围住，一个斗几个，身上已经有几处负了伤。如果再打一会儿，鬼算国王就算不死也要被俘。正当这关键时刻，阵外忽然一阵大乱，杀来一队人马，领头的是鬼算王子，他带队左冲右突，杀出一条血路，总算把鬼算国王救了出去。

这一仗，爱数王国大胜！

王宫里的智斗

打退了鬼算国王的进攻，爱数王子十分高兴，大家返回王宫，正准备商量下一步的战术，突然士兵来报："报告王子，鬼算国王派遣两名官

数学小子杜鲁克

员，要向王子递交国书。"

爱数王子听了一惊，莫非鬼算国王又来下战书？王子下令："请！"

不一会儿，士兵带来两个人，一个矮矮胖胖，另一个高高瘦瘦。两人进了王宫，先向爱数王子行参拜礼。

矮矮胖胖的官员说："尊敬的爱数王子，我是鬼算王国的外交大臣，叫作鬼算计。奉鬼算国王的命令，前来拜见爱数王子。在刚才那场战斗中，我们的鬼算国王发现贵军的胖团长和铁塔营长二位将军身先士卒，英勇善战，对此赞赏有加，特地准备了一份贵重的礼物，让我们俩专程送给二位将军，请笑纳。"

爱数王子一挥手："谢谢鬼算国王，礼物我们收下。"

"慢！"高高瘦瘦的官员站了出来，"来之前鬼算国王特地嘱咐我们俩，胖团长和铁塔营长的勇敢已经领教，但是智慧如何还需要考察。因为一位出色的将军，不仅要勇敢，还要有智慧，这才是智勇双全。"

爱数王子问："你叫什么名字？"

高高瘦瘦的官员赶紧鞠躬："对不起，我只顾传达鬼算国王的口谕，忘了自报家门。我是鬼算王国的军机大臣，叫鬼主意。"

杜鲁克小声对七八首相说："鬼算王国的人，名字非常奇怪，什么不怕鬼、鬼不怕、鬼都怕，这又来了鬼算计和鬼主意，每个人的名字中都带有一个'鬼'字。"

七八首相微笑着点点头："这是鬼算王国的特点，所以说，鬼算王国是一个鬼国，由一个大鬼领着一群小鬼！"

"哈哈——"杜鲁克憋不住笑出了声。

杜鲁克这一笑，王宫里的众官员"唰"的把目光都投到他的身上。杜鲁克赶紧把头低下，恨不得钻到桌子底下。

"喀、喀。"爱数王子轻轻地咳嗽了两声，转移一下目标，然后说，"我就知道鬼算国王的礼物不会那么好拿。二位大臣准备如何测试？"

军机大臣鬼主意拿出一金一银两个盒子，又打开一个口袋，里面装着 30 颗又圆又大的珍珠。这么大的珍珠，堪称稀世珍宝。

外交大臣鬼算计像变魔术一样，从口袋里抽出一条黑绸子。他举着黑绸子说："我用这条黑绸子把一位将军的眼睛蒙上，然后我把珍珠往金、银两个盒子里放。往银盒子里放，每次只能放 1 颗；往金盒子里放，每次放 2 颗。不许不放，也不许多放。"

铁塔营长摇摇头："还挺麻烦！往下怎么办？"

鬼算计接着说："每放一次，军机大臣就拍一下手。珍珠全部放完后，被蒙眼的将军要根据听到的拍手次数，在 30 秒内说出金盒子、银盒子里各有几颗珍珠。"

鬼主意举了举手中的珍珠："哪位将军说对了，就把这些珍珠作为礼物送给他。二位将军，哪位先来？"

胖团长和铁塔营长互相看了一眼，铁塔营长说："我先来！"

鬼算计马上给铁塔营长蒙上眼睛。蒙好之后，鬼算计开始分别往金、银盒子里放珍珠，每放一次，鬼主意就拍一下手。

铁塔营长一共听到了 19 次拍手，他自言自语地说："关键是要找到两个数，使这两个数之和等于 19，其中一个数乘以 2，另一个数乘以 1，然后相加正好等于 30。这两个数是几呢？"铁塔营长算到这儿停住了。

过了一会儿，铁塔营长还是没有算出来。这时鬼算计一举手，说："30 秒时间到，铁塔营长失败！"

鬼算计问胖团长："该你了，你来试试？"

"这个——"胖团长十分犹豫。

杜鲁克站了出来："二位大臣，我试试成吗？"

鬼算计上下打量了一下杜鲁克，然后满脸堆笑地问："如果我没猜错，这位小朋友应该是大名鼎鼎的'数学小子'吧？"

爱数王子"啪"的一拍桌子："哼，鬼算计胆敢无理！这里没有什么

'数学小子'，他是我军的参谋长杜鲁克将军！"

杜鲁克一听，心想：嗯？怎么着，我真升为将军啦？嘿嘿，不错，我可以过过将军瘾了！

鬼主意一看爱数王子发怒了，赶紧站出来说："王子息怒，只怪我们俩有眼不识泰山，这里给参谋长赔罪，请参谋长原谅，大人不计小人过。"说着，两个人并肩站好，一齐向杜鲁克鞠躬。

"算了。"杜鲁克显得宽宏大量，"你们说，我可不可以猜呀？"

"欢迎、欢迎！请参谋长蒙上眼睛。"鬼算计给杜鲁克蒙上了眼睛。

鬼算计快速地向金、银盒子里放珍珠，鬼主意"啪啪"不断地拍手。杜鲁克心里暗暗记数，鬼主意一共拍了 21 次手。

杜鲁克立刻说："金盒子里有 18 颗珍珠，银盒子里有 12 颗珍珠。对不对？"

鬼算计打开盒子一数，分毫不差。"好啊！"王宫里响起了掌声和欢呼声。

杜鲁克走上前去，把珍珠都装进口袋里，冲鬼主意和鬼算计点点头："谢谢啦！我就不客气，照单全收了！"

"慢！"又是鬼主意站出来阻拦，"不错，参谋长是答对了，但是谁敢保证参谋长不是蒙的呢？参谋长必须说出解答的全过程，才能拿走这些珍珠。"

"好说。"杜鲁克微笑着点点头，"我听到了 21 次拍手，如果这 21 次都是往银盒子里放，由于每次只能放 1 颗，总共只能放进 21 颗，而实际上你把 30 颗珍珠都放完了。这样一来，差了 9 颗。对不对？"

鬼主意连忙点头说："对！"

"这说明这 21 次不都是往银盒子里放的，其中有 9 次是往金盒子里放的。由于往金盒子里放，每次能放 2 颗，这样就弥补了刚才所差的 9 颗。所以往银盒子里只放了 12 次，有 12 颗珍珠，而往金盒子里放了 9

次，有 18 颗珍珠！"

杜鲁克凑在鬼主意的耳边小声说："看你学习态度还挺端正，我告诉你一个绝密公式吧！

金盒子里的珍珠数＝(30－拍手次数)×2，

银盒子里的珍珠数＝30－金盒子里的珍珠数。

不信你算算。"

鬼主意还挺听话，趴在地上，真的算了起来：

$$金盒子里的珍珠数＝(30－拍手次数)×2$$
$$＝(30－21)×2$$
$$＝18(颗)，$$

$$银盒子里的珍珠数＝30－金盒子里的珍珠数$$
$$＝30－18$$
$$＝12(颗)。$$

鬼主意站起来，傻笑着说："嘿嘿，还真对！"

鬼算计冲爱数王子一抱拳："王子殿下，30 颗珍珠已被参谋长得到，我们俩的使命也已完成。我们即刻要回国向鬼算国王复命，告辞了！"

爱数王子也点头说："后会有期！"

鬼主意和鬼算计转身离开了王宫。

他们俩刚离开，杜鲁克就举着一口袋珍珠走到爱数王子面前："这 30 颗珍珠，我捐给爱数王国用作军费，抗击鬼算王国的侵略！"

"啪啪啪——"现场又一次响起了热烈的掌声，大家赞扬杜鲁克无私的精神。

七八首相说："参谋长献珍珠，真是可敬可佩！但鬼算国王来献珍珠，这是'黄鼠狼给鸡拜年——没安好心'。刚刚打完的这场仗，鬼算王国损兵折将，元气大伤。他现在用的是缓兵之计，我们万万不可放松警惕！"

爱数王子问："鬼算国王的下一招会是什么呢？"

七八首相凑在王子耳边小声说："他们可能会这样……"

王子点点头。

深夜鬼影

天已经黑了，可是鬼算国王的王宫里灯火通明，人声嘈杂。

鬼算国王坐在正中的宝座上，头上、胸部、手臂、大腿都缠着纱布，看来伤得不轻。

鬼首相一肚子怨气："国王，咱们吃了这么大的亏，难道就算完了吗？"

鬼算国王"啪"地一拍桌子，吼道："没完！"

头上缠着纱布的鬼司令站起来问："真难咽下这口恶气！咱们为什么还要送珍珠给他们？"

鬼算国王一跺脚："为了麻痹他们！"

正说着，鬼算计和鬼主意回来了，他们俩拜见了鬼算国王。

鬼算国王问："经过试探，你们觉得胖团长和铁塔营长怎么样？"

鬼算计回答说："此二人勇敢有余，智慧不足。国王对此二人不用担心。"

"但是，"鬼主意说，"那个参谋长是我们的心腹大患。此人虽小小年纪，数学水平却很高，有胆有识，不可小瞧！"

鬼算国王两眼一瞪，目露凶光："这个娃娃叫杜鲁克，外号'数学小子'。我已经和他打过多次交道，每次都是我败下阵来，真是让人头疼呀！"

鬼首相问："国王有什么好主意？"

鬼算国王紧握双拳，恶狠狠地说："咱们明的不行，就来暗的！"

国王一指鬼司令："快把那两个人叫来！"

不一会儿，鬼司令带来两个人。他们俩都穿着黑色夜行衣，背后插着鬼头大刀，头上戴着黑色头套，只露两只眼睛。两人见到鬼算国王，单膝跪地，齐声说："鬼无影，鬼一刀，拜见国王！"

鬼算国王见到鬼一刀和鬼无影，得意地一阵冷笑："各位看到了没有？这两个人是我的国宝！鬼无影行动起来快如风，身无影，从高处落地就如同飘下的一片树叶；鬼一刀的刀法极为精准，说砍你的眼睛就绝砍不着你的眉毛。有此二人当杀手，我想要谁夜半一点死，他绝活不过一点零一分！"

文武百官齐刷刷地竖起了大拇指，共同欢呼："国王英明！国王伟大！"

"哈哈——"鬼算国王一阵狂笑，"今天晚上我就派鬼无影和鬼一刀前去爱数王国，刺杀爱数王子和数学小子。国不可一日无君，杀了爱数王子，爱数王国不攻自乱；杀了数学小子，爱数王国再没有了数学能手，我怎样算计他们都行。哈哈——"说到得意之处，又是一阵狂笑。

鬼首相考虑问题十分细致，他问："国王，你知道爱数王子和数学小子住在什么地方吗？"

"知道！爱数王国的所有官员都住在王国公寓里，爱数国王和爱数王子也是如此。"鬼算国王有十分的把握。

鬼首相又问："据我所知，王国公寓非常大，有上千间屋子，他们俩都住在几号房间？"

"马上就能知道。"鬼算国王话音刚落，一只大鸟悄无声息地从外面飞了进来。大鸟在王宫里转了一圈，稳稳地落在了鬼算国王的肩膀上。

大家定睛一看，原来是只猫头鹰，它嘴里还叼着一只死耗子。

鬼算国王轻轻地拍了拍猫头鹰的脑袋，它一松嘴，死耗子就落到了鬼算国王的手里。国王从死耗子嘴里抽出一个纸卷儿，打开一看，上面写着：

$$王子＋小子＝3936，$$
$$王子－小子＝38。$$

鬼首相看过之后，连连摇头："这是什么意思呢？"

"这是我安插在爱数王国的一名特务发来的。他告诉我：爱数王子房间号和数学小子房间号的数字之和是3936，而差是38。"鬼算国王说完，把纸卷儿扔给了鬼无影，"房间号就在这里，你们自己算去吧！记住，今夜一点钟，要准时完成刺杀任务！"

鬼无影和鬼一刀齐声回答："是！一定完成任务！请国王放心！"说完，一转身就没影了。

外面夜色如漆，伸手不见五指，只见两个鬼影忽隐忽现，快速向爱数王国奔去。

不一会儿，两个鬼影就来到了王国公寓。

一个鬼影说："喂，鬼无影，咱俩先要把爱数王子和数学小子的房间号算出来！"

鬼无影来到亮一点儿的地方，拿出了纸卷儿开始计算："这个问题容易，把两个式子相加，有：$2 \times$王子$=3974$，王子$=1987$。王子住在1987号房间。"

鬼一刀也不甘落后，说："把两个式子相减，有：$2 \times$小子$=3898$，小子$=1949$。鬼无影，你去1949号房间刺杀数学小子，我去1987号房间砍爱数王子的脑袋！"

"好！"鬼无影答应一声就不见了。

鬼无影刚走，鬼一刀就开始寻找1987号房间，没费多大工夫就找到了。他蹲在窗户下面侧耳静听，屋里没有声音。他来到门前，掏出万能钥匙轻轻打开门锁，小心翼翼地把门推开。

借助月光，鬼一刀看到房间很大，床上躺着一个人，不用问，准是爱数王子。他迅速抽出插在背后的鬼头大刀，一个箭步蹿到床前，照准那人的脖子，手起刀落，只听"噗"的一声，一个东西从床上叽里咕噜滚下来。鬼一刀心中暗喜，这一定是爱数王子的脑袋！

鬼一刀心想：甭管你是王子还是国王，我鬼一刀一定是一刀毙命！他从地上捡起滚落下来的东西定睛一看，啊，不是爱数王子的脑袋，是一段大冬瓜！他掀开被子一看，被子下面还有几个冬瓜。

呀，上当啦！鬼一刀刚想离开，突然屋子外面灯火通明，爱数王子带着铁塔营长和众多士兵站在门口。

爱数王子哈哈大笑："鬼一刀，你切冬瓜倒是挺准的！深更半夜的，鬼算国王不会是让你到我这儿买冬瓜吧？"

鬼一刀想破窗而逃，铁塔营长早有准备，只见他一个虎跳就扑了上去，紧接着来了个扫堂腿，把鬼一刀摔了一个狗啃泥。铁塔营长伸出大手，像抓小鸡一样，一把将鬼一刀提了起来。尽管鬼一刀手脚乱蹬，但也无济于事。

这时远处传来哈哈的笑声，原来是杜鲁克。士兵押着鬼无影正朝这边走来，还离好远，杜鲁克就大声叫道："王子，我这儿也抓了一个！"

看来，鬼无影的暗杀行动也失败了。

特殊密码

文武百官聚集在爱数王国的王宫，开始审讯两名杀手。

爱数王子下令："把两名杀手带进来！"

两名士兵押着鬼无影先进来，紧跟着另外两名士兵押着鬼一刀也走了进来。

爱数王子开始审讯："通报姓名！"

"鬼无影。"

"鬼一刀。"

"来爱数王国的目的？"

"刺杀爱数王子和参谋长杜鲁克。"

"你们是怎么知道我和参谋长的房间号的？"

两人低头不语。

爱数王子提高了说话的声音："我问你们问题，为什么不回答？"

鬼无影忽然一抬头，反问："你怎么知道我们俩今夜会来刺杀你们？"

"我来回答你这个问题。"七八首相说，"我和鬼算国王可以算是老朋友了，我们俩斗了半辈子。你们鬼算国王的脾气秉性，我了解得一清二楚。"

鬼一刀问："你是七八首相吧？"

"说得对，我就是七八首相。第一，鬼算国王从来不认输，侵吞我们爱数王国之心不死；第二，鬼算国王善使诡计，行刺、暗杀、窃取情报、以假乱真，都是他的拿手好戏。"

在场的文武百官频频点头，大家深有同感。

七八首相继续说："刚刚结束的这场战斗，鬼算国王输了，但他绝不会甘心失败。我立刻提醒爱数王子要防止他派人来暗杀，果不其然，鬼算国王就派你们俩来了。由于我们事先有准备，你们只能自投罗网。"

"啪！"爱数王子一拍桌子："你们问的问题，七八首相已经做了回答。该你们回答我房间号的问题了。"

"这个——"两人欲言又止。

接下来，不管怎么问，两人都咬紧牙关，一字不吐。

怎么办？遇到这样的死硬分子，你还真拿他没办法。

杜鲁克忽然想起前些时候审问鬼不怕的情景。当时鬼不怕也是什么都不说，可是他天不怕地不怕，就怕挨饿，一说饿他三天，他就什么都说了。我何不来个照方抓药，也试试他们？

"啪"的一声，杜鲁克也拍了一下桌子："两个小鬼既然什么都不说，把他们俩押下去，七天不给饭吃！"

"是！"士兵答应一声，拉着鬼无影和鬼一刀往外走。

"别、别，别说饿我们俩七天，饿两天也受不了啊！我们说。"鬼无影也怕饿，他说，"我们知道爱数王子和参谋长的房间号，是因为你们高层领导中有特务。"

鬼无影此话一出，犹如一石激起千层浪，王宫里立刻炸了窝："我们在座的人当中有特务？"大家你看看我，我看看你，都在互相揣测。

还是七八首相沉稳老练，他站起来做了个手势，让大家安静。他说："咱们不能上敌人的当，自乱阵脚。我们的人当中有没有特务，是需要调查的。"

鬼无影急了，激动地说："我可没骗你们！如果不是你们当中有特务，我们怎么可能准确找到王子和参谋长的房间？"

七八首相问："既然有特务，你说说特务是怎样和你们联系的。"

鬼无影交代说："是通过猫头鹰联系。特务把情报放入一只死耗子的嘴里，猫头鹰叼着死耗子飞回鬼算王国的王宫。"

"嗯。"七八首相低头想了一下，"士兵，先把他们俩押下去，好好看管！"

鬼无影一面往外走，一面回头问："给不给我们俩饭吃？"

七八首相回答："从明天早饭开始，一天三顿管饱，放心吧！"

看鬼无影和鬼一刀被押了下去，七八首相宣布："今天的会到此结束，大家回去休息。"

文武百官都走了，只剩下爱数王子、七八首相和杜鲁克三个人。

爱数王子问七八首相："首相，你看特务这事是真的吗？"

七八首相十分肯定地说："绝对是真的！你们俩的房间号都是四位数字，不可能是蒙的。"

"真有特务？那可怎么办？我们应该立刻把特务找出来！"杜鲁克十分紧张。

七八首相摇摇头："暂时我也没有什么好办法。"

"我有个好主意。"杜鲁克说,"特务不是靠猫头鹰来传递情报吗?我们可以这样……"

"好主意!"爱数王子高兴地跳了起来。

七八首相微笑着点点头:"参谋长果然想法不一般!好,咱们就试试。"

夜深人静,除了哨兵来回走动的脚步声,听不到任何声音。

王国公寓的一扇窗户被轻轻地推开了,一只大鸟从窗户里飞了出来,一点儿声音也没有。大鸟在窗前稍做盘旋,径直飞向了天空。与此同时,一只更大的鸟飞了过来,往刚打开的窗户里甩进一泡鸟屎,然后快速飞走了。窗户也随即关上了。

月光下,人们看清了,从窗户里飞出的正是猫头鹰,它嘴里叼着一只死耗子,正往鬼算王国的方向飞去。突然,一只白色大鸟从天而降,一把抓住猫头鹰。这只白色大鸟正是白色雄鹰。

白色雄鹰抓着猫头鹰来到了王宫,把猫头鹰轻轻递给了爱数王子。与此同时,黑色雄鹰也飞了进来,两只雄鹰一左一右落在了王子的两肩。

爱数王子从死耗子嘴里抽出一张纸条,打开一看,上面写着:

5990　7526　0647　　8863　1932　3133

王子说:"是一组数字密码!"他把纸条翻到背面,看到一张方格表。

0626 则	5932 彼	7575 棘
2147 故	1979 衬	5663 啊
3195 提	8833 促	597790 衍

爱数王子拿着这张纸条有点发愣,心想:这组密码和这张表有什么

关系?

杜鲁克站在一旁也认真地看着，不一会儿就发现了其中的奥秘。他指着方格表说："王子，你看，表上的绝大多数字，都是由左右两部分组成，每一部分都由两个数字组成，只有右下角的'衍'字是由左中右三部分组成。"

爱数王子点点头："对！"

杜鲁克又说："而文字的某一部分都和两个数字相对应，比如'啊'字，左边的'口'对应数字'56'，而右边的'阿'对应数字'63'。在纸条的正面，前三组密码和后三组密码中间拉开的空当，表示中间有一个逗号。"

七八首相微笑着说："参谋长果然聪明过人，是这么个规律。"

杜鲁克信心倍增："这样一来，我们就可以根据这张表把密码翻译出来了。5990 是由 59 和 90 组成，而 59 在表中对应的是'彳'，90 在表中对应的是'亍'。"

爱数王子抢着说："所以，5990 就对应'行'字。"

七八首相也来了兴趣："其余的几个字我来翻译！"

爱数王子总结说："这六个字连在一起，就是'行刺败，俩被捉'。这是特务向鬼算国王报告暗杀结果的。"

杜鲁克问："怎么办？"

爱数王子一咬牙："先抓出特务！"

智擒特务

爱数王子传令，要求全体官员马上到王宫开会，有要事相商。许多官员刚刚躺下，一听说王子要召开紧急会议，赶紧穿好衣服往王宫跑。经过清点，官员全部到齐。

爱数王子十分严肃地说："把各位紧急召来，是因为我们爱数王国发生了大事！"

"大事？"众官员你看看我，我看看你，一头雾水，不知道出了什么大事。

王子说："我们在座的官员中，隐藏着一名鬼算王国的特务！"王子话一出口，在场的官员先是目瞪口呆，马上又议论纷纷。

五八司令首先站了起来，问："谁是特务？咱们一定要把这个特务抓出来，把他碎尸万段！"

"对！一定饶不了他！"大家义愤填膺。

七八首相站起来摆摆手："大家安静！要抓特务，先要有证据，要让他心服口服。这个特务是通过猫头鹰传递情报的。"说着，首相向大家出示了刚刚抓到的猫头鹰。

首相继续说："这只猫头鹰是从咱们王国公寓的一间房里飞出来的。我现在把它放了，它必然还要返回原来的房间，飞到哪个房间，说明这个房间的主人必然是特务！"

"好主意！放！放！"众官员异口同声地喊。

首相一松手，猫头鹰就扑棱棱飞了出去。大家也都跟了出去。只见猫头鹰先在空中转了两圈儿，然后停在了四楼的一间房的窗台上。

五八司令一指："那是财政大臣的房间！"

大家齐刷刷把目光投向了财政大臣。

"这是诬陷！"财政大臣倒是沉得住气，面不改色心不跳，"大家都知道，我和五八司令素来不和，他是想利用这个机会公报私仇！说我是特务，拿出证据来！"

"当然有证据。"七八首相挥挥手，"大家跟我来！"在场的官员随首相来到了财政大臣的房间。

财政大臣打开房门，一股臭气从屋里传出。"怎么这么臭啊？"大家纷纷捂住自己的鼻子。

七八首相很快找到了黑色雄鹰甩进屋里的那泡屎。首相指着这泡屎问："财政大臣，这是什么？"

"这——"财政大臣张口结舌。

"你不知道？我来告诉你吧！"杜鲁克解释说，"我们怕你不承认，在你打开窗户放飞猫头鹰的同时，我们让黑色雄鹰甩进了一泡屎。怎么样，没词儿了吧？"

财政大臣立刻低下了头："我承认，我是特务。"

爱数王子发怒了："你身为国家重臣，怎么会替鬼算国王卖命？！"

"是鬼算国王用50根金条收买了我。我见钱眼开，我有罪，请王子宽恕！"财政大臣说完，"扑通"一声跪在地上，一个劲儿朝王子磕头。

"唉！"王子叹了一口气，"看在你是爱数王国老臣的份儿上，给你一次将功折罪的机会。"

"谢王子，只要不杀我，让我干什么都行。"说完，财政大臣磕头如小鸡啄米。

七八首相掏出一张纸条递给了财政大臣："把这份情报发给鬼算国王。你发不发，怎么发，全看你自己。"

财政大臣接过纸条："我一定发出去，请首相放心！"

再说鬼算国王，他坐在自己的王宫，正等着成功刺杀爱数王子和杜鲁克的好消息。

这时，一只猫头鹰悄无声息地飞了进来，落在了鬼算国王的肩上。鬼算国王熟练地从猫头鹰嘴里取出死耗子，又从死耗子嘴里掏出一张纸条。

他打开纸条，首先看到了一组密码：

　　　　5990　7526　3133　　8879　8879　5626

他又翻到背面，看到翻译用的方格表：

数学小子杜鲁克 李毓佩 数学科普文集

0626	5932	7575
则	彼	棘
8844	1979	5663
忙	决	致
3195	6633	597790
妇	抄	衍

鬼算国王翻译得很熟练："行刺妙，快快到。"

鬼算王子高兴地说："他告诉咱们，暗杀已经成功。趁他们国内混乱，咱们快快出兵！"鬼算国王却一面来回踱着步，一面反复念着情报的内容。

"父王，咱们赶紧出兵吧！机不可失，时不再来。"鬼算王子一个劲地催促。

鬼算国王可谓老奸巨猾，他既不敢完全相信情报的内容，又怕失去千载难逢的机遇，心里充满了矛盾。

终于，鬼算国王停下脚步，命令鬼算王子带领一支侦察小分队，趁着现在夜深人静，先去爱数王国打个前站，探探虚实，随后他再带领大队人马进攻。

"得令！"鬼算王子答应一声，点了几名精兵强将，这当中当然少不了鬼都怕和不怕鬼两人。

临行前，鬼算国王嘱咐儿子要记住三件事：第一，要弄清楚爱数王子和杜鲁克是否真的被杀；第二，弄清爱数王子死后，爱数王国的军队由谁来指挥；第三，一定要和特务即财政大臣取得联系。联系的密码是一个四位数，这个数左右对称，四个数字之和等于为首的两个数字所组成的两位数。

一离开王宫，鬼都怕就一脑门子不高兴，他对鬼算王子说："主子，我说了你可别不高兴。咱们国王真够可以的，前两项任务已经够难的了，还连密码都不告诉咱们，让咱们自己去算。这个问题这么难，咱们能算出来吗？"

鬼算王子笑笑说："你叫什么名字？鬼都怕！连鬼都怕你，别说是一道题了！你一定能算出来。"

鬼都怕挠了挠头，果真思索起来："算这类问题应该从哪儿下手呢？应该从第一个条件'密码是个四位数，这个数左右对称'入手。"鬼都怕逐渐理清了思路，"可以设这个四位数为 abba。"

"对，这个四位数应该是这样。"鬼算王子点点头。

鬼都怕继续说："依题意'四个数字之和等于为首的两个数字所组成的两位数'可得：

$$2(a+b)=10a+b,$$

$$b=8a。$$

由于 a 和 b 都是不大于 9 的自然数，所以 $a=1$，$b=8$，密码是 1881。"

鬼算王子清点了一下人数，不超过 10 个人，为了便于行动，他把侦察小分队又分成三个组，三个组拉开距离往前走。

走在最前面的是鬼都怕和不怕鬼两个人，他们俩是第一小组。两个人都有飞毛腿的功夫，一哈腰就能蹿出去二里地。不一会儿，两人就来到了爱数王国的边界，鬼都怕示意不怕鬼隐藏好，等待人接应。

"咕咕咕"，鬼都怕学了三声猫头鹰叫，"呱呱呱"，对面传来三声癞蛤蟆叫。接着对方问："密码？"不怕鬼答："1881。"联系暗号是对的。

鬼都怕和不怕鬼从藏身地走了出来，对面也走来一个人，定睛一看，是爱数王国的财政大臣。

财政大臣冲鬼都怕招招手，小声说："跟我来！"

鬼都怕和不怕鬼迅速越过国界，消失在黑暗中……

鬼算王子中计

财政大臣带着鬼都怕和不怕鬼，左转一个圈儿，右转一个圈儿，最后在一个山洞前停下了。

财政大臣问："需要什么情报？"

鬼都怕说："爱数王子和杜鲁克确实都被杀了？"

"没错！鬼一刀和鬼无影一人杀了一个。"

"怎么没看见鬼一刀和鬼无影呢？"

"他们俩在山洞里面等你呢！"

"我要马上见到他们俩！"

"跟我走！"财政大臣带头进了山洞，鬼都怕和不怕鬼紧跟其后。

山洞里漆黑一片，伸手不见五指。两人跟在财政大臣后面摸索着往前走，走了一段路，鬼都怕忽然觉得脖子上凉飕飕的，回头一看，天哪，一把闪着寒光的大刀压在了自己的脖子上。

鬼都怕刚想喊，忽然周围亮起了火把，只见铁塔营长手拿大刀正压在自己的脖子上。他溜眼一看，不怕鬼也被控制住了。

"这是怎么回事？"鬼都怕问财政大臣。

财政大臣低头不语。

铁塔营长说："我来告诉你吧！财政大臣通敌叛国，被我们发现了。你们派来的杀手鬼一刀和鬼无影也被我们活捉了，我们布好了陷阱，专等你们上钩！"

"啊！"听完铁塔营长的一番话，鬼都怕惊得张着大嘴，一句话也说不出来。

铁塔营长问："你们是不是来了一个侦察小分队？"

由于刀架在脖子上，鬼都怕不敢不老实回答："对。"

"侦察小分队由谁带队？一共有多少人？分几批越过国境？"

"侦察小分队由鬼算王子亲自带队，分三批越过国境。我和不怕鬼是第一批，人数最少，其余两批的具体人数，我不知道。"

"你真的不知道？"铁塔营长把架在鬼都怕脖子上的刀往下按了按。

"我说，我说。"鬼都怕知道铁塔营长如果再往下按一下，自己的脑袋就要搬家了，"鬼算王子对我们说过，这三批队伍，每一批的人数都不相同，但是这三批人数的乘积，恰好等于 2 月份的某一天。"

"这——"铁塔营长知道自己是算不出这个问题的答案的。他叫来士兵，对他耳语了几句。

士兵答应一声："是！"转身跑出山洞。

杜鲁克、爱数王子、七八首相和胖团长都在山洞外面。士兵把鬼算王子出的题说了一遍。

爱数王子摇摇头："鬼算王子出的这个问题，有难度啊！"

"有难度好啊，可以锻炼我们的脑子。"杜鲁克还是笑嘻嘻的，"鬼算王子说，这三批中每一批的人数都不相同。鬼都怕又说他和不怕鬼是第一批，人数最少，只有 2 人。这三批人数的乘积，恰好等于 2 月份的某一天。我先找三个最小的数 2、3、4 试试。"

做乘法胖团长可是把好手，他说："$2 \times 3 \times 4 = 24$，是 2 月 24 号！"

"对！"杜鲁克点点头，"我还要试试有没有别的答案，再取 2、3、5 试试。"

胖团长还真够快的："$2 \times 3 \times 5 = 30$，是 2 月 30 号。"

"不成！"爱数王子插话，"2 月份最多有 29 天，不会有 2 月 30 号。"

"对！这就是说，另外两批，一批有 3 个人，另一批有 4 个人。侦察小分队总共才 9 个人，不多！"杜鲁克胸有成竹。

爱数王子提醒说："既然是侦察小分队，任务主要是侦察，人数一定不多，但是它的作用绝不可低估。特别是它由鬼算王子亲自带领，一定有重要任务！"

杜鲁克拍拍脑门儿："会是什么重要任务呢？"

爱数王子双手一拍："告诉铁塔营长，还要继续审问鬼都怕，我相信他一定知道侦察的目的！"

审问一开始，鬼都怕只承认他是来和财政大臣接头的，别的一概不知。经过多次问话，鬼都怕就是咬牙不说，把铁塔营长急出了一脑瓜子汗。

铁塔营长忽然想起鬼算王国的人都怕挨饿，他一拍双手："你如果还不交代，我饿你一周！"

此招果然见效，鬼都怕立刻跪在地上磕头："我天不怕，地不怕，就怕挨饿。我说，我全交代！"

"快说！"

"你们的财政大臣给我们传来情报，说爱数王子和你们的参谋长都已经被鬼一刀和鬼无影杀死。鬼算国王半信半疑，他特别让鬼算王子亲自带领一支侦察小分队来查实一下。"

"如果我们的王子和参谋长真的被杀，会怎么样？"

"鬼算国王会趁你们国家给王子治丧、群龙无首的机会，发动进攻，偷袭你们！"

"如果爱数王子还健在呢？"

"要做好准备，防止你们乘胜攻击我们。"

"你和财政大臣接上头以后怎么办？"

"我向第二分队发信号，告诉他们，我们已经接上头了。"

铁塔营长把审问结果及时汇报给爱数王子。

爱数王子低头沉思了一会儿："咱们不妨来个将计就计。"

七八首相问："怎么个将计就计？"

爱数王子让大家聚拢过来，然后小声说："咱们可以这样……"

大家听完以后齐声叫道："好主意！就这么办！"

爱数王子分头布置了任务，让大家赶紧去做准备，自己则和杜鲁克在暗处隐藏好。

铁塔营长接到命令，让鬼都怕立即发信号，告诉第二分队，他们俩和财政大臣已经接上头了。

鬼都怕点点头，他先"咕咕"学了两声猫头鹰叫，又"呱呱呱"学了三声癞蛤蟆叫，接着又"嚯嚯嚯嚯"学了四声蛐蛐叫。

杜鲁克听到之后，心想：鬼都怕学的动物有天上飞的，有地上跑的，还有水里游的。陆海空全齐了，嘻嘻，真有意思！

不多会儿，后面传来"嗷——嗷——"两声狼嚎，深夜里听起来十分瘆人。接着，杜鲁克他们就听到脚步声，又见三个黑影匆忙赶来。领头的不是别人，正是鬼算王子。

杜鲁克有点不解："鬼算王子应该在最后一个小分队里才对，压轴的都是最后一个出场，他怎么跑中间的小分队里来了？"

爱数王子解释说："这正是鬼算国王狡猾的地方。前面的小分队怕遇到我们的哨兵，后面的小分队怕我们抄他的后路，中间最保险，打仗时统帅都在中军就是这个原因。所以他把鬼算王子放在第二小分队。"

鬼算王子见到了鬼都怕、不怕鬼和财政大臣，忙问："爱数王子和杜鲁克真的死了吗？"

三个人一齐点头："肯定是死了！"

鬼算王子下令："带我去看看他们的灵堂！"

财政大臣忙说："灵堂设在王宫，那里看守的士兵非常多，你去了有危险！"

"有危险我也要去，爱数王国不乏有计谋之人，我怕其中有诈，不亲眼看看我不放心。财政大臣带路，咱们去王宫！"说完，鬼算王子的刀已经顶在了财政大臣的后腰上。

财政大臣知道不去是不行了，他点点头："好，我带路！"

李毓佩
数学科普文集

将计就计

财政大臣哈着腰在前面带路，鬼算王子一行五人在后面紧紧跟着。快到王宫了，只见前面灯火通明，哭声阵阵。他们走到王宫前面，藏在一块大大的假山石后，偷偷往王宫里看。

只见王宫的正中央立着一个大牌位，上面写着"爱数王子之灵位"。旁边有一个小一点的牌位，上面写着"参谋长杜鲁克之灵位"。七八首相带领众多官员臂缠黑纱，跪在牌位前痛哭流涕，哭声一声高过一声，个个都是鼻涕眼泪一把抓。

鬼算王子在暗处看见，微笑着连连点头："嘿嘿，爱数王子和数学小子果然是一命呜呼了。领头的死了，数学小子也死了，看来消灭爱数王国的日子不远了！"

鬼算王子转身对财政大臣说："你继续当好特务，钱我们有的是，只要你好好给我们干，将来有你的荣华富贵！"

鬼算王子一挥手："撤！"他刚一迈步，忽然又停了下来，回头问财政大臣"怎么没看见鬼一刀和鬼无影啊？"

财政大臣回答："他们俩刺杀成功后，都被爱数王国的士兵抓起来了，现在被关在监狱里。"

鬼算王子思考了一下："今天来不及救他们俩了，回头再救吧！"说完脚下一用力，"嗖嗖嗖"一股烟似的消失在黑夜中。

财政大臣一回身，发现爱数王子和杜鲁克已经站在他的身后。爱数王子点点头说："你这个特务当得不错，表演逼真，你想将功折罪，以后还要好好表现！"

"是！"财政大臣低着头回答，"我一定好好表现！"

话分两头，再说鬼算王子跑回国内，在王宫里见到了鬼算国王。

鬼算国王迫不及待地问："爱数王子和杜鲁克死了？"

"百分之百地死了！"鬼算王子兴奋地说，"他们在王宫里设了灵堂，里面有爱数王子和杜鲁克的牌位，七八首相带领一班官员跪在牌位前，哭得惊天动地啊！"

"哈哈！爱数王子和数学小子，你们也有今天，真乃天助我也！"鬼算国王眼睛里冒着光，"鬼司令听令！"

"在！"鬼司令站了出来。这位鬼司令长得又瘦又高，戴着一顶高高的司令帽，站在那儿活像一根竹竿。

鬼算国王下令："你点齐我的精锐部队，秘密出发，夜袭爱数王国。我在后面督阵，咱们打他个措手不及，为我们之前的失败报仇！"

"得令！"鬼司令向国王敬了一个礼，又狂妄地说，"有我亲自指挥，用不着精锐部队全体出马，带一部分就够了。"说完转身跑了出去。

鬼算国王引以为豪的精锐部队人数并不多，只有几十人，他们都经过了层层筛选，个个身强体壮，武艺超群。他们手拿鬼头大刀，肩背硬弓，腰里缠有一圈儿飞镖，腿上还插有一把锋利的匕首。

鬼司令让士兵排成一个长方形的队形，在他的带领下跑步前进，鬼算国王在后面远远跟着。

到了爱数王国的边界，为了不出声响，鬼司令命令士兵变跑步为小碎步前进。边界没发现有爱数王国的哨兵站岗，显然是国内大乱，这里也就无人执勤了，这真是千载难逢的好机会。

鬼司令带领士兵快速越过边界，直捣王宫。鬼算国王则停留在鬼算王国这一侧等待消息。

走了一阵子，鬼司令觉得离王宫不远了，因为他们已经能清晰地听到从王宫里传出的哭声，再穿过前面的山谷就到王宫了。

鬼司令异常兴奋，他对士兵说："马上就到王宫了，大家跟我上！"说完带领精锐部队走进了山谷。

当他们全部进入山谷后，铁塔营长在山顶上炸雷似的一声喊："给我

李毓佩
数学科普文集

狠狠地打！"顿时，大量的滚木礌石从两边的山上滚下来，精锐部队的士兵死伤不少。

凭借作战经验，鬼司令知道自己陷入了敌人布置的陷阱，唯一的解救办法就是赶紧后撤。他大喊："撤，快撤！"

士兵们刚掉头往回跑，铁塔营长又高喊："弓箭连放箭！"一时间箭如飞蝗，从两面的山顶上飞射下来，精锐部队的士兵又倒下好些。

铁塔营长见时机成熟，立刻举刀站在山顶上大喊："大刀连、长枪连、铜锤连和短棍连，跟着我杀呀！"爱数王国的士兵个个奋勇当先，直向山谷冲去，喊杀声震耳欲聋。

精锐部队的士兵被这样的阵势吓坏了，撒腿就跑，只恨爹娘少生了两条腿。他们连滚带爬地跑回了鬼算王国。鬼司令个儿高腿长，第一个跑了回来，只见他的司令帽掉了，指挥刀也丢了，胳膊上中了一箭，还不断往下滴血。

鬼算国王见状大吃一惊，爱数王国怎么会有准备呢？他命令鬼司令赶紧清点队伍，看看有多大的损失。

鬼司令也顾不上查看自己的伤势，让剩下的士兵排队，正好排成一个正方形队列。鬼司令向鬼算国王报告："这次偷袭，我究竟带了多少兵已经记不清了，反正正好排成一个长方形，只知道我军阵亡了20名士兵！"

鬼算国王一瞪眼睛："我没问你死了多少人，我要知道有多少人活着回来了！"

鬼司令一看鬼算国王生气了，吓得结结巴巴地说："出发前士兵排成了一个长方形队列，回来以后只排成了一个正方形。正方形队列的一边和长方形队列的短边一样长，另一边少了4名士兵，战斗中共阵亡了20名士兵，剩下的都跑回来了，跑回来多少士兵我也不知道。"

"废物！"鬼算国王的怒气未消，"你趴在地上好好算一算：一共阵亡了20名士兵，正方形队列的一边比长方形队列的长边少了4名士兵，

20÷4＝5，说明正方形队列有 5×5＝25(人)，这 25 人就是活着回来的。"

鬼司令还是没弄懂，趴在地上画了一个图（其中〇表示生还的士兵，△表示阵亡的士兵）。

〇〇〇〇〇△△△△
〇〇〇〇〇△△△△
〇〇〇〇〇△△△△
〇〇〇〇〇△△△△
〇〇〇〇〇△△△△

画完这张图，鬼司令点点头，说："这下子我明白了，国王的精锐部队我只带走了 9×5＝45(人)，阵亡了 20 人，回来了 25 人。一画图多明白！"

鬼算国王怒吼道："你还有脸说！我多年培养的精锐部队，一下子死了 20 人！"

鬼算王子在一旁劝说："父王不用生气，打仗有胜有负，咱们从长计议，先回王宫吧！"

鬼算国王恶狠狠地说："爱数王子，你等着，我和你没完！"

化装侦察

一连数日，鬼算王国没有动静。此时爱数王子反而坐不住了，他深知鬼算国王不会善罢甘休，对方一定在计划着更大的阴谋。可是，鬼算国王下一步想干什么呢？不能这样干等着，要到鬼算王国去实地侦察一下，正所谓"知己知彼，百战不殆"。

爱数王子决定只带杜鲁克一人前去侦察。爱数王子化装成一个有钱的富商，穿戴十分华丽：头戴水獭小帽，身穿黄色的绸子衣裤，戴着墨镜，嘴上留着两撇小胡子，腰间依旧挂着他那把宝剑，骑着那匹白色宝马。

李毓佩
数学科普文集

杜鲁克则化装成一个小仆人：头戴一顶黑色的小毡帽，脸上涂了许多黑色油彩，显得黑了许多，身穿黑色衣裤，远远看去，就是一个小黑人。他腰间挎了一把大刀，骑着一匹黑马。

爱数王子要到鬼算王国去侦察，很多官员表示反对。

七八首相第一个反对，他说："我们和鬼算王国交战，取得了巨大的胜利。鬼算国王已是惊弓之鸟，他不敢再来侵犯我国。你和参谋长前去侦察，万一遇到点麻烦，我们爱数王国将无人领导，那损失可太大了！"

五八司令也说："鬼算国王已经被我们打趴下了，他不敢再捣乱了！"

爱数王子摇摇头："你们越是这样说，我就越要去。麻痹大意害死人哪！鬼算国王绝不是一个轻易认输的人，他灭我爱数王国之心不死！"

众官员见拦不住，都叮嘱王子一路小心。七八首相偷偷把铁塔营长叫到一边，让他带两名武艺高强、头脑灵活的士兵暗地跟随，保护王子和参谋长的安全。铁塔营长点头称是。

这天夜晚，正是阴历初一，天上没有月亮，大地漆黑一片。爱数王子和杜鲁克各自拉着一匹马，悄悄离开了王宫，抄小路向鬼算王国走去。快到国境线时，两人骑上马飞也似的越过了国境线。

守在国境线上的士兵大声问道："谁？口令？"

士兵话音未落，又有三匹快马"呼"的一声从他眼前飞驰而过，这是铁塔营长带领两名士兵在后面保护。

天亮了，爱数王子带领杜鲁克去了一处兵营。由于常年和鬼算国王打交道，爱数王子对鬼算王国的一草一木都非常熟悉。这处兵营正是鬼算国王的精锐部队所在地。

兵营门口有哨兵把守，进去是不可能的。两人下了马，在兵营门口溜达，寻找机会。这时，一名厨师从里面走了出来，爱数王子赶紧迎了上去，从口袋里掏出一枚金币，悄悄塞到厨师手里。

厨师低头一看，是一枚金币，抬头一看，眼前站着一位阔商人，心中一喜。

厨师客气地问："不知你找我有什么事？"

"也没什么要紧的事。"爱数王子说，"我就想知道，咱们这座兵营里有多少士兵，将来他们需要什么，我也可以做点买卖。"

厨师笑着说："你这位买卖人真会做买卖，把生意都做到兵营来了。不过，兵营里有多少士兵是军事秘密，我不能告诉你。"

"那是，那是。"爱数王子非常理解地点点头，随手又往厨师手里塞进一枚金币，"你现在正干什么活儿呢？"

"刷碗！"厨师皱着眉头说，"刷碗这活儿，最讨厌了，又脏又累。你看，我刚刚洗完 65 只大碗。"

"你怎么洗这么多碗？"

"早饭是每 2 名士兵给一碗饭，每 3 名士兵给一碗鸡蛋羹，每 4 名士兵给一碗肉，一共用了 65 只大碗。这么多大碗，我洗了好半天才洗完。"

"还是精锐部队吃得香，早饭就这么丰富。师傅辛苦，再见！"爱数王子也不再问，挥手和厨师告别。

爱数王子和杜鲁克来到一偏僻处，王子对杜鲁克说："你能不能根据厨师说的这些数据，算出兵营里有多少士兵？"

"应该可以，我来试试。"杜鲁克边算边写，"厨师说出了碗的总数以及士兵和碗的关系。如果能求出每名士兵占多少只碗，就可以求出士兵人数。2 名士兵给一碗饭，每人占 $\frac{1}{2}$ 只碗；3 名士兵给一碗鸡蛋羹，每人占 $\frac{1}{3}$ 只碗；4 名士兵给一碗肉，每人占 $\frac{1}{4}$ 只碗。合起来每人占（$\frac{1}{2}$ + $\frac{1}{3}$ + $\frac{1}{4}$）只碗，士兵人数是 $65 \div (\frac{1}{2} + \frac{1}{3} + \frac{1}{4}) = 60$（人）。"

"啊！"爱数王子听了这个结果，倒吸了一口凉气。

杜鲁克忙问："怎么了？"

爱数王子解释说："我知道鬼算国王的精锐部队，也就是他的御林

数学小子杜鲁克
李毓佩
数学科普文集

军，原来只有 50 人，现在扩充到了 60 人，说明鬼算国王正在增兵，增兵的目的还是要侵犯我们爱数王国啊！"

"啊！"杜鲁克也吃了一惊，"多亏来侦察了，不然咱们还被蒙在鼓里呢！"

爱数王子说："咱俩再探一探鬼算国王还有什么秘密。先去他们的练兵场。"

"走！"杜鲁克来了精神。

来到鬼算王国的练兵场，他们看到士兵们都在练习射箭。

爱数王子问一名士兵："你们为什么都练习射箭呢？"

这名士兵上下打量了一下爱数王子："看来你不是当地人，我们的鬼算国王正在加紧练兵，准备进攻爱数王国。国王说了，想打败爱数王国，必须先消灭爱数王子和他的参谋长。"

"这和练习射箭有什么关系？"

"鬼算国王告诉我们，这次进攻爱数王国，只用一招就可成功，就是万箭齐射爱数王子和他的参谋长，只要他们俩一死，他们就兵败如山倒，完蛋了！"

爱数王子点点头，心想：鬼算国王这招十分凶狠，如果我们事前不知，还真要吃大亏。想着想着，他手心都出汗了。

前面忽然嚷嚷起来了，爱数王子和杜鲁克走过去一看，是五名士兵在争吵着什么。

五鬼争名次

爱数王子走上前问："你们在吵什么？"

其中一名士兵说："好了，来明白人了。让这位明白人给咱们评评理！"

王子问："发生什么事了？"

这名士兵继续说："我们五个人是一个射箭小组的，其实我们是亲兄弟五个。我叫大鬼，他们分别叫二鬼、三鬼、四鬼和五鬼。"

"哈哈！"杜鲁克忍不住笑了，"又是一群小鬼！"

大鬼没理杜鲁克，继续说："我们在进行射箭比赛，每次每人射一箭，然后按射中靶子的环数排名。第一名记5分，第二名记4分，然后是3分、2分、1分。不许有并列名次，如果出现，就再射一次。"

王子问："你们共射了几次？"

"射了5次。结果每人最后的总分各不相同。二鬼总共得了24分，最多。三鬼、四鬼和我，得分都不比五鬼少，而五鬼第一次得了5分，第二次得了3分。五鬼的总分应该最少，可是他不服，说自己的得分最高。三鬼、四鬼也说各自得分最高。现在也不知道谁高谁低了。你是明白人，帮我们算算吧。"

"没问题！"爱数王子笑嘻嘻地说，"这么简单的问题，让我的仆人算就成了。"

"啊，推给我了？"杜鲁克无奈地摇摇头。

杜鲁克想了想，说："你们射一次箭就一定会出现5分、4分、3分、2分、1分，加起来是5+4+3+2+1=15(分)。你们一共射了5次，总分应该是15×5=75(分)。"

"没错，就是75分，连这个小仆人都这么明白！"大鬼连连点头。

"二鬼总共得了24分，其余4个鬼呢？"杜鲁克刚说到这儿，大鬼赶紧插话："不是4个鬼，是4个人！"

"对，是4个人。其余的4个人共得了75-24=51(分)。五鬼第一次得了5分，第二次得了3分，剩下的三次，就算他每次都是最后一名……"

二鬼插话说："什么叫就算他每次都是最后一名？本来就是最后三次，老五次次垫底，每次都是老末！"

"老末也得1分哪，5次加起来是5+3+1+1+1=11(分)。算出来

李毓佩
数学科普文集

了，五鬼得了 11 分。"杜鲁克完成了任务。

五鬼站出来了："可是，我第一次射得的是第一，5 分哪！第二次射得的是第三，也有 3 分哪！虽然说最后三次没射好，可是我还得过第一呢！"

四鬼出来帮腔："只有把我们哥儿五个的得分都算出来，老五才能服气。"

看来不给他们算清楚真是不成。杜鲁克说："好吧，我来算。大鬼刚才说了，你们射了 5 次，结果每人最后的总分各不相同，而且从大鬼到四鬼，得分都不比五鬼少，这样一来，只有 $11+12+13+15=51$，说明二鬼得分最高，五鬼得分最低。虽然大鬼、三鬼、四鬼每人的具体得分我不知道，但一定是 12、13、15 三个数中的一个。"

爱数王子笑着说："看来二鬼的射箭有两下子，射了五次，四次第一。"

见有人夸奖他，二鬼骄傲地一仰头，说："不是跟你吹牛，我长这么大，还没有人超得过我呢！"

爱数王子说："咱俩比比？"

"比就比，也让你见识见识我的厉害！怎么个比法？"

"每人还是射 5 箭，由于你是射箭高手，计分时就简单点。射中靶心得 1 分，射不中靶心，就是 0 分。"

"好！我先来。"二鬼站好位置，拉弓搭箭，瞄准靶心，大吼一声："着！"只见箭离弦而去，"砰"的一声正中靶心。

"好！"周围响起一片叫好声。

二鬼骄傲地冲大家点点头，又射第二箭、第三箭、第四箭，次次射中靶心。二鬼朝爱数王子举起右手，伸开五指，表示 5 分即将到手。他在一片欢呼声中射出第五箭，这一箭没射中靶心，偏了一点点，周围响起一片惋惜声。

该爱数王子了，他拉弓似满月，箭出如流星，"啪啪啪啪啪"一连 5 箭，箭箭射中靶心，由于 5 支箭都射在同一点上，就好像在这一点上开出了一朵箭花。

"好啊！"周围的人欢声雷动，大家为爱数王子出众的箭术拍手叫好。

爱数王子拍拍二鬼的肩膀，安慰他说："你已经很棒了，再练习一些日子，一定能超过我！"

二鬼摇摇头："恐怕没时间了！明天我们就要出发去攻打爱数王国了。"

"明天就打？"爱数王子听了这个消息，不禁一愣：鬼算国王行动如此迅速，我要赶紧回国进行布置。

正在这时，一队人马跑了过来。领头的不是别人，正是鬼算王子。

鬼算王子听到这里有人大声叫好，就带领卫兵赶了过来，看看究竟发生了什么事情。他一眼就看到了爱数王子，觉得此人非常面熟。鬼算王子一指爱数王子，问："喂，你是从哪儿来的？我怎么看你面熟啊？"

爱数王子心中暗暗一惊：我乔装打扮，怎么鬼算王子也能认得出来？爱数王子笑笑说："买卖人，哪儿都去，见的人多了，难免和鬼算王子也见过面。"

"不对！"鬼算王子说，"你不但面熟，而且说话的声音也非常熟悉。让我想想——"

爱数王子一看，不好，要露馅儿了！他立刻向杜鲁克做了个手势，两人骑上马飞快地跑了。

鬼算王子这时才恍然大悟，他一举手中的大刀，高喊："他是爱数王子，那个小个子是他们的参谋长杜鲁克，快追！"

"追啊！你们哪里跑！"鬼算王子领着卫兵催马扬鞭，在后面紧紧追赶。

由于杜鲁克骑术不精，很快就跟不上爱数王子了。爱数王子着急地

李毓佩
数学科普文集

喊："快！快！"可是杜鲁克的马就是快不起来。

眼看着鬼算王子的马队越追越近，杜鲁克头上的汗"吧嗒吧嗒"一个劲儿往下滴。鬼算王子的刀都快要扎到杜鲁克了。在这紧要关头，侧面杀过来三匹快马，领头的正是铁塔营长。他抡起大刀，"当"的一声把鬼算王子的刀挡开了。

铁塔营长说："王子和参谋长，你们快走，鬼算王子交给我啦！"说完带领两名士兵和鬼算王子混战在一起。

爱数王子和杜鲁克快马加鞭地赶回爱数王国。七八首相领着众官员正在边境线等着他们俩，见两人跑了回来，大家赶紧迎了上去。爱数王子一挥手："大家迅速回王宫，召开紧急军事会议！"

真真假假

在军事会议上，爱数王子把侦察到的情况向大家做了汇报。大家得知鬼算国王明天就来进攻，感到十分吃惊。对于敌人要乱箭射杀爱数王子和杜鲁克的做法，大家都非常愤慨。

七八首相说："多亏王子和参谋长去鬼算王国进行了侦察，否则明天鬼算王国来犯，咱们一点儿准备也没有，必吃大亏！"

五八司令着急地问："时间如此紧迫，我们应该准备些什么呢？"众官员七嘴八舌，议论纷纷。

爱数王子摆摆手，让大家安静："各位不要惊慌，我自有安排。"接着，他压低了声音，小声布置了明天迎敌的方案。

众官员听后，纷纷点头说："好主意！"

第二天，天刚蒙蒙亮，鬼算国王就带兵来到了两国边境，见爱数王国守城的士兵没有几个，他哈哈大笑："看来爱数王子还在睡大觉呢！咱们去掀爱数王子的被窝喽！走！"

鬼算国王刚指挥士兵攻城，只听得城上忽然响起了"咚咚咚"擂大鼓的声音，鼓点一阵紧似一阵。

"啊，他们有准备？"鬼算国王大吃一惊，随即眼珠一转，高喊，"他们早有准备更好，各个部队按原计划执行！"

士兵答应一声，拿来云梯准备攻城。这时忽然有人喊："快看！爱数王子、参谋长、七八首相出来了！"

鬼算国王抬头一看，在清晨的薄雾中，城楼上站着三个模糊的人影。依稀能辨别出，站在正中间的是爱数王子，左边是七八首相，右边是杜鲁克。

鬼算国王一拍大腿："好极了！天助我也，我要一股脑儿地把这三个核心人物都灭了！"他把鬼头大刀向上一举，高喊，"弓箭营听令！"

弓箭营的士兵答应一声："在！"

鬼算国王命令："大家往前站！"

"是！"几十名弓箭手齐刷刷地在最前面站成了一排。

"瞄准城楼上的三个人，给我放箭！放！"

只见万箭齐发，箭如雨点般地飞向城楼。

一阵箭雨过后，鬼算国王抬头一看，爱数王子等三人依然站在城楼之上，纹丝不动。

"啊？这三个人怎么不怕射呢？"鬼算国王有点晕，揉了揉眼睛再细看，三个人确实还站在那儿。

鬼算国王发怒了："弓箭营狠狠给我射！"利箭更密集地射向城楼。

鬼算国王抬头一看："嗯？爱数王子怎么还站在那儿？"他彻底糊涂了。

正在这时，城楼上又鼓声大作，城门忽然大开，一队手握长枪的爱数王国士兵冲了出来。他们对准站在最前面的弓箭手一通猛刺，弓箭手纷纷倒地，乱成一片。

鬼算国王一看大事不好，高喊："好汉不吃眼前亏，撤！"

鬼算王国的士兵听到命令，立刻掉头就跑，爱数王国的士兵也不追，只是在后面大声叫喊："追呀！杀呀！"鬼算王国的士兵吓得头也不敢回，拼了命地往前跑。

这时，真的爱数王子、七八首相和杜鲁克才登上城楼。原来，刚才站在城楼上的只是三个用稻草扎的假人。爱数王子知道鬼算国王要用箭射他们，便学习古代诸葛亮草船借箭的办法，让鬼算国王上了当。

爱数王子下令："数一下稻草人身上有多少支箭。"

过了一会儿，一名士兵跑来报告："经过清点，从三个稻草人身上共取下 600 支箭。其中，从假参谋长身上取下的箭，比从假首相身上取下的箭多 16 支；从假王子身上取下的箭是假首相的 2 倍。"

爱数王子笑着说："好啊，你一个小兵也敢出题考我？我现在就给你算：我用'王'表示我的假人身上的箭数，用'首'和'参'分别表示七八首相和参谋长假人身上的箭数。这样可以列出三个算式：

$$王＋首＋参＝600, \qquad ①$$
$$参－首＝16, \qquad ②$$
$$王＝2×首。 \qquad ③$$

由参－首＝16，可以得到参＝首＋16，把这个式子和式子③同时代入式子①中，就有 2×首＋首＋(首＋16)＝600。整理得：4×首＝584，首＝146(支)。"

"其余两个我来算。"士兵在地上写出：

$$王＝2×首＝2×146＝292(支),$$
$$参＝首＋16＝146＋16＝162(支)。$$

士兵摇摇头："鬼算国王可真够狠的，把差不多一半的箭都射在王子身上了。"

爱数王子笑着说："多来咱们就多收，多多益善，上不封顶，哈哈！"

鬼算国王带着士兵向后撤了足有一千米，看爱数王国的士兵没有追上来，才让大家停止撤退。

鬼算国王擦了一把头上的汗，问鬼算王子："你看清楚没有，爱数王子和杜鲁克是否被射死了？"

鬼算王子喘了几口粗气："父王，今天早晨天空有雾，看不大清楚，反正我看到爱数王子、七八首相和杜鲁克身上都中了好多箭，估计他们是活不成了！"

鬼算国王双手握拳，恶狠狠地说："只要这三个人死了，事情就好办了。"

这时鬼司令站了出来，他说："我个子高，眼神儿好，我看清楚了，城楼上站的不是爱数王子他们，而是三个假人，我估计是三个稻草人。咱们射出的箭全扎在稻草人身上了。"

"啊？这是真的吗？"鬼算国王听了鬼司令的这番话，犹如当头挨了一闷棍，"这么说，我的大批箭都白送给他们了！我鬼算国王什么时候吃过这么大的亏？"

鬼司令问："国王，下一步怎么办？"

"命令部队全体集合！"鬼算国王眼睛都红了，"继续进攻，誓死拿下爱数王国！"

鬼司令和鬼算王子同时答应："是！"

尽管鬼算国王带兵退了回去，但是爱数王子仍站在城楼上，没有回王宫休息。五八司令说："咱们回王宫吧！"

爱数王子摇摇头："不成！刚刚这场战斗，鬼算国王并没有受到致命性的打击。据我对他的了解，他不会甘心失败，一定还会杀一个回马枪。咱们在这儿静观其变，伺机而动吧！"

排列进攻梯队

既然鬼算国王下了进攻的命令，鬼司令就要具体安排进攻方案。

鬼司令请示鬼算国王："这次我们带来了一个长枪营，一个弓箭营，一个短刀营，一个骑兵营。咱们应该采用什么样的进攻梯队？"

鬼算国王眉头紧皱，用手拍着脑门儿说："让我想想，长枪营是负责开道的，它只能排在第一或第二梯队，弓箭营只能排在第二或第三梯队，短刀营必须排在骑兵营前面。你去排吧，看看有多少种排法。"

"是！"鬼司令退了下来。他心里打起了鼓，这梯队应该怎么排呀？他知道自己的数学十分差劲，这个任务光靠自己是完成不了的，可作为一名军队的司令，如果连冲锋的梯队都排不出来，肯定要掉脑袋。想到这儿，他就觉得脖子后面凉飕飕的。怎么办？他一回头，看到了鬼算王子，哈，找鬼算王子算算，算错了还能把责任推给他。

鬼司令先冲鬼算王子行了一个军礼，然后强装笑容："王子，你在这儿玩哪？"

鬼算王子一愣，心想：今天鬼司令有什么毛病了？怎么跟我没话找话说。他问："鬼司令有事吗？"

"有、有。这事非王子不能解决！嘻嘻！"鬼司令一个劲儿地讨好王子。

"有事快说！"鬼算王子不耐烦地说。

鬼司令把鬼算国王让他排进攻梯队的事原原本本地说了一遍。鬼算王子一听也直摇头。鬼司令看鬼算王子没答应，"扑通"一声跪倒在地上。

鬼司令哀求："王子怎么也要帮我这个忙，否则我死定了！"

"鬼司令请起，咱俩一起来排吧！"鬼算王子扶起了鬼司令，"四个营，只能一个营一个营来考虑。"

"对，多了就乱套了。先考虑哪个营呢？"

"先考虑长枪营，让它排在第一梯队。弓箭营排在第二梯队。"

"国王就是让我们这样排的。另外两个营呢？"

"由于短刀营必须排在骑兵营前面，可以让短刀营排在第三梯队，骑兵营排在第四梯队。"

鬼司令高兴地拍手说："成！这是第一种排法。第二种排法呢？"

鬼算王子想了一下："还是让长枪营排在第一梯队，弓箭营排在第三梯队，短刀营排在第二梯队，骑兵营仍排在第四梯队。"

鬼司令高兴地跳了起来："又成功了！再来一种排法。"

"弓箭营只能排在第二或第三梯队，能排在第一梯队的只剩下短刀营了。可以让短刀营排在第一梯队，长枪营排在第二梯队，弓箭营排在第三梯队，骑兵营排在第四梯队。"鬼算王子想了想，说，"只有这三种排法了。"

"齐了！我赶紧把这三种排法记下来交给国王。"鬼司令列了一个表：

排法	梯队			
	第一梯队	第二梯队	第三梯队	第四梯队
第一种	长枪营	弓箭营	短刀营	骑兵营
第二种	长枪营	短刀营	弓箭营	骑兵营
第三种	短刀营	长枪营	弓箭营	骑兵营

鬼算国王接过表一看，不住地点头："嗯，鬼司令大有进步！这个表做得也不错，一目了然哪！我选择第二种排法。"

鬼司令问："为什么？"

"在刚才的战斗中，弓箭营损失很大，把它放在前面会影响战斗力。"

鬼司令又问："骑兵营有很强的战斗力，为什么把它放在最后？"

"骑兵营是快速部队，即使把它放在最后，也不会影响它的出击。"

李毓佩
数学科普文集

鬼司令一竖大拇指："高，实在是高！国王，真不愧是国王！"

鬼司令把手中的令旗连连摇动："各营士兵听我指挥，按长枪营、短刀营、弓箭营、骑兵营的顺序排成四个梯队，跟着我向爱数王国进攻，冲啊！"他挥舞指挥刀，带头冲了上去。

爱数王子站在城楼上正等着鬼算国王回来。探子忽然来报："报告爱数王子，鬼算王国的军队分为四个梯队，在鬼司令的带领下正向我国进发！"

王子问："四个梯队是如何排列的？"

探子回答："四个梯队从前到后，依次是长枪营、短刀营、弓箭营、骑兵营。"

七八首相皱了皱眉头，说："鬼算国王把长枪、短刀放在最前面，是想强攻啊！"

杜鲁克有点沉不住气："那咱们该怎么办哪？"

"咱们有鬼算国王送来的 600 支利箭，怕什么？"爱数王子下达命令，"让弓箭连的士兵到城墙上来，让骑兵连在城门后面集结，准备战斗！让铜锤连和短棍连在敌人的左右两侧埋伏，等候我的命令！"

"是！"五八司令答应一声，转身跑步前去安排。

没隔多久，远处杀声震天，尘土飞扬，鬼司令带领鬼算王国的士兵攻上来了。

铁塔营长命令弓箭连的士兵做好放箭准备，当鬼算王国的长枪营刚刚到达城楼下面，铁塔营长大吼一声："放箭！"

弓箭连的士兵一齐放箭，箭如飞蝗，直射鬼算王国长枪营的士兵。由于长枪营的士兵没有盾牌，只能用手中的长枪拨开飞来的利箭。利箭雨点般飞来，士兵拨开左边飞来的箭，就来不及拨开右边飞来的箭；拨开了上面飞来的箭，却来不及拨开射向下面的箭。长枪营的士兵纷纷中箭倒地，鬼司令的肩上和腿上也各中一箭。

此时，鬼司令已经顾不上自己受伤，赶紧下达命令："长枪营往后撤，短刀营到前面来！"

长枪营撤为第二梯队，而短刀营变成了第一梯队。由于短刀营的士兵手中既有短刀，也有盾牌，可以挡住飞来的箭，所以很快就攻到了城门口。

忽然，城楼上"咚咚咚"鼓声大作，城门"呼啦"一声打开了，爱数王国骑兵连的士兵骑着高头大马从城门里猛冲出来。他们手握战刀，对着鬼算王国短刀营的士兵一通猛砍。由于短刀只适用于短兵相接，无法抵挡骑兵战刀的攻击，短刀营被骑兵连冲得七零八落，士兵们被砍得东倒西歪，很快就败下阵来。

鬼算国王看到这种情况大吃一惊，赶紧下令："骑兵营往前冲！"

骑兵营刚想往前冲，只见城楼上令旗升起，爱数王国铜锤连和短棍连的士兵从左右两侧一齐冲出。铜锤连的士兵双手各持一把大铜锤，专砸对方战马的脑袋；短棍连的士兵左右手各执一根短棍，专打对方战马的腿。一时间，鬼算王国骑兵营的战马纷纷倒地，骑兵都从马上摔了下来，马嘶人叫，乱作一团。

这时，爱数王国的骑兵连也杀了过来，鬼算王国的骑兵营已无心恋战，纷纷掉转马头往回跑。

鬼算国王大喊："好汉不吃眼前亏，撤退！"他和鬼司令各抢过一匹战马，一跃而上，在马屁股上狠狠拍了两巴掌，马"噌"的一声就蹿了出去，逃回鬼算王国。

爱数王子说："穷寇莫追，鸣锣收兵！""当当当"的锣声响起，爱数王国的士兵得胜而归。

李毓佩
数学科普文集

丢盔卸甲

鬼算国王一口气跑回王宫，鬼算王子赶紧把他扶下马来。

鬼算国王先擦了一把头上的汗，又仰脖灌进一大碗水，定了定神说："好可怕呀！我带去了四个营的兵力，而爱数王国只有铁塔营长的一个营，我们硬是被他们打败了！可恼！可气！"

鬼算王子在一旁劝说："父王不要生气，胜败乃兵家常事，况且我军损失也不算太大。"

"什么？损失不大？"鬼算国王瞪大了眼睛，"这次没有全军覆没，就算便宜咱们了！"他回头叫道："鬼司令！"

鬼司令双手捂住身上的两处箭伤，答应："在！"

"你马上去清点一下我军的损失，马上给我报上来！"

"是！"鬼司令掉头跑了出去。

过了一会儿，鬼司令气喘吁吁地跑了回来。他向鬼算国王行了一个军礼："报告国王，受损失的一共有100名士兵。"

"这么多？"鬼算国王皱起眉头问，"具体说说分别损失了多少？"

鬼司令拿出一张纸条，念道："这100名士兵中，有70人丢了武器，有75人丢了军帽，有80人跑丢了鞋，有85人逃跑时扔掉了背包。"

鬼算国王咬着牙说："丢盔卸甲，溃不成军！丢人哪，丢人！我想知道，把武器、军帽、鞋、背包通通都丢了的有几个人？"

"这——"鬼司令哪会算这么难的问题？他张口结舌，站在那儿一句话也说不出来。

"谅你也算不出来！"鬼算国王轻蔑地看了鬼司令一眼，"这个问题应该从反面去考虑：在这100名士兵中，没有丢失武器的有 $100-70=30$（人），没有丢失军帽的有 $100-75=25$（人），没有跑丢鞋的有 $100-80=20$（人），没有扔掉背包的有 $100-85=15$（人）。"

鬼司令问："往下怎么算？"

"在这100人中，武器、军帽、鞋、背包至少有一样没丢的人，最多有 $30+25+20+15=90$（人）。那么四样全丢的至少有 10 人。"鬼算国王算完后说，"把这些人给我找来！"

"是！"鬼司令又跑了出去。

过了好一会儿，鬼司令领来了一队士兵："报告国王，符合要求的正好 10 个人。"

这 10 名士兵，个个光着头，赤着脚，身上没有任何装备，垂头丧气地站在那儿。

鬼算国王一看，气得蹦起来老高："你们这些没用的家伙。来人哪，拉出去砍了脑袋！"

这些士兵听说要砍脑袋，"扑通"一声全跪下了："国王饶命！下次不敢了！如果再打仗，我们一定奋不顾身，奋勇杀敌！"

"嘿嘿，"鬼算国王冷笑了两声，"我要指望你们这些残兵败将去打仗，猴年马月也占领不了爱数王国！"

鬼算国王骑上马，冲鬼算王子招招手："你跟我走！"

"是！"鬼算王子骑上马，跟着父亲离去。他们先走了一段平路，然后进了山。沿着崎岖的山路，他们又走了很长一段路。

鬼算国王骑马在前一言不发，鬼算王子不禁问道："父王，咱们这是去哪儿呀？"

"你不用问，到时候就知道了。"

再往前走，路越来越窄，到了一个拐弯处，忽听有人高声问："口令？"

鬼算国王回答："不是人！"

鬼算王子一惊，心想：父王是气糊涂了吧，怎么张口就骂人？

鬼算国王反问："口令？"

对方回答："豺狼虎豹！"

李毓佩
数学科普文集

鬼算王子又一惊：怎么全是吃人的猛兽？

这时，两名手拿长枪的鬼算王国士兵从两边隐蔽处走了出来，朝鬼算国王单膝下跪，齐声说："拜见鬼算国王！拜见鬼算王子！"

"好！"鬼算国王说，"带我们到猛兽园看看！"

"噢——"直到这时，鬼算王子才想起来，父亲曾提起过他秘密建了一个猛兽园，里面养了许多珍稀猛兽。但是绝大多数人都没见过这个猛兽园，连他这个当王子的都没来过。

一名士兵带着他们俩先去了虎山。在虎山中，几十只大老虎个个身高体壮，威风凛凛。鬼算国王高兴地不住点头。

他们来到狮园，四十多只雄狮和母狮在园中来回游荡，雄狮不时发出阵阵吼声，让人听了毛骨悚然。鬼算国王冲它们露出微笑。

他们走到狼圈，几十匹大灰狼见到有生人到来，一齐扑了过来，龇牙咧嘴，嚎声不断。鬼算国王哈哈大笑。

鬼算王子问："我们刚刚打了败仗，您怎么有心思来看这些猛兽啊？"

"哈哈！"鬼算国王得意地说，"我到这儿，不是来欣赏动物，而是来备战的！"

"啊？到猛兽园备战？"鬼算王子越听越糊涂。

鬼算国王诡异地笑了笑："我不告诉你，你怎么也猜不到，你就等着看吧！"

话说两头，再说爱数王国。

爱数王子一连几天没有鬼算国王的消息，很不放心。王子知道，这次鬼算国王大败，他回去一定会积蓄力量，准备再犯。几天来，鬼算王国风平浪静，非常不正常。王子派出探子火速前去侦察。

不久探子回报，鬼算国王和王子各骑一匹马走了，去向不明。

"啊？"爱数王子吃了一惊，这父子俩一定搞什么阴谋诡计去了，可是他们俩跑到哪儿去了？又在计划什么阴谋呢？王子急得在王宫里坐立不安。

王子问杜鲁克："你有什么办法可以找到鬼算国王父子吗？"

"在我们那儿，可以派侦察机进行空中搜索，可是你们这儿没有侦察机呀！"说到这儿，杜鲁克忽然灵机一动，"哎，你不是有黑白两只雄鹰吗？它们和侦察机也差不多，你可以派它们去搜索！"

"对呀！"爱数王子十分兴奋，"我立刻派它们俩去搜索鬼算国王父子的下落。"

爱数王子打了一个呼哨，霎时间"啸——啸——"两声长鸣，黑白两只雄鹰飞进了王宫，一只落在王子的左肩头，一只落在王子的右肩头。王子对它们俩连比带画说了好一阵子，两只雄鹰又是一声长鸣，飞出了王宫。

杜鲁克好奇地问："你对它们俩说什么啦？"

爱数王子笑了笑，说："兽有兽言，鸟有鸟语，我和它们俩说鸟语呢！"

五八司令说："这次鬼算国王被咱们打得丢盔卸甲，元气大伤。我就想不出，他还会有什么力量再来进犯我国？"

七八首相摇摇头说："你和鬼算国王打交道的时间还不够长，此人坏主意、鬼点子极多，对他是防不胜防啊！咱们一旦稍有疏忽，必然吃亏。鬼算国王父子突然失踪，恐怕这里面有大阴谋！"

五八司令一副满不在乎的样子："鬼算国王的兵没了，将少了，短时间上哪里去找啊？缺兵少将，他拿什么来攻打我们？"

首相和司令正在争论，"啸——"的一声长鸣，黑白两只雄鹰相继飞回，仍落在王子的肩上。从两只雄鹰的表情来看，它们俩有急事要告诉王子。

爱数王子用鸟语和它们俩进行了交流。王子对大家说："雄鹰发现了鬼算国王父子的下落，但是无法说清这父子俩现在的位置。"

众官员着急地说："这可怎么办哪？"

数学小子杜鲁克　　李毓佩
数学科普文集

忽然，黑色雄鹰腾空而起，用巨大的双爪抓住杜鲁克，"啸——"的一声叫，把杜鲁克抓到了空中，在大家的头顶上转了一个圈儿，然后猛然飞出王宫，直奔万里晴空。白色雄鹰紧跟其后，也飞了出去。

杜鲁克被黑色雄鹰突如其来的动作吓呆了，等他明白过来的时候，已经到了半空。杜鲁克手脚乱蹬："救命啊！我会摔死的！"

杜鲁克的叫声渐行渐远，不一会儿就听不到了。

王宫里的官员炸窝了："怎么办，参谋长被抓走了！""这两只雄鹰怎么了？""快想办法救参谋长啊！"

狮虎纵队

黑色雄鹰抓住杜鲁克向远处飞去，越过平原，跨过高山，也不知飞了多远的路，后来在一片草原处落下了，停在一棵柳树上。

杜鲁克抱着大树定了定神，然后往下一看，大吃一惊，下面全是凶猛的野兽，有老虎、狮子、金钱豹和大灰狼，而更奇怪的是，鬼算国王行走在它们之中，安然无事！

突然，鬼算国王发出一声呼哨，全体野兽霎时间鸦雀无声，都乖乖地站在原地不动。然后，鬼算国王一边做手势，一边从嘴里发出一种特殊的声音——他在给野兽们排列队形。

真神啦！杜鲁克有点不敢相信自己的眼睛。

鬼算国王挑出来4只老虎、4只狮子、4只金钱豹、4只大灰狼。鬼算国王先是横着排，第一排是4只老虎，第二排是4只狮子，第三排是4只金钱豹，最后一排是4只大灰狼。排好以后，鬼算国王抬头问："儿呀，你看这样排怎么样？"

"好是好，就是显得力量不太平均。第一排全是大老虎，最后一排全是大灰狼，这大灰狼怎么和老虎相比呀？"原来鬼算王子在另一棵树上，看来鬼算王子有些害怕这些猛兽。

鬼算国王点点头表示同意："最好的排法是，任何一行和任何一列都由老虎、狮子、金钱豹和大灰狼组成。上阵前我再饿它们十天，你看厉害不厉害？"

鬼算王子说："这样排当然好，可是怎样才能排出这样的队列呢？"

"这个——"鬼算国王低头琢磨了一阵，然后又抬头想。鬼算国王这一抬头，正好看到了柳树上的杜鲁克。

鬼算国王一指杜鲁克，大叫："不好，有奸细！"听到他这一声喊，所有的猛兽一下子把柳树团团围住。狮子吼，老虎叫，金钱豹向上蹿，大灰狼往上跳，情况十分危急。杜鲁克吓得死死抱住树干，一动也不敢动。

这四种猛兽中，金钱豹是会爬树的。两只金钱豹，一前一后朝树上爬来，"噌噌"几下就接近了杜鲁克。杜鲁克大叫："救命啊！"说时迟那时快，黑色雄鹰抓起杜鲁克，"啸——"的一声长鸣，腾空而起，朝爱数王国方向飞去。

鬼算国王叫道："秃鹫分队立即起飞，拦截黑色雄鹰！不能让杜鲁克返回爱数王国！"

话音刚落，好几只黑色秃鹫呼啦啦飞来了，呈扇面状扑了上来。忽听又一声长鸣"啸——"，白色雄鹰赶了过来，向秃鹫发起了进攻。

白色雄鹰真是好样的，仅凭它一个就抵挡了一群秃鹫。白色雄鹰又撕，又咬，又抓，又挠，秃鹫的羽毛漫天飞舞，接着一个个败下阵来。

有白色雄鹰断后，黑色雄鹰顺利地飞回了爱数王国。黑色雄鹰飞进王宫，把杜鲁克轻轻地放在了爱数王子身边。

杜鲁克脚刚沾地，双腿一软，一屁股坐到地上。他抹了一把头上的汗，声音颤抖地说："吓死我啦！"

众官员忙问："参谋长，你去哪儿了？"

李毓佩
数学科普文集

"唉，别提了！"杜鲁克说，"黑色雄鹰找到了鬼算国王父子，它表达不出具体的位置，而事情紧急，可能是我人小，体重轻，它就把我抓了起来，飞到鬼算国王所在的地方。"

爱数王子急忙问："鬼算国王在干什么呢？"

"可了不得了！鬼算国王不知从哪儿弄来了很多猛兽，他想用 4 只老虎、4 只狮子、4 只金钱豹和 4 只大灰狼排出一个狮虎纵队打先锋，来进攻我们。"

"啊？"在场的官员听后都大惊失色。

七八首相说："早就听说鬼算国王养了不少猛兽，但是一直不知道他把这些猛兽放在了什么地方，养它们干什么。现在一切都清楚了，他是为了打仗！"

五八司令着急了："咱们和鬼算王国的士兵打仗，那是有经验的。可是从来没和猛兽打过仗，狮子老虎齐上阵，这仗可怎么打呀？"

大家低头不语，都没有主意，王宫里一片肃静。

"嘻嘻。"杜鲁克看大家严肃的模样，憋不住乐了。

爱数王子问："参谋长是不是有什么破敌的高招？"

杜鲁克笑着说："高招我没有，我有低招。"

"低招也行，你快说！"爱数王子十分着急。

杜鲁克摇晃着脑袋，慢条斯理地说："我以前在家里看电视——当然，你们可能不知道什么是电视。有一个叫《动物世界》的节目，可好玩了，我特别爱看……"

五八司令性子急："参谋长，你快说吧！"

"从电视里我知道老虎最爱吃野猪，狮子最爱吃小牛，金钱豹最爱吃小鹿，大灰狼最爱吃小羊。"

五八司令跺着脚："参谋长，你说的这些和打仗有什么关系？"

"你别着急呀！"杜鲁克说，"鬼算国王说啦，临上阵前他要把这些猛兽饿上十天。如果我们找来一些野猪、牛、鹿和羊，往阵前一撒，这些猛兽哪还有心思打仗啊？还不都追自己的美食去了。"

"对呀！"爱数王子高兴地从座位上跳了起来，紧紧抱住杜鲁克，"好主意！真不愧是我的参谋长啊！"

七八首相可高兴不起来，他说："也不知道鬼算国王什么时候来进攻？"

杜鲁克笑着说："你不用着急，鬼算国王连狮虎纵队的队形都还没排好，他怎么来进攻？"

爱数王子马上问："他想排一个什么样的队形？"

"嗬，鬼算国王的要求可高了。"杜鲁克解释，"他要排出一个 4×4 的方阵，要求任何一行和任何一列都由老虎、狮子、金钱豹和大灰狼组成。"

"他排出来了吗？"

"没有！"杜鲁克摇晃着脑袋说，"就他的数学水平，我看他一时半会儿排不出来。"

五八司令提了个建议："参谋长，你的数学水平够高，你能不能给排出来？"

"这个——"杜鲁克有点儿为难。

爱数王子在一旁说："参谋长，你就给排一下吧！你一定能排出来的。"

"好，我就试试。"杜鲁克画了一个 4×4 的方阵，先把 4 只老虎按对角线的方向填进去：

虎			
	虎		
		虎	
			虎

李毓佩
数学科普文集

再把4只狮子顺着这条对角线方向填进去：

虎	狮		
	虎	狮	
		虎	狮
狮			虎

接着再填豹：

虎	狮		豹
豹	虎	狮	
	豹	虎	狮
狮		豹	虎

最后填上狼：

虎	狮	狼	豹
豹	虎	狮	狼
狼	豹	虎	狮
狮	狼	豹	虎

填完以后，杜鲁克对大家说："你们检查一下，看看是不是每一行和每一列都由老虎、狮子、金钱豹和大灰狼组成？"

胖团长说："我来检查：横为行，纵为列，四行中每一行都有老虎、狮子、金钱豹和大灰狼；四列中每一列也都有老虎、狮子、金钱豹和大灰狼。合乎要求！"

好吃的来了

杜鲁克把狮虎纵队排列出来了，鬼算国王同样也排出来了。鬼算国王让猛兽按要求排好，看着这个独特的狮虎纵队，他高兴地哈哈大笑。

鬼算国王指着爱数王国的方向大声说："爱数王子啊爱数王子，我看你如何能阻挡住我的狮虎纵队！我要叫老虎咬你的头，狮子咬你的胸，金钱豹咬你的腰，大灰狼咬你的腿，看你往哪儿跑！"

说到兴奋处，他把手中的令旗一摇，命令："狮虎纵队打先锋，其他部队跟在后边，兵伐爱数王国！"

16只猛兽走在前头，不断发出令人恐怖的吼声。鬼算国王带着大部队跟在后面，队伍浩浩荡荡，好不威武。沿途的百姓哪里见过这个阵势，哪里见过这么多猛兽，吓得纷纷跑回了家，把大门紧紧关上。

此时最得意的当然是鬼算国王了，他骑着一匹黑马，怀着必胜的信心跟在狮虎纵队的后面，不断地吆喝着，催猛兽们快走。

鬼算国王的队伍终于来到了国境线，他抬头一看，爱数王国守城的大门紧闭，城上也不见士兵，四周静悄悄的。他有点纳闷：怎么边境重镇竟无人把守？而后一想：爱数王子前一次打了胜仗，肯定以为我元气大伤，不会很快来进攻。好吧，让你尝尝我狮虎纵队的厉害！想到这儿，他把手中的令旗一挥，下令："进攻！"

还没等狮虎纵队进攻，守城的大门呼啦一声打开了，许多野猪、小牛、梅花鹿和肥羊从城里跑了出来。这些饿了十天的猛兽个个饥肠辘辘，看见这么多美食，哪有不抓的道理？16只猛兽呼啦一声散开了，各自去抓捕自己喜欢吃的猎物。

鬼算国王一看就急了，手中的令旗不停地摇晃，大喊："我的宝贝们，你们回来，打了胜仗，回家有的是好吃的，给你们管够！"

饿了十天的猛兽看见好吃的，任他鬼算国王说什么也无动于衷。16

李毓佩
数学科普文集

只猛兽各自追逐猎物，霎时间跑得没了踪影。

这时只听城楼上鼓声大作，爱数王国的军队从城里杀了出来。由于鬼算王国的部队准备不足，再加上刚刚被打败过，士兵已经没了斗志，结果被爱数王国的部队杀得四散奔逃。鬼算国王在鬼算王子的掩护下，总算逃回了鬼算王国。

在鬼算王国的王宫里，鬼算国王低着头坐在王座上一言不发，众官员在他身边围成一圈儿看着他，王宫里鸦雀无声。

鬼算国王猛一抬头说："这么伟大的狮虎纵队，怎么就失败了呢？"这话既像问别人，又像问自己。

军机大臣鬼主意从一旁闪出来，说："狮虎纵队应该是强大无比的，关键是把它们饿了十天。而爱数王子又掌握了这个秘密，他放出野猪、肥羊等，这些饿极了的猛兽哪有不追的道理？"

鬼算国王问："依你看应该怎么办？"

"我们再组织第二个狮虎纵队，事先把它们喂得饱饱的，另外给每只猛兽都拴上一副铁链子，派专人牵着它们，以免它们乱跑。等到爱数王国的军队出来了，我们再放开铁链子，让它们冲锋陷阵！"

其他官员听了纷纷点头，都称赞这是一个好主意。外交大臣鬼算计补充说："我建议把狮虎纵队的队形也改一改，由正方形变成三角形，其中一个角冲着敌军，这样更有冲击力。我们组成一个虎队、一个狮队、一个豹队和一个狼队。由一个方队变成四个三角队，威力会大大加强。"

"好！"又是一阵叫好声。

鬼算国王利落地从王座上蹦了下来。他先拍拍鬼主意的左肩，又拍拍鬼算计的右肩："好主意呀！真是好主意！走，咱们这就演练队伍去！"

爱数王子这边也没敢闲着，他正在王宫里与众官员商量对策。王子还是坚持要了解鬼算国王的动态，要有准确的情报。可是派谁去刺探情报呢？

讨论了半天，大家都觉得还是杜鲁克去最合适。第一，他知道鬼算国王的猛兽园在什么地方；第二，杜鲁克脑子好用，发现问题能及时想出解决的方法。这次用猎物吸引猛兽四散跑开，就是杜鲁克出的绝招。上次是黑色雄鹰抓住他飞去的，当时杜鲁克很受罪，这次还得黑色雄鹰带他去，但是不能再像上次那样抓着了。

七八首相说："这个容易，咱们做一个笼子，参谋长坐在笼子里面，让黑色雄鹰抓着笼子飞到鬼算国王的猛兽园，这样既安全又舒服。"

"好，就这样办！"爱数王子拍了板。

杜鲁克自嘲地说："我乘热气球上过天，被大鹰抓着上过天，这次我再尝尝坐在笼子里上天是什么滋味。哈哈，只有我才有这份福气！"

笼子很快做好了。杜鲁克坐进笼子里，冲大家一抱拳："各位在此稍候，我去去就来！"

黑色雄鹰"啸——"地长鸣一声，抓住笼子腾空而起，白色雄鹰紧跟其后，一同飞走。

鬼算王国这边，鬼算国王带着众大臣正在猛兽园排列队形。他指挥说："先排虎队，领头的应该是虎王，后面是普通老虎。这些老虎都听虎王的，虎王干什么，它们就跟着干什么，非常听话。"

士兵按照鬼算国王的命令排列了虎队：

虎王

老虎　老虎

老虎　老虎　老虎

老虎　老虎　老虎　老虎

鬼算国王看着虎队连连点头："好、好！原来的狮虎纵队只有4只老虎，而且虎王的作用也发挥不出来。现在变成10只老虎，威力是以前的2.5倍！"

士兵们给每只老虎都戴上了一副铁锁链，铁锁链一头拴在老虎的脖子上，另一头有个大铁环，由一名士兵牵着。这样，10只老虎的后面就配备了10名牵铁锁链的士兵。

接着按照虎队的模式，士兵们又组成了狮队、豹队和狼队，每队都有10只猛兽，各配备10名牵铁锁链的士兵。

鬼算国王看着面貌一新的狮虎纵队，高兴地连连说好："好、好，这样狮虎纵队由一个队变成四个队，猛兽由16只变成40只，而且由虎王、狮王、豹王和狼王率领，我再把这些猛兽喂得饱饱的，让它们只想杀敌，别无牵挂，我们必胜无疑！我们试着走一下。听我的口令，齐步走！一二一……"

4个三角形队列，40只猛兽，40名牵猛兽的士兵，迈着整齐的步伐向前进，猛兽们吼声不断，士兵们杀声震天，这支队伍果然十分壮观。

突然，鬼算王子一指天空："父王，你看，空中有黑白两只雄鹰！"

"在哪里？"鬼算国王手搭凉棚，向空中瞭望。

"那只黑色雄鹰好像还抓着一只笼子。"

"笼子里还坐着一个人。"

"那人好像是杜鲁克！"

"没错，就是杜鲁克！"

"不好！杜鲁克又来刺探情报！"鬼算国王下达命令，"弓箭手，把那两只雄鹰给我射下来！"

一时间万箭齐发，直射黑白双鹰。

黑色雄鹰长鸣一声，抓住笼子向高处飞去，白色雄鹰扇动巨大的翅膀，掀起巨大的气流，把来箭纷纷扇了下去。

杜鲁克在笼子里说："情况已经探明，咱们回去吧！"雄鹰好像听懂了杜鲁克的话，一前一后朝爱数王国方向飞去。

四个吊死鬼

鬼算国王率领部队向爱数王国进发。这次是新组成的狮虎纵队打前锋，40只猛兽一路吼叫，威风凛凛。

来到了爱数王国的边境，鬼算国王刚想叫阵，城门呼啦一声大开，铁塔营长带领大刀连的士兵冲了出来，迎面遇到了老虎队。10只老虎在虎王的带领下，朝大刀连的士兵扑了上去。

铁塔营长一看老虎扑了上来，立刻下令："赶快撤！"大刀连的士兵掉头就往城里跑。

鬼算国王一看时机已到，把手中的令旗一摇："冲啊！"士兵们在狮虎纵队的带领下冲进了城。

大刀连在前面跑，狮虎纵队在后面紧追。由于老虎的脖子都拴有铁链子，而士兵紧紧拉住大铁环，老虎跑不快，所以一直没有追上。

大刀连跑进了一片树林，林子里的树木长得又粗又高，树干要两三个人手拉手才能抱过来。虎队、狮队、豹队和狼队紧跟着追了进来。

这时，黑白两只雄鹰同时飞来，黑色雄鹰直扑牵虎王铁锁链的士兵。这名士兵丝毫没有防备，看见雄鹰扑来，吓得忙扔掉手中的铁锁链，掉头就跑。黑色雄鹰乘机叼起大铁环，"啸——"的一声向空中飞去。

黑色雄鹰力量大得惊人，硬是把虎王提了起来。白色雄鹰也飞过来帮忙，两只雄鹰共同叼着铁锁链向上飞，这下子虎王可吃大亏了，随着脖子上的铁锁链被吊在了半空中，四条腿在空中乱蹬，不断怒号。

雄鹰把大铁环挂在一根粗壮的树杈上就飞走了。这下虎王可成了吊死鬼了，而虎队的其他九只老虎都来到树下，围住虎王又蹦又跳，想救下虎王，可惜虎王被吊得太高，够不着。

黑白雄鹰又把狮王、豹王和狼王都这样吊在了大树上。树上是四个威风丧尽的兽王，树下是几十只望着兽王嗷嗷乱叫的猛兽。

李毓佩
数学科普文集

这时，铁塔营长一声令下，原来逃跑的大刀连士兵又回过头来，向鬼算王国的部队发起猛攻。

突然，鼓声大作，锣声震耳，铜锤连杀了出来。他们有的拿着火把，有的敲着大鼓，有的敲着大锣，直奔这群野兽跑来。

野兽都怕火，听到锣声、鼓声，再看见这么多火把，也顾不上自己的兽王，四散逃命去了。

铁塔营长抡起手中的大刀就要砍死虎王，杜鲁克跑过来拼命拦住："杀不得！杀不得！"

"为什么？"铁塔营长的大刀停在了半空。

杜鲁克解释说："这些野兽都是珍贵的野生动物，它们被鬼算国王抓来打仗也是迫不得已，它们是无辜的。而且这些动物的数量越来越少，再不保护，就可能要灭绝了！"

铁塔营长放下手中的大刀，问："参谋长，你说应该怎么处置它们？"

"把它们放归山林，让它们去过自由自在的生活。"

"参谋长说得好！我完全同意！"爱数王子走了过来，他接过铁塔营长手中的大刀，一跃而起，"咔嚓"一声将拴在虎王脖子上的铁锁链砍断，虎王扑通一声摔在了地上。它趴在地上喘了几口气，站起来，回头看了爱数王子一眼，"嗷——"地吼了一声，飞快地逃走了。

爱数王子又连砍三刀，把拴在狮王、豹王和狼王脖子上的铁锁链也都砍断，放它们走了。

鬼算王国的士兵看到威力强大的狮虎纵队已经四散逃走，也就无心恋战，转身就跑。鬼算国王又一次大败而归。

铁塔营长刚想乘胜追击，爱数王子高喊："穷寇莫追，鸣锣收兵！"接着"当当当"的锣声响起，爱数王国的士兵都停止了追击。

鬼算国王在鬼算王子、鬼司令的保护下，狼狈逃回了王宫。

鬼算国王气急败坏地说："这都是什么人出的主意，硬是把四大兽王挂上了大树！"

军机大臣鬼主意摇摇头说："看来爱数王国真有高人！这主意绝不是一般人能想到的，此人不除，我们很难取得胜利！"

外交大臣鬼算计也说："我们屡战屡败，绝不是我们的士兵不勇敢，也绝不是鬼算国王的指挥不英明，实在是爱数王国的这位高人太高明了，我们总被他算计，总落入他的圈套啊！"

鬼算国王斩钉截铁地说："不用问，此人就是他们的参谋长杜鲁克！我和他打了不少交道，这个娃娃厉害得很。看来杜鲁克不除掉，我们永无胜利的可能！"

鬼司令领着众大臣齐声高呼："打倒杜鲁克！消灭杜鲁克！"

鬼算王子问："父王，我们还要进攻爱数王国吗？"

鬼算国王摇摇头说："不能再硬打了，要想点儿别的主意。"

鬼司令问："什么主意？"

"首先要把爱数王子和杜鲁克分开。这两个人，一个会打仗，一个数学特别好，他们俩在一起就能见招拆招，我的计划总能被他们俩识破。如果把他们俩拆开，爱数王国会威力大减，才有可能被打败！"说到这儿，鬼算国王忽然想起来，"你们去看看，我的老虎、狮子、金钱豹和大灰狼回来几只？"

一名士兵跑来报告："报告国王，老虎、狮子、金钱豹和大灰狼一只也没回来！"

"啊！"鬼算国王大叫一声，一屁股坐在了王座上，"这些爱兽是我多年培养和训练出来的，这下子都完了！此仇一定要报！"

突然，一名探子匆匆跑来："报！报告国王，大事不好啦！爱数王子亲率大军向我王宫杀来！"

"什么？"鬼算国王呆呆地坐在了王座上，嘴也歪了，眼也斜了，开始口吐白沫。

众官员看见国王这个鬼模样，都吓坏了，立刻乱作一团。此时鬼算王子站了出来，摆摆手，大声说："大家镇定！镇定！鬼司令立刻召集现有的部队准备抵抗，我和外交大臣鬼算计去和爱数王子谈判，拖住他们。军机大臣鬼主意，快扶国王到后宫休息。"

这时，鬼算国王忽然从王座上跳了下来，他说："既然鬼算王子去和爱数王子谈判，我就不用休息了。"原来，鬼算国王听说爱数王子领兵来攻打他，一时没了主意，刚才是成心装成那个鬼样子的。

鬼算王子和外交大臣各骑一匹快马，只带了少数几个卫兵去迎爱数王子的部队。他们正催马飞奔，忽然看见前面战旗飞舞，鼓声震天，只见爱数王子骑着一匹白马，旁边的杜鲁克骑着一匹黑马，两人领着部队迎面而来。

爱数王子看见鬼算王子带着外交大臣来了，命令部队停下。

鬼算王子冲爱数王子一抱拳："爱数王子领兵前来，目的何在？"

爱数王子回抱拳说："鬼算国王几次三番领兵攻打我们，我这次来就是想和鬼算国王做个了结，我们希望两国不再进行战争，而是和平相处。"

听了爱数王子的这番话，鬼算王子立刻下马："爱数王子的想法和我一样。我们两国都喜欢数学，如果我们把打仗的精力用于学习数学，那该多好！我想让贵国军队暂时停在这儿，爱数王子和我回到鬼算王宫具体商议一下，怎么样？"

爱数王子问："这里离鬼算王宫还有多远？"

"这个——"鬼算王子想了一下，"上次我从王宫到这里办事是骑马，速度是每小时 30 千米。办完事我马上坐车回王宫，车速是每小时 15 千米，一个来回共用了 1 小时。"说到这儿，鬼算王子忽然停住了。

爱数王子心里明白，这是鬼算王子在出题考自己。他微微一笑："看来我必须把这段距离算出来。由于骑马的速度是坐车速度的 2 倍，因此坐车用的时间就是骑马用的时间的 2 倍。"

鬼算王子点点头："是这么个关系。往下呢？"

"来回一共用了 1 小时，骑马所用的时间应该是 $1 \div (2+1) = \frac{1}{3}$（小时），而所走的路程是 $30 \times \frac{1}{3} = 10$（千米）。"爱数王子算完，问道，"从这儿到鬼算王宫是 10 千米，对不对？"

"对，对。"鬼算王子上马，"爱数王子，请！"

杜鲁克在一旁说："我也去，鬼算王子不会反对吧？"

鬼算王子忙说："不反对、不反对。欢迎参谋长同去！"

协议停战

鬼算王子带着爱数王子和杜鲁克来到了鬼算王宫。他们一进大厅就看见鬼算国王坐在王座上，嘴歪眼斜，口吐白沫，嘴里不知嘟囔着什么。

爱数王子忙问："鬼算国王这是怎么了？"

"唉！"鬼算王子先叹了一口气，"我父王几次兵败，思虑过多，现在正在犯病。王子，你也看见了，我父王的病恐怕一时半会儿也好不了。"

爱数王子说："既然有病就要及时治疗，安心休养。"

"我本来就没有侵占贵国领土的想法，父王这一病，更没人这样想了。"鬼算王子的态度还挺诚恳，"我把爱数王子请来王宫，一是来看看我父王得病是真，二是想和爱数王子签订停战协议，两国互不出兵，和平相处。"

爱数王子高兴地说："这正合我意，我们现在就签。"

"不忙。"外交大臣鬼算计站出来说，"按照我们国家的规矩，要签停战协议，就要先给弓神、箭神、枪神、刀神，以及战神献花，得到他们的同意才行。"

"每位神仙献上一枝花?"

"那可不行!给每位神仙献多少枝花,在我们这儿是有严格规定的。"

"怎么个献法?"

鬼算计一本正经地说:"花的总枝数是固定的,其中的 $\frac{1}{3}$ 献给弓神, $\frac{1}{5}$ 献给箭神, $\frac{1}{6}$ 献给枪神,还有 $\frac{1}{4}$ 献给刀神,把最后剩下的6枝花献给最伟大的战神。"

爱数王子问:"这一共要多少枝花?"

"这个——"鬼算计摇摇头说,"具体有多少枝,我也不知道。"

爱数王子知道这又是在考他,他刚想解答,一旁的杜鲁克说话了:"这么简单的问题就不劳爱数王子了,我来告诉你。"

杜鲁克指着鬼算计说:"为了让你听清楚,我说得详细点。假设所有的花放在一起算整体1,献给弓神、箭神、枪神、刀神的花分别占总数的 $\frac{1}{3}$、$\frac{1}{5}$、$\frac{1}{6}$、$\frac{1}{4}$。最后剩下6枝花,这6枝花占总数的多少呢?$1-\frac{1}{3}-\frac{1}{5}-\frac{1}{6}-\frac{1}{4}=\frac{1}{20}$。求总数就是通过已知部分求全体,应该做除法:$6\div\frac{1}{20}=120$(枝)。献给弓神40枝,箭神24枝,枪神20枝,刀神30枝。"

"唉,不对呀!怎么献给最伟大的战神的花最少啊?才6枝?我看哪,就冲你们对战神这样不恭敬,仗还是要打呀!"杜鲁克早就看出来鬼算王子和鬼算计玩的这一出,还有鬼算国王的病都是假的。

鬼算王子怕戏演砸了,赶紧出来打圆场:"外交大臣记的数字可能有错误,这一次我们就不献花了。"

杜鲁克又甩出一句闲话:"不给这么多神仙献花,那不更要打仗了吗?"

"不打！不打！"鬼算王子赶紧把话岔开，"我们赶紧签停战协议吧！"

爱数王子和鬼算王子在停战协议上签了字。签好后，爱数王子带着杜鲁克，领着士兵返回爱数王国。

爱数王子刚刚离开，鬼算国王猛地从座位上跳了起来，他首先哈哈大笑两声，接着又跳了一段"魔鬼舞"，最后喘了一口气说："好了，戏演成了！只要爱数王国退兵，不再进攻咱们，就给了咱们喘息的机会。君子报仇，十年不晚。看我怎么收拾爱数王子和那个杜鲁克！"

众官员齐呼："鬼算国王英明！鬼算国王万岁！"

爱数王子领着大部队返回国内，杜鲁克问："今天鬼算国王、鬼算王子显然是在演戏，你怎么就同意和他们签停战协议呢？这不是上他们的当了吗？"

爱数王子微微一笑："你以为我没看出他们在演戏？鬼算国王老奸巨猾，为了占领我们的国土，他什么花招都使得出来。他和我们交手连吃了几次败仗，但据我了解，他的军队的实力还在。现在我们进攻他，如果把他逼急了，他会和咱们拼命。如果和一支不要命的队伍打仗，损失会十分惨重！"

杜鲁克点点头说："那还是先别打了。"

"鬼算国王不会甘心失败的，更大的较量还在后面。"爱数王子把军队全部撤回国内。

3. 猫人部落

神奇的部落

鬼算国王坐在龙椅上，不停地唉声叹气："唉！真……真气死我了，一个小小的杜鲁克，一名小学生，我硬是斗不过他！此仇不报，誓不为人！"

鬼算王子在一旁劝说："父王不要生气，一切要从长计议。"

鬼算国王瞪着一双通红的大眼睛，直逼鬼算王子："你有什么好主意？"

"我们的军队接连吃了几场败仗，已经失去了战斗能力，当务之急是寻找新的战斗力。"

鬼算国王摇着头，说："我连续几次征兵，从十几岁的娃娃到六七十岁的老头，都征来当兵了，国内哪儿还有兵源啊！"

"父王，请伏耳过来。"鬼算王子趴在鬼算国王的耳朵上，小声说，"我的心腹鬼机灵最近打听到一个振奋人心的消息。"

"哦？你说说看。"

"在野猫山上住着一个叫'猫人部落'的神秘部落。他们非常崇拜野猫，平时人人都打扮成野猫的模样，山上修建有'野猫庙'，庙里供奉着木制的野猫像。他们全都习武，个个敏捷如猫，蹿房越脊，上树爬坡，如履平地。他们又派人学习过中国武术、日本柔道、美国拳击和巴西柔术，个个武艺超群，打仗不要命。"

"啊！"鬼算国王大叫一声，"噌"的一下从龙椅上腾空而起，"这正是我梦寐以求的战斗部队！快把鬼机灵给我叫来！"

鬼算国王一声令下，鬼机灵一溜小跑进了王宫："报——鬼机灵到！"

鬼算国王问："把猫人部落的有关情报，快快说来！"

"是！猫人部落住在野猫山，头领叫作喵四郎……"

"等等。"鬼算国王问，"为什么叫喵四郎？"

"在猫人部落中，头领喵四郎有无限的权威，只要他'喵喵喵喵'连叫四声，事情就算决定了，任何人都不得更改。"

"野猫山离这儿有多远？"

"具体有多远，我还真说不好，不过——"鬼机灵想了一下，"我和猫人部落的三脚猫是好朋友，前些日子他约我去野猫山找他玩，他约定了会面的时间。我去的时候，由于不认识路，每小时只走 7 千米，结果比约定时间晚到了 1 小时；回来时就快了，每小时走 9 千米，比约定时间快了 5 小时。"

"停！"鬼算国王一举手，"有了这些数据，就可以把距离算出来。王子，你来算！"

"啊！"鬼算王子听说让他来算，吓了一跳，"我……我……我大概算不出来。"

鬼算国王眼睛一瞪："算不出来也要算！"

"是！"鬼算王子知道父亲让做的事，一定要做。可是从哪儿着手解呢？他搓着手在原地转圈，没转几圈头上的汗就下来了。

"哼，连这么简单的问题都做不出来！用方程解呀！"

鬼算王子赶紧趴在地上边说边写："用方程解题，求什么就设什么为x。设从这儿到野猫山的距离为x千米。先求去野猫山所用的时间，时间＝距离÷速度，应该是（$x÷7$）小时；回来所用的时间（$x÷9$）小时，往下该列方程了……"王子说话的声音越来越小。

鬼算国王催促："你倒是快列方程啊！"

"我……我不会列呀！"

"我跟你说过多少遍，方程就是含有未知数的等式。你首先要找到两个相等的量出来。"

鬼算王子伸出右手，在自己的脑门儿上"啪啪啪"狠狠地拍了三下："我想起来了，鬼机灵和三脚猫约好的时间是固定不变的。可以用两种形式来表示这个时间：鬼机灵去的时间是（$x÷7$）小时，比约定的时间晚了1小时，约定时间就是（$x÷7-1$）小时；鬼机灵回来的时间是（$x÷9$）小时，比约定的时间早了5小时，约定时间就是（$x÷9+5$）小时，由于约定的时间是一个，所以是$x÷7-1＝x÷9+5$。"

鬼算国王点点头："嗯，往下呢？"

"我先把除法变成分数，$x÷7＝\dfrac{x}{7}$，$x÷9＝\dfrac{x}{9}$。方程就可以写成：

$$\frac{x}{7}-1=\frac{x}{9}+5,$$

$$\frac{x}{7}-\frac{x}{9}=5+1,$$

$$\frac{2x}{63}=6,$$

$$x=63×6÷2,$$

$$x=189。$$

算出来了，从这儿到野猫山的距离为189千米。"

"好！"鬼算国王给儿子叫了一声好，回头又问鬼机灵，"猫人部落的人喜欢什么？"

　　　　　　　　　　　　　数学小子杜鲁克　李毓佩
数学科普文集

"报告国王，他们就喜欢老鼠。"

"对的嘛！猫就喜欢吃老鼠。我要带一份贵重的礼物，亲自到野猫山拜访他们的头领喵四郎，请他带着他的精兵强将，攻打爱数王国。有这么一支由猫人组成的、世界上独一无二的战斗队伍，必能报我上次战败之仇！哈哈！"鬼算国王仰天大笑。

拜访喵四郎

一大早，鬼算国王就带领队伍出发了。他骑着一匹黑色的大马，穿着国王的华丽盛装，腰里挂着鬼头大刀，神气地走在队伍的最前面。鬼机灵作为带路的，骑着一匹白马紧跟在后面。再后面是鬼算王子，他骑着一匹花点马。

鬼司令带着 100 名御林军，骑着清一色的枣红马，跟在后面护卫。最后面是车队，拉着送给喵四郎的大批礼物。整个队伍浩浩荡荡，直奔野猫山开去。

早行夜宿，189 千米的路程很快就走完了，前面出现了一座高山。山高林密，地形十分险要。

鬼机灵对鬼算国王说："前面就是野猫山，我先去和喵四郎通报一下。"说完催马上了山。

过了一会儿，只听山上"咚咚咚"三声鼓声，呼啦啦从山上下来一支人马。每人都是猫的打扮，头上装了一对竖起来的猫耳朵，嘴画成三瓣嘴，嘴上有猫胡子。走路是猫步，嘴里不断发出"喵喵"的猫叫声。

"呀！一群猫人，神奇极了！"鬼算国王拍手叫好。

从猫人中走出一个身材高大的猫人，他冲鬼算国王抱拳："鬼算国王远道而来，喵四郎未曾远迎，还请原谅！"

鬼算国王赶紧下马，抱拳："久闻喵四郎大名，今日特来拜访。"

"请！"喵四郎把鬼算国王请进了猫王宫，分宾主坐定。

鬼算国王向外面一招手，说："把礼物抬进来！"鬼算王国的士兵抬进来几个大小不等的箱子。

鬼算国王指着箱子说："有几件礼物送给大王，不成敬意，望大王笑纳。"

喵四郎走下王座，想打开箱子，看看里面是什么礼物。

"慢！"鬼算国王一举手，拦住了喵四郎，"礼物没有什么特殊的，有趣的是，每个箱子里的礼物都有一道谜题。大王必须答对谜题，才能把礼物送给你。"

"哈哈！"喵四郎笑着点点头，"好、好，你没听说过一句谚语吗？'好奇害死猫'，猫对一切新鲜事物都感兴趣，为了探究秘密，死都不怕。你出谜题，我猜答案，这正合我意。"

鬼算国王一挥手："把第一组礼物抬上来！"4名士兵各抱着一个盒子走了上来，盒子的形状和大小都一样，只是4个盒子上写的字不一样。盒1上写着"白"，盒2上写着"绿或白"，盒3上写着"绿或红"，盒4上写着"黑或红或绿"。

鬼算国王指着盒子，说："这四个盒子里各装了一块颜色分别为白、绿、红、黑，价值连城的宝石。已知盒子上写的颜色和盒子里宝石的实际颜色没有一个是对的，请大王猜出每个盒子里所装的宝石各是什么颜色。"

"喵——"喵四郎先学了一声猫叫，然后往双手上吐口水，接着用口水洗脸。

鬼算国王不明白这是什么意思，忙问鬼机灵："喵四郎这是干什么？用口水洗脸，多脏啊！"

"这是猫洗脸呀！洗完脸，就来精神了！"

"喵——"喵四郎又学了一声猫叫，然后走近4个盒子，用鼻子仔细地闻了闻每个盒子。

"这又是干什么？"

"闻味呀！猫的嗅觉非常灵敏。"

鬼算国王一撇嘴，鼻子里发出"哼哼"轻蔑的冷笑："颜色也能闻出来？"

喵四郎突然"噌"的一下跳回到座椅上，手指着盒子说："盒1里的是绿色的宝石，盒2里的是红色的宝石，盒3里的是黑色的宝石，盒4里的是白色的宝石。"说完了又"喵喵喵喵"连叫四声，用手一指盒子，说了声，"打开看看。"

话声未落，忽的从后面窜出一个打扮成灰猫的人，他迅速打开4个盒子："报告大王，您猜的全部正确。"

"咦，真怪了！"鬼算国王摇摇头，"他真能闻出颜色来？"

"不可能！"鬼算王子不相信会有此事，便转头问鬼机灵，"这是怎么回事？"

"我来问问灰丑丑。"

"谁是灰丑丑？"

"就是那个打扮成灰猫的人。他是猫人部落中，仅次于喵四郎、数学最好、最聪明的猫人，也是猫人部落中喵四郎最喜欢的猫人。"

鬼机灵问灰丑丑："丑丑，喵四郎真是闻出来的？"

灰丑丑嘿嘿一笑："哪里的事！你们是出了一道简单的逻辑推理问题，这么简单的问题是难不倒我们大王的。我来给你讲讲推理过程。"

"好！"鬼算国王拍手欢迎。

"因为盒4上写的'黑或红或绿'都不对，盒4的宝石只能是白色的；盒3上写着'绿或红'不对，又不能是白色的，盒3的宝石只能是黑色的；盒2上写着'绿或白'不对，又不能是黑色的，只能是红色的；最后只剩下绿色了，盒1里的宝石必然是绿色的了。"

灰丑丑一口气把推理的过程都说了出来。

鬼算国王连续鼓掌，说道："好、好！猫人部落的数学水平，果然很高。把第二件礼物拉上来。"

千里追风赤兔马

一名士兵拉着一匹高头大马走了进来。大家一看这匹马十分了得，身高差不多有 2 米，全身通红，4 只白色的马蹄更显得漂亮。看见喵四郎，它立刻后腿支撑，前腿腾空站了起来，不停地嘶叫。

喵四郎见此宝马，急忙走下座椅，走到马的跟前，用手拍打马的脖子，高兴地说："宝马呀宝马，这就是三国里关云长——关老爷的坐骑'千里追风赤兔马'呀！"

喵四郎回头问鬼算国王："不知这匹马的速度是多少？"

鬼算国王笑眯眯地回答："具体的速度我倒是没测过，不过我有个小故事，讲给猫大王听听。前几天我家来了一位客人，我设宴招待，客人酒足饭饱后就回去了。"

鬼算国王停顿了一下，又接着说："那天客人是骑着一匹白马来的，客人所骑的白马也是一匹有名的快马，每小时可行 100 千米，一共走了 3 小时；回去时天色渐暗，为了天黑前能赶回家，他骑了我的红马走的，结果只用了 2 小时就到家了。"

灰丑丑在一旁抢先回答："没问题。还是我先来算算。"他低着头嘴里念念有词，不用说这是在寻找解算方法，"路程、时间、速度的关系是：

$$路程＝速度×时间。$$

知道白马的速度是每小时 100 千米，所用时间是 3 小时，可求出所行的路程＝$100×3＝300$（千米）。"

李毓佩
数学科普文集

喵四郎点点头，"喵"地叫了一声，表示赞同。

灰丑丑见大王点头，更来劲儿了："把关系式变一变：

$$速度=路程÷时间$$
$$=300÷2$$
$$=150(千米/小时)。"$$

喵四郎"喵喵喵喵"连叫四声："1小时可行150千米，宝马呀，宝马！"

鬼算国王十分高兴："承蒙夸奖，一匹小马，不足挂齿。不过，我有一个问题，向大王请教。"

"请说！"

猫人部落的来历

鬼算国王问："贵部落为什么叫猫人部落？"

"说来话长。"喵四郎停顿了一下，"古埃及人在4000多年前，用尼罗河盛产的纸草，写了一本数学书叫《莱因特纸草书》。书中有这么一道题：有7座房子，每座房子里有7只猫，每只猫吃了7只老鼠，每只老鼠偷吃了7穗大麦，每穗大麦作为种子可以长出7斗大麦，请问这7只猫为农民保护了多少粮食？我想这么简单的问题，鬼算国王陛下很容易算出来吧？"

鬼算国王刚要算，鬼算王子从一旁闪出，冲喵四郎一抱拳："杀鸡何用宰牛刀！我来算。"他在地上写开了：

房子	猫	老鼠	大麦（穗）	大麦（斗）
7	7×7	7×7×7	7×7×7×7	7×7×7×7×7

"算出来了，这7只猫为农民保护了7×7×7×7×7斗粮食。"鬼算王子神气十足地向四周看了看。

灰丑丑在一旁说："具体是多少还没算出来呢！"

"连续做乘法就行了。"说完就算了起来：

$$7,$$
$$7 \times 7 = 49,$$
$$7 \times 7 \times 7 = 343,$$
$$7 \times 7 \times 7 \times 7 = 2401,$$
$$7 \times 7 \times 7 \times 7 \times 7 = 16807。$$

鬼算王子一指最后一个数，说："这些猫保护了 16807 斗粮食。"

喵四郎说："49 只猫就保护了 16807 斗粮食，你们说猫的功劳大不大？"

鬼算国王竖起大拇指："大、非常之大！"

"我们人类就应该向猫学习，向猫致敬！所以我们就成立猫人部落，人人都打扮成猫的样子，学猫上蹿下跳，左扑右咬，向害人的老鼠宣战！"喵四郎紧握拳头，咬紧牙关，恶狠狠地说，"我们见鼠必杀，我们吃鼠肉、穿鼠皮大衣、戴鼠皮帽子，我们发誓要把天下的老鼠全部消灭光！"

鬼算国王连连鼓掌，说："好、好，猫人部落果然了得。不过，经过你们这样抓捕，野猫山上还有老鼠吗？"

"这正是让我们猫人部落发愁的一件大事。由于我们大肆围剿老鼠，周围百公里以内，已经见不到老鼠的踪迹了。唉！再也吃不到美味的老鼠肉了。"喵四郎说到伤心处，眼泪都快下来了。

"哈哈！"鬼算国王说，"我们鬼算王国由于物产丰富，招来了大批老鼠，我们正为消灭老鼠而发愁，如果喵四郎能带领猫人部落到我国围剿老鼠，还怕没有老鼠吃吗？"

"有道理！"喵四郎高兴地点点头。

"我国的老鼠，由于有足够的粮食吃，个个膘肥体胖。我带来几只样

李毓佩
数学科普文集

品，请大王过目。抬上来！"鬼算国王一声令下，几名士兵抬上两只大笼子，一只大笼子里装的都是小白鼠，小白鼠通体雪白，煞是好看。

另一只大笼子里装的是清一色灰老鼠，个个肥嘟嘟，在笼子里上蹿下跳，十分凶猛。

看见两大笼子老鼠，喵四郎喜得合不拢嘴，下令："赶紧送厨房，红烧灰老鼠，清蒸小白鼠，请客人和我们一起享用！"

听说吃老鼠肉，鬼算王子差点吐出来。

喵四郎突然问道："国王陛下，您估算一下，贵国能有多少老鼠？"

"由于我国的老鼠太多，我曾经请一位大数学家来估算过。他先选出一块 1 平方千米的正方形，计算在这个正方形里有多少老鼠，然后再乘上我国的国土面积，就得出老鼠的总数。"

"究竟有多少呢？"

"他没有直接告诉我答案。他说，把 1～10000 的整数全部写出来，然后将所有写出来的数码相加，这些数码之和就是老鼠的数量。"

鬼算国王停了好一会儿，问："大王把这个和算出来了吗？"

喵四郎不好意思地说："我派了两个猫人在做加法，可惜，还没有算出来。"

鬼算国王摇摇头："真的一个个相加，可费劲了。还是要找找规律。"说完就写出来一行数字：

$$0, 1, 2, 3, \cdots, 9996, 9997, 9998, 9999。$$

"头和尾的两个数的数码两两相加：

$$0+9+9+9+9=4\times9=36,$$

$$1+9+9+9+8=0+9+9+9+(1+8)=4\times9=36,$$

$$2+9+9+9+7=0+9+9+9+(2+7)=4\times9=36。$$

······

一共可以凑成 5000 对，最后一对是 4999 和 5000，数码相加：

$$4+9+9+9+5+0+0+0=9+9+9+(4+5)=4 \times 9=36。$$

总和为 $5000 \times 36 = 180000$。这里还少了一个数，就是 10000，但是这个最大数的数码是 1、0、0、0、0，相加得 1。所以，老鼠总数为 180001 只。"鬼算国王一口气算了出来。

"180000 多只老鼠，太好了！"喵四郎高兴地跳了起来。

练兵场的比试

鬼算国王突然想起来什么："猫大王，早就听说贵部落的士兵个个骁勇善战，武艺非凡，能不能让我见识见识？"

"好啊！"听说鬼算国王要看看部落士兵的本领，喵四郎大嘴一撇，骄傲地说，"看完我的士兵操练，你才会觉得没白上野猫山一趟。走，跟我去练兵场！"

爬过一个山头，来到一片开阔地，这是猫人部落的练兵场。一群群猫人士兵在练习各种动作，有练拳的，有练刀的，有练飞镖的，有学猫练扑老鼠动作的，有练爬树的，个个精神抖擞，动作刚劲有力。

在练兵场的中心，竖着一根旗杆，一面大旗随风飘扬，旗上写着三个大字——虎之师。

鬼算国王指着大旗，问："你的部队应该叫'猫之师'才对，怎么旗上却写着'虎之师'呢？"

喵四郎听了鬼算国王的问题，哈哈大笑："国王首先要弄明白，这里的'师'字不是当'部队'讲，而是'老师'的意思，说明猫是老虎的老师。"

"啊？猫是老虎的老师？"鬼算国王摇摇头，"我可从来没听说过，请讲讲。"

"在过去，猫和老虎是好朋友。猫非常灵活，蹿房越脊，上树爬墙，无所不能，而老虎动作笨拙，什么都不行。有一天，老虎突然给猫跪下，要拜猫为师，学功夫。在老虎的再三要求下，猫答应做他的老师。"

"原来是这么回事，后来呢？"

"经过几年的学习，老虎觉得自己把猫的本领差不多都学到手了。忽然有一天，他对猫说，师傅，我跟你学了好几年了，本领我也都学到手了。我现在肚子特别饿，你让我把你吃了吧！说完老虎就扑了过去。"

鬼算国王瞪圆双眼："猫让老虎吃了？"

喵四郎得意地站了起来："猫身体往旁边一闪，'噌'的一声就蹿上了树，三下两下就爬到了树梢。老虎一看立刻傻了眼，他对猫说，师傅，你怎么没教我上树啊？猫说，我要是把什么本领都教给你的话，你早就一口把我吃了，我也就没命啦！"

鬼算国王摇摇头："怎么还有比我更忘恩负义的呢？"

"我们猫人部落向猫学了一招，也就是对谁都要防上一手！"说到这儿，喵四郎眼珠突然一转，"我听说鬼司令带来了100名御林军，是鬼算国王的精锐部队。我也想拉出一支队伍，和鬼司令的御林军比试比试。不知国王意下如何？"

"好啊！"鬼算国王兴奋地跳了起来，"我这次来贵部落，一是来搬救兵，二是来向你们猫人学习武艺。通过比试就可以向你们学习了。咱们怎么比试？"

喵四郎略微想了一下："这样吧，请鬼司令先把你的100名御林军分成四部分，让第一部分加上4个人，第二部分减去4个人，第三部分士兵数乘上4，第四部分士兵数除以4，运算结果相同。"

鬼司令一听这道数学题，立刻傻眼了："这怎么算？"

"哼！"鬼算国王狠狠地瞪了鬼司令一眼，"平时不努力，用时就傻眼！"

鬼司令赶紧求鬼算国王："国王，请您提示我一下，以后我一定好好学习数学。"

"由于4部分士兵经过4种不同的运算，结果相同，可以先设这个结果为a，这样一来，这4部分士兵各是多少呢？"

"让我想想：让第一部分加上4个人，原来就是$(a-4)$人；第二部分减去4个人，原来就是$(a+4)$人；第三部分士兵数乘上4，原来就是$(a÷4)$人；第四部分士兵数除以4，原来就是$(a×4)$人。"

"你还真不笨，往下呢？"

"由于这四部分加起来正好等于100，所以有：

$$(a-4)+(a+4)+a÷4+a×4=100,$$

$$6a+\frac{a}{4}=100,$$

$$25a=400,$$

$$a=16。$$

这样一来，四部分士兵人数分别是：$16-4=12$，$16+4=20$，$16÷4=4$，$16×4=64$。"

鬼司令算出了答案，大嘴一咧，满脸堆笑，心里别提有多高兴了。

灰丑丑有点儿不放心："我来验算一下：第一部分加上4个人，就是$12+4=16$；第二部分减去4个人，就是$20-4=16$；第三部分士兵数乘上4，就是$4×4=16$；第四部分士兵数除以4，就是$64÷4=16$。没错！运算结果相同，都得16。"

鬼算国王问："分完了，往下怎么办？"

喵四郎答："我也派出相同数目的四部分猫兵，和你们比试。"

"怎样比？"

"4人组的比试爬树，12人组的比试摔跤，20人组的比试刀法，64人组比试排兵布阵。国王意下如何？"

"这四方面正是一名优秀战士所必备的本领，好！比试开始吧！"鬼

李毓佩
数学科普文集

算国王点点头。

喵四郎把令旗一举，命令道："第一组比试开始！"

双方阵营中，各走出 4 名士兵，一声呐喊，4 名猫兵手脚并用"噌噌噌"几下子，就爬上了树梢，再看鬼算王国的士兵刚刚抱住树干，正想往上爬呢！

"好！"鬼算国王大声叫好，"不愧是猫兵，上树如履平地。佩服！佩服！"

喵四郎脸上显得十分得意，把手中令旗一举："第二组比试摔跤，开始！"

鬼算国王的第一组比试输了，心想：第二组比试绝不能再输。他小声嘱咐鬼司令，一定要挑选 12 名摔跤高手出来比试。鬼司令连连点头，挑了 12 名膀大腰圆的士兵出阵。士兵刚刚站好，从猫兵队伍中蹿出 12 名又瘦又小的猫兵，一个个抓耳挠腮地向自己的对手冲去。

鬼算王国的士兵看到来了几只病猫，哈哈大笑："小病猫，哪里跑！"伸出两只蒲扇般的大手向猫兵抓去。

只见猫兵一哈腰，从鬼算王国士兵的胯下钻了过去，接着反身一跳，跳到了鬼算王国士兵的背上，然后把又尖又长的猫爪子，伸到鬼算王国士兵的腋下，用力地挠了起来。鬼算王国的士兵哪见过这个阵式，个个奇痒难忍，倒在地上，一边"嘻嘻嘻"不停地笑，一边不停地打滚，一边不停地喊"救命"。

鬼司令见状大吃一惊，担心鬼算王国的士兵受伤，赶紧高举双手，大声叫道："停！停！我们认输！"

见鬼司令认输，喵四郎令旗一挥，鸣锣收兵。

此时再看喵四郎的脸上正是春风得意，而鬼算国王的脸上一会儿发红，一会儿变绿，一会儿又变黑了，脸色不停地变幻着。

第三项该比试刀法了。一声怒吼，从鬼算王国的队伍中跳出 20 名彪形大汉，个个赤膊上身，手中都握有一把鬼头大刀，刀长超过 1 米，刀背又宽又厚。而从猫兵队伍中走出 20 名猫兵，每人手中拿着一把半米来长的小刀。

两边士兵刚要交手，鬼司令高举双手："慢着！"

喵四郎一脸不高兴，问："又怎么啦？"

鬼司令冲喵四郎一抱拳："猫大王，我方刀手拿的是又重又长的鬼头大刀，而贵方刀手拿的却是又薄又短的小刀片，这也太不成比例了，即使我们胜了，也脸上无光啊！请大王给他们换成大一点的刀。"

"什么？换大刀？"喵四郎捋了一下自己的猫胡子，"我们的敌人是老鼠，和老鼠作战，用这种刀片就足矣，根本就用不着什么鬼头大刀。对不起，我们不用。刀手们，准备——开始！"

喵四郎一声令下，双方刀手捉对厮杀，刀碰刀，叮当乱响。但是没响几下，就没有了声音，往地上一看，满地都是被削成几段的刀片。猫兵们已经扔掉了手中的刀片，高举双手，做投降状。

"唉！"喵四郎长叹了一口气，"刀不如人啊！认输！下面比试排兵布阵；排阵开始！"

喵四郎一声令下，64 名猫兵立刻排出一个 8×8 的方阵，每名猫兵手中都拿着一件特殊的武器。细看这件武器，后面有一根很长的把，前面是一个猫爪子，有一条绳和后面连接。猫兵一拉绳子，猫爪子就可以不断地伸开和握紧。

鬼算王国的士兵恍然大悟，刚才摔跤时猫兵摔跤手用猫爪子战胜了他们，一想起刚才被猫兵摔跤手挠腋下奇痒难忍的滋味，鬼算王国的士兵个个身上都痒得受不了。

这时突然"喵——"的一声，64 名猫兵拿着猫爪子直奔鬼算王国的士兵而来。鬼算王国的士兵还没来得及排好阵形，就被猫兵冲乱了。猫兵把猫爪子伸进鬼算王国士兵的腋下，拉动小绳，猫爪子就在腋下一伸

李毓佩
数学科普文集

一缩地挠着，把鬼算王国的士兵痒痒得满地打滚，有能站起来的士兵，也四散逃窜了。

喵四郎站起来哈哈大笑："没想到国王的士兵，如此怕挠痒痒。"

鬼算国王满脸羞愧："喵四郎的猫兵果然神奇，用这种特殊武器，采用这种特殊战术，轻而易举地战胜了我国精锐的御林军，佩服！佩服！"

兵发爱数王国

鬼算国王突然低下头，眼睛里挤出了几滴眼泪。

喵四郎忙问："国王，为何伤心落泪？"

"唉！一言难尽。我们鬼算王国和一个叫爱数王国的国家相邻，本来我们和平相处，相安无事。也不知为什么，他们的爱数王子突然开展了一场灭鼠运动，把他们国内的老鼠通通打死了。"

"呀，打死了多可惜！这要是捉起来送给我们吃该多好！"

"谁说不是。我亲口劝说过爱数王子，可惜他不听。他不但不听，反而派军队到我们鬼算王国，要把我们国内的老鼠也全部打死！"

听到这儿，喵四郎从座位上跳了起来，在空中做了一个空翻，问："他们怎么这么不讲理？"

鬼算国王又说："不知何时，他们的爱数王子找来一名小学生，叫作杜鲁克。这个杜鲁克来了以后，无事生非，总是挑衅我们。"

"挑衅就打他！"

"是啊！我也是这样想的。可是打了几仗，我们是每仗必败，打得我们连士兵都所剩无几了。"

听到这儿，喵四郎又从座位上跳了起来，在空中又做了一个空翻，问道："他们怎么这么厉害？"

"唉！小学生杜鲁克聪明过人，数学特别好，我总是算计不过他。想我堂堂一位以鬼算闻名于世的国王，硬是斗不过一名小学生，丢人啊！真丢人！"鬼算国王说着，又从眼睛里挤出了几滴眼泪。

"哇呀呀——气死我了！"喵四郎把嘴边的猫胡子吹起来老高，"咱们废话少说，我的猫儿们！"

下面的猫兵齐声答应："喵——"

"跟我兵伐爱数王国！出发！"

"喵——"又是一声答应。随后，猫兵排好队伍，向爱数王国进发。

鬼算国王看到喵四郎上了他的当，乐得直偷偷地擦眼泪。

话说两头，再说爱数王国。

这天，爱数王子和杜鲁克正在屋子里研究数学，忽然胖团长慌慌张张跑了进来，进门先抹了一把头上的汗水："报告爱数王子和杜鲁克参谋长，大事不好啦！要发生大地震啦！"

"什么？"爱数王子吃了一惊，"你是怎么知道的？"

胖团长又抹了一把头上的汗水："是黑色雄鹰飞来报告的，他说看见无数只老鼠向咱们爱数王国飞奔而来。"

"啊！"爱数王子大吃一惊，"既然有大地震，咱们就应该告诉民众，早做准备。"

"报告！"铁塔营长匆匆跑了进来，"大事不好了，白色雄鹰飞来说，猫人部落的部队一路'喵喵'叫着，正向我国边境扑来。"

"啊！"爱数王子听了又是一惊，"我们和猫人部落远日无怨，近日无仇，他们为何来攻击我们？"

"王子，猫人部落的先头部队已经到了我国的边关城下。我们要不要出兵迎战？"五八司令官帽子都没戴好，就跑来报告军情。

爱数王子一皱眉头："咱们先上城楼，观察观察再说。"说完一挥手，带领在场的官员直接上了城楼。

李毓佩
数学科普文集

众人从城楼上往下看，只见城下全是猫兵，很多猫兵举着像猫爪子一样的武器。他们一边高举手中的武器，一边"喵喵"地学猫叫。

五八司令官在一旁问爱数王子："要不要出兵迎战？"

爱数王子想了想，说："知己知彼才能百战百胜，我们必须知道来了多少猫兵，才好出兵迎战。"

"我去问问他们。"五八司令官急急忙忙跑了出去，冲着城下，大声问道，"下面的人听着，你们来了多少人，敢来攻打我们爱数王国？"

来了多少猫兵

喵四郎嘿嘿一阵冷笑："听说你爱数王国的人，个个都精通数学。我给你出一道题，你要是能算出来，自然就知道我带来多少猫兵。"

"说！"

"竖起耳朵好好听着：把 1，2，3，4，5，6，7，…，1997，1998 放在一起，组成一个很大的数，即

$$1234567891011121314\cdots1998。$$

这个大数有多少位，我就带来了多少猫兵。自己算算吧！"

"这个……"五八司令官听了这个问题，傻眼了。他回头一看，看见了杜鲁克，立刻高兴了。他笑着对杜鲁克说："参谋长，你说这道题应该怎样做？"

"这里的位数起着决定性作用，把这个大数是由多少个一位数、多少个两位数、多少个三位数和多少个四位数组成，分别算清楚，这个大数的总位数就好算了。"杜鲁克把计算方法告诉了他。

"明白！"五八司令官并不真傻，他边算边写：

"从 1 到 1998 共有 9 个一位数，90 个两位数，900 个三位数，999 个四位数。又由于两位数占 2 位，三位数占 3 位，四位数占 4 位，因此

总位数是：
$$1×9+2×90+3×900+4×999=6885。$$
哈哈，我算出来了，你一共带来 6885 名猫兵，对不对？"

"嗯？"喵四郎吃了一惊，"爱数王国的数学水平，果然名不虚传。虽然你们的数学不错，不知打仗怎么样？你们有胆量的话就派兵出来，咱们先比试比试。"

爱数王子一看，现在是兵临城下，不出兵也不行了，立刻将手中的令旗一举，大喝道："铁塔营长听令，我命你带领大刀连，出城迎敌！"

"唰——"铁塔营长迅速从腰里抽出了大刀："大刀连的弟兄们，还记得我教给你们的三句口诀吗？"

大刀连的士兵上身赤膊，头上捆着红布，高举大刀，齐声呼喊："削脑瓜！砍中段！剁脚丫儿！"喊完就高举大刀冲出了城门。

猫兵见大刀连的士兵，在铁塔营长带领下冲了出来，立刻向后撤退，空出一大块空地。等大刀连的士兵全部出来，猫兵"呼啦"一声，把大刀连的士兵团团围住。此时"喵喵"声四周响起，猫兵手拿特殊的武器——猫爪子，攻了上来。

铁塔营长大喝一声："削脑瓜！"大刀连动作整齐划一，"唰"的一声把大刀向猫兵的脖子砍去。猫兵们飞快地把脖子一缩，大刀贴着猫兵的头皮滑了过去。

铁塔营长又大喝一声："砍中段！"大刀翻过来朝猫兵的腰砍去，猫兵们不敢怠慢，个个来了个猫扑，从大刀上面翻了过去。

铁塔营长再大喝一声："剁脚丫儿！"大刀朝猫兵的脚狠狠扫去，猫兵们来了个后空翻，躲过了大刀。

铁塔营长一看，怎么这三招不灵了？一气之下，就连着呼喊："削脑瓜！砍中段！剁脚丫儿！"心想：我多用几次，看能不能砍着你们！谁想到，猫兵个个身轻如燕，又蹦又跳，如燕子点水，煞是好看，休想伤着他们分毫。

铁塔营长刚想缓口气，喵四郎大喝一声："给我狠狠地挠他们！"

"喵——"猫兵齐声答应，一齐用猫爪子挠大刀连士兵的腋下，一边挠一边笑嘻嘻地说："都脱成光膀子，省得我们给他们脱衣服了。挠呀挠，专挠痒痒肉，虽然不流血，痒痒真难受。"

大刀连的士兵哪儿经历过这种场面，谁受过这种挠法，一个个痒痒得笑声不断，呼爹喊妈，痒痒得东藏西躲，满地打滚。

爱数王子一看大事不好，赶紧下令："鸣锣收兵！"只听城楼上"当、当、当"三声锣响，大刀连的士兵，在铁塔营长带领下，飞快撤回城里，只听"咣当"一声，城门关闭。

爱数王子问铁塔营长："咱们损失大不大？"

"有10名大刀连的弟兄没回来，被猫兵俘虏了。"

爱数王子一跺脚，"唉"了一声，他转头问大家："谁知道猫兵用的是什么战术？"

胖团长回答："挠痒痒战术呗。"

五八司令官摇摇头："我打了快20年仗了，从没听说有什么挠痒痒战术。"

胖团长不服，反问："那，你说是什么战术？"

"这——"五八司令官也不知道是什么战术。

"喀、喀。"七八首相咳嗽两声，站了出来，说，"猫兵使用的武器叫猫爪子，是猫人部落一种独有的武器。通过用类似猫爪子的武器，专挠你腋下的痒痒肉，让你奇痒难忍，从而失去战斗力。"

胖团长双手一拍："怎么样？我说叫挠痒痒战术，你们还不信。"

爱数王子忙问："有什么破解的方法吗？"

七八首相摇摇头："我只知道有这种战术，至于如何破解它，我还真不知道。"大家都失望地摇摇头。

突然，七八首相从口袋里掏出一本书："不过，我这里有一本书，叫作《猫大全》，书中详细记载了猫的生活习惯、爱好和缺点。"

"好极了！"爱数王子一把将书抢到了手里，"我们之所以对猫人部落的挠痒痒战术束手无策，就是因为我们对猫人部落了解得太少。有了这本书，我们就可以找到破解他们的方法了。"

"对呀！"大家也恍然大悟。

五八司令官问："这可是一场智慧的较量，必须找一个头脑聪明、才华过人的人去破解他们。"

七八首相抢先推荐："除了咱们的杜鲁克参谋长，还有谁？"

"参谋长！""杜鲁克！""参谋长！""杜鲁克！"在场的人齐声呼喊。

爱数王子立刻把手中的书递给了杜鲁克："你推辞不了！"

杜鲁克一看这阵势，知道再说什么也没用了。他站起来向大家鞠了一躬："谢谢大家对我的信任，给我一天的时间，让我把这本书好好研究一下。"

好奇害死猫

杜鲁克拿着《猫大全》跑回宿舍，迫不及待打开书就看。看着看着，他突然从椅子上跳了起来，大叫声："好极了！"然后撒腿就跑，一边跑一边喊："我找到了！我找到了！"

大家听到杜鲁克的叫声，都围拢过来："你找到什么了？"

杜鲁克太激动，一时说不上话，他用手指着书上的一行字给大家看。大家定睛一看，只见书上写着："好奇害死猫。"

铁塔营长问："好奇害死猫？有什么用处？"

"既然猫有好奇的特性，我们就可以设下圈套，让猫兵往里钻。"杜鲁克又翻到另一页，"你们看，这里还写着'许多品种高贵的猫天生爱干净，他们有固定的厕所，不在厕所里，宁可憋死，也不随地大小便'。"

胖团长一抹自己的大脑袋："可是打仗的时候，到哪里去找固定的厕所呀？"

"对呀！"爱数王子也明白过来了，"我们利用猫的好奇心，把猫兵引到一个没有厕所的地方，然后把他们长时间围困在那里，由于无处大小便，活活把他们憋死在那儿。"

爱数王子让杜鲁克亲自来指挥这场"憋尿战役"。杜鲁克点头答应，带着铁塔营长急匆匆走了。

这时喵四郎带着猫兵，还在城外叫阵："爱数王子，怎么刚打一小仗就不敢出来啦？就变成胆小鬼了！"

"开门！出来！别当缩头乌龟！"

猫兵正在叫阵，突然一阵"咯吱"的声音，城门自己慢慢打开了。但是，半天不见有人出来。

喵四郎十分好奇，这是怎么回事？过了一会儿，从城门上扔下一个吱吱叫的东西，落地就跑，大家一看，是一只大老鼠。有那么多的猫兵，怎么会见老鼠不捉呢？怎么会让老鼠跑掉？一个猫兵眼尖手快，突然一个猫扑，就把老鼠扑在手里。

这时从城门上飘飘悠悠落下一张纸条，猫兵拾起来交给了喵四郎。喵四郎见纸条上写着：

> 我准备好了 $m \times n$ 只大老鼠，刚刚扔下去的就是样品，怎么样？够大，够肥吧？$\dfrac{m}{n}$ 是一个分数，如果分子加上1，这个分数就等于1；如果分母加上1，这个分数就等于 $\dfrac{8}{9}$，只要算对了有多少只大老鼠，就进城来拿吧！
>
> 爱数王子

喵四郎看完纸条，倒吸一口凉气："爱数王子会不会在耍什么阴谋诡计？可是这（$m×n$）只大老鼠挺诱人的。怎么办？好奇和冒险是我们猫人部落的特性，不冒险怎么会成功？"

喵四郎一回头看见了自己的心腹灰丑丑，便对他说："灰丑丑，你把这（$m×n$）只大老鼠有多少算出来，然后你带领（$m+n$）名猫兵进城，把（$m×n$）只大老鼠取出来！"

"是！"灰丑丑立刻开始计算 $m×n$ 是多少。怎么算呢？他边想边写：$\frac{m}{n}$ 是一个分数，如果分子加上 1，这个分数就等于 1。分子加上 1 就是 $m+1$，这个分数就等于 1 就是分子和分母相等，也就是 $m+1=n$。算到这儿，灰丑丑很得意，两手一拍，大叫一声："有了。"

灰丑丑接着算：

如果分母加上 1，就是 $n+1$，这个分数就等于 $\frac{8}{9}$，也就是 $\frac{m}{n+1}=\frac{8}{9}$。乘开就是 $9m=8n+8$。

由于 $n=m+1$，所以 $9m=8(m+1)+8$，
$$9m=8m+8+8,$$
$$m=16。$$

n 也算出来了，$n=m+1=16+1=17$。

这样一来，$m×n=16×17=272$，$m+n=16+17=33$。

"哈哈！我算出来了，有 272 只大老鼠，我可以带 33 名猫兵进城去取。"

喵四郎激动地说："有近 300 只大老鼠，值得去拿！灰丑丑，立刻带领 33 名猫兵进城去取！"

"是！"灰丑丑一马当先，带领猫兵小心翼翼地进了城。城里静悄悄的，一名爱数王国的士兵也没有。猫兵手里拿着猫爪子，一边小心地向前搜索有没有老鼠，一边防备着爱数王国的士兵冲出来。

突然，一名猫兵指着一口大缸，说："灰丑丑，快看，这里有一口大缸，里面有水。"猫兵们从野猫山一路赶来，连一口水都没来得及喝，个个都口渴得很，听说大缸里有水，都争先恐后跑过去。灰丑丑怕有诈，先派一名猫兵试了试，真的是水。于是，一大缸水，33 人喝，一会儿就喝光了。猫兵们个个抹着嘴叫喊着："水太少，没喝够！"

猫兵又往前走了一段，看到路边放着几口大锅，锅里装有红色的液体，发出阵阵果香。

一名猫兵好奇地问："这是什么？怎么有阵阵果香啊？"

另一名猫兵说："你不会尝尝！"

"对，尝尝。"这名猫兵像猫一样，把头伸进大锅里，用舌头舔食红色液体，突然他大叫，"好喝！是果汁，真好喝！"

他这么一叫，其他猫兵也跑到几口大锅前，同样用舌头舔食红色液体，边喝边叫好。不一会儿，几大锅的果汁，全让猫兵喝完了。猫兵继续往前搜索老鼠，他们又喝光了几桶绿色的菜汁，喝得猫兵个个肚子滚圆。

突然，灰丑丑打了一个寒战，想小便。他又打了个寒战，觉悟到自己上了敌人的当了：我们猫人严格遵守高贵猫的生活习惯，只能使用特定的厕所，不在厕所里，宁可憋死，也不随地大小便。现在是在爱数王国的境内，到哪里去找我们专用的厕所？

忽然，听得一声呐喊："灰丑丑，你们还不举手投降！难道真想让尿憋死？"灰丑丑回头一看，呼啦啦周围突然出现了许多爱数王国的士兵，个个手拿大刀。铁塔营长手拿一柄长把大砍刀，威风凛凛地站在一个高台上，用刀尖指着自己，向自己喊话。

"兄弟们，咱们上当了，赶紧向外冲！"灰丑丑说完带头向外冲。

这些猫兵喝了一肚子水、果汁和菜汁，不活动还好，一跑起来就不成了，立刻想上厕所。可是周围又没有为他们准备的厕所，没有厕所又不能小便，这可怎么办？这群猫兵憋得哭爹喊娘，有的憋得满地打滚，痛苦异常。

铁塔营长看时机已到，就大声喝道："猫兵听着，我们给你们修了专用的厕所，想上厕所的，放下手中的武器，双手高举过头顶，排成一排，在我的士兵引导下去上厕所！"

听了铁塔营长的话，猫兵乖乖地放下手中的猫爪子，高举双手，排成一排，龇牙咧嘴，在爱数王国的士兵带领下去了厕所。

谁更有智慧

爱数王子登上了城楼，对城下的喵四郎说："猫大王，你俘虏了我的10名士兵，我俘虏了你的33名士兵，外加你的重要首领灰丑丑。我愿意用他们换回我的士兵。"

喵四郎听说把灰丑丑还给他，立刻答应了。不一会儿，听到一阵鼓声，城门打开，灰丑丑带领33名猫兵走了出来。10名爱数王国的士兵也回到了城里。

喵四郎怒斥灰丑丑："你们为什么会被人家俘虏？"

灰丑丑答道："因为爱数王国里面没有咱们猫人专用的厕所，士兵们口渴，喝了许多饮料，没有地方小便，只好投降。"

喵四郎点点头："看来你们是中了杜鲁克的计了！灰丑丑，你赶紧带人在周围修几个专用厕所，让所有的猫兵都去小便，没有我的命令，不许喝爱数王国的饮料！"

"得令！"灰丑丑答应一声，赶紧去办。

喵四郎冲城楼上叫道："杜鲁克听着，我听许多人夸你，说你足智多谋，今日一见果然了得，我喜欢。咱俩干脆来一次斗智，你敢不敢？"

杜鲁克点点头："正合我意！你说说，咱俩怎么个斗智法？"

"你和我各摆一个阵，我带领猫兵闯你的阵；同时，你带士兵闯我的阵。谁先闯出了阵，谁就算赢！给 1 小时时间摆阵，1 小时后听三声炮响，开始攻阵！"

1 小时很快就过去了，忽听得"咚咚咚"三声炮响，喵四郎知道时间已到，只带了 9 名猫兵和灰丑丑，朝城门走去。

三脚猫慌忙站出来："大王，你只带这么几名猫兵去闯阵，是不是太少啦？"

喵四郎笑了笑："这次是斗智，斗的是智慧，不需要带多少兵。"他带领 10 名猫兵顺利地进了城。

前面出现了 4 扇小门，每扇门上都写着一个六位数，分别是：100100，100708，188280，100609。

小门前面有一个牌子，上面写着：

> 4 扇门中有 3 扇门里分别是水、火、风，只有一扇门里有 11 只大老鼠。有老鼠的门上写着 ABBCBD。其中相同的字母代表相同的数字，不同的字母代表不同的数字。已知这 6 个数字之和等于 16，A 是任何整数的约数，B 不是任何整数的约数，C 是质数，D 是合数。想进哪扇门，自选。

喵四郎嘿嘿一乐："那还用问？当然是吃老鼠。灰丑丑算一下，看看 ABBCBD 是哪扇门？"

"喵！"灰丑丑开始计算，"因为 1 是任何整数的约数，所以 $A=1$。因为只有 0 不是任何整数的约数，所以 $B=0$。又因为 6 个数字之和等于 16，所以 $A+B+B+C+B+D=16$，也就是 $1+0+0+C+0+D=16$。即 $C+D=15$。可是怎样算 C 和 D 呀？"

喵四郎提醒："2～9 这 8 个数字中，有哪 2 个数字相加等于 15？"

"啊，$7+8=15$，是 7 和 8！"

"还有！"

"6＋9＝15，也可能是 6 和 9 呀！这可怎么办？"灰丑丑又没了主意。

"再看看题目的条件。"

"题目还有，C 是质数，D 是合数。符合条件的 4 个数：6、7、8、9。其中只有 7 是质数，$C＝7$，D 只能是 8 了。我算出来了，$ABBCBD$ 是 100708。"灰丑丑欢呼着朝写着 100708 的门跑去。

另外 9 名猫兵怕分不到老鼠，也欢呼着朝写着 100708 的门跑去。

"排好队！"灰丑丑指挥 9 名猫兵排成一排，然后猛地拉开门，看到里面有 10 只大老鼠头朝外齐刷刷地排成一排。大老鼠看见门开了，立即"唰"的一声，全部转了 180°，屁股朝外。只听"砰"的一声，10 只大老鼠同时放了一个屁，此屁奇臭无比，灰丑丑和 9 名猫兵大叫一声，纷纷翻身倒地。

喵四郎见状大吃一惊："不好，中计啦！"说完就往城外跑，连蹿带蹦逃了出去。

杜鲁克也不追赶，对喵四郎说："该你排阵，我来攻了！"

"好！"喵四郎满口答应，可是转念一想，又提出一个要求，"你们必须先把灰丑丑和我的 9 名猫兵放出来。"

爱数王子痛快地答应："没问题，马上就放。"

喵四郎冲爱数王子一抱拳："谢谢了！"

过了一会儿，喵四郎指挥猫兵排出一个四四方方的正方形阵，然后对爱数王子大声说："我的奇阵已经摆好，请爱数王子下来攻阵。"

爱数王子答应："好，这就下去！"

爱数王子闯奇阵

爱数王子和杜鲁克两人，下了城楼去闯这个方阵。猫兵让出一条通道，当两人走进方阵后，猫兵立刻把通道封死。

爱数王子定睛一看，见前面、左面和右面各立着一个牌子，上面各画了5个圆，有的还有数字。

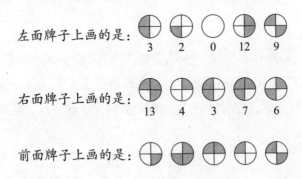

左面牌子上画的是：　⊕　⊕　○　⊕　⊕
　　　　　　　　　　 3　 2　 0　 12　 9

右面牌子上画的是：　⊕　⊕　⊕　⊕　⊕
　　　　　　　　　　13　 4　 3　 7　 6

前面牌子上画的是：　⊕　⊕　⊕　⊕　⊕

下面没有数字，却写着：你要根据左、右两面牌子上的规律，写出前面牌子上应该有的数字。写对了，你就可以顺利地走出这个方阵，否则，你俩将永远留在这个方阵中。

爱数王子"嘿嘿"一笑："看来咱俩可能会留在这里，陪喵四郎吃老鼠肉喽！"

杜鲁克一捏鼻子："我宁肯饿死，也不吃那玩意，我想起来就恶心！"

"可是喵四郎出的这个问题够难的，又是图，又是数字，应该从哪儿入手考虑呢？"

"为了不留下来陪他们吃老鼠肉，咱俩一定要把这个问题给解出来！"杜鲁克决心已定，说到做到。他眼睛盯住3个牌子，一句话也不说，积极思考。

杜鲁克看了很长时间，爱数王子在一旁催促："怎么样？看出点门道没有？"

"有门儿。"杜鲁克在地上边画边说，"你看，◯ 表示 0，⊕ 表示 2，⊕ 表示 4，这样 ⊕ 就应该表示 2＋4＝6。"

爱数王子点点头，"对，⊕ 就是表示 6，有门儿！接着算。"

"由于 ⊕ 表示 3，而 ⊕ 表示 2，3－2＝1，所以 ⊕ 表示 1。"

爱数王子抢着说："我明白了，⊕ 表示 9，⊕ 表示 1，所以 ⊕ 就是 9－1＝8，表示 8。"

"对极了，只要我们知道 ◯ ⊕ ⊕ ⊕ ⊕ 分别表示 0，1，2，4，8。我们就可以通过加加减减，得到前面牌子上 5 个圆圈表示哪 5 个数了。我把它写出来。"说着杜鲁克跑到前面的那个牌子前，在 5 个圆圈下面填上 5 个数：

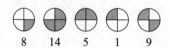

8　14　5　1　9

喵四郎点点头："杜鲁克果然不一般，这么复杂的问题也难不倒他，看来我要认真对付他了！不过，人家既然破解了咱们的方阵，就放他俩出阵吧！"

"慢！"灰丑丑站出来拦阻，"大王，不能就这样把他俩放了，你要知道放贼容易，擒贼难。他俩已经被咱们围在方阵里面了，这多不容易呀，怎能轻而易举地把他俩放了呢？"

"依你之见？"

"把他俩抓起来，然后和爱数王国谈判，责令他们交出更多的老鼠！"

喵四郎一拍灰丑丑的肩膀："好主意！"接着发布命令："组成方阵的猫兵们听令，立即发动进攻，把爱数王子和杜鲁克给我拿下，注意，要活的，不要死的！"

"喵！"猫兵们挥舞着手中的特殊兵器猫爪子，向爱数王子和杜鲁克

数学小子杜鲁克

李毓佩
数学科普文集

杀来。

爱数王子赶紧拔出自己的佩剑，杜鲁克也亮出大刀，和猫兵们打在了一起。

猫兵的猫爪子十分厉害，先上来一只猫爪子抓住杜鲁克的大刀死死不放开，让杜鲁克无法把手中的大刀抡动起来。接着几只猫爪子一起上，把杜鲁克的大刀抓得更紧，无法活动，他们再往一个方向共同使劲，大喝一声："拿过来吧！拿过来吧！"只听"噌"的一声，杜鲁克手中的大刀就飞了出去。

"啊！"杜鲁克大叫一声，赶紧往爱数王子身边靠。但是，爱数王子手中的宝剑也被几只猫爪子死死抓住，动弹不得。爱数王子用力抽宝剑，想摆脱这些猫爪子，奇怪的是你越用力往外抽宝剑，猫爪子抓得越紧。突然声喊："拿过来吧！"爱数王子手中的宝剑"噌"的一声，飞向了天空。

喵四郎哈哈一笑："怎么样，二位举手投降吧！"

爱数王子一点也不惊慌，他把右手的大拇指和食指捏成一个圆圈，放在口中"吱——"的一声，吹了一声很响的口哨。刹那间，就听到空中响起"啸——"的一声长鸣，一白一黑两只雄鹰从天而降，白鹰抓住爱数王子，黑鹰抓住杜鲁克，又是"啸——"的一声长鸣，平地而起把爱数王子和杜鲁克带上了天空。

喵四郎被突如其来的两只雄鹰惊呆了，愣愣地呆在那里。

灰丑丑在一旁说："猫王，爱数王子和杜鲁克飞上天了！"

"啊！"这时喵四郎才大梦初醒，指着天空大喊，"快用猫爪子把他俩钩下来！"

猫兵举着猫爪子用力向上跳，尽管猫兵能够跳得很高，可惜还是够不着雄鹰，眼看着两只雄鹰飞回了城里。

喵四郎恼羞成怒，双手伸向天空，大喊道："给我攻城！踏平爱数王国！"

猫兵们齐举猫爪子，叫喊着："杀呀！"向城门攻来，他们架起云梯，想攻上城墙。

胖团长负责守城，他命令士兵向城下放箭，用滚木礌石向下砸。一时，喊杀声、滚木礌石落地声和士兵受伤痛苦的叫喊声混成一片，场面非常惊心动魄。

忽然，就听城门"吱吱呀呀"一阵响，城门慢慢地打开了。

灰丑丑首先看见城门开了，便急忙对喵四郎说："大王，你看，城门开了，咱们攻进去不？"

"慢！"喵四郎一摆手，"杜鲁克诡计多端，他自己打开城门，会不会是阴谋？"

此时鬼算国王从后面赶了上来，他一看城门已开，喵四郎却犹犹豫豫，这么好的机会不抓紧，更待何时？

想到这儿，鬼算国王紧走几步，来到喵四郎跟前："猫大王，他们会有什么阴谋？只要咱们攻进城去，你也看到了，我们有猫爪子这种神秘武器，爱数王国的士兵根本不是咱们的对手，咱们一鼓作气就把爱数王国给攻占了！大王，机不可失，时不再来呀！"

喵四郎眼珠一转："既然这样，请鬼算国王和我一起攻进城去如何？"

鬼算国王倒吸一口凉气，心想：好厉害的喵四郎，他要找一个垫背的。看来，我要不进去，他肯定不进去。唉！舍不得孩子套不住狼。

"嘿嘿。"鬼算国王奸笑着对喵四郎说，"猫大王，我年老体衰，打起仗来，已经力不从心了。我看这样，让我的儿子鬼算王子陪你攻进城去，我在城外做个接应，你看如何？"

喵四郎低头想了一下："好吧，那就有劳鬼算王子了，请王子与我并行。"

鬼算国王心里明白，这是怕鬼算王子半路跑了。鬼算王子抽出大砍

数学小子杜鲁克　李毓佩
数学科普文集

刀，跟着喵四郎往城里冲。

进城之后，城里静悄悄的，看不到一名爱数王国的士兵。喵四郎自言自语着："嗯？难道是一座空城？不好，这里有诈！"他刚想下令撤兵，就听到"嗒嗒嗒"一阵清脆的马蹄声，一匹枣红色的马跑了过来，马背上驮着一块木板，上面写着：

猫大王阁下：

　　既然进了城，就别忙着出去。城里为你安排了许多好玩的游戏，如果你不享受一下，就太可惜了！请跟着马走。

爱数王子

俗话说，好奇害死猫。喵四郎听说里面有好玩的游戏，好奇心就控制不了啦！

尽管鬼算王子提醒他，不要上爱数王子的当，喵四郎还是带领猫兵，跟着枣红马走了。

走到一棵大树下，枣红马停下了。这时从大树上放下一块黑板，上面用大字写着：

猜数游戏，猜中有奖，奖品为 10 只大老鼠。

题目：这里写着 7 个数，10、11、12、13、14、15、16。每次任意擦去其中的两个数，再写上两个数的和减 1 后所得的数，比如擦去 11 和 15，由于 11＋15－1＝25，所以要写上 25。经过几次这样的操作，最后只剩下一个数，问这个数是几？算不出来，就看背面。

喵四郎低头琢磨这个问题，他想，这个问题最难思考的就是"任意擦去其中的两个数"，这随意性太强了。怎么解决呢？他回头看到了鬼算王子，便对鬼算王子说："我听说王子的数学非常好，王子帮忙算算这道题，算出来奖品分你一半，给你5只大老鼠！"

鬼算王子听到大老鼠，差点吐出来，连连摇头说："老鼠我是不要，咱俩一起来解这道题吧！每次少了两个数，再加上一个数，算起来，做一次操作，7个数就少了一个数。"

喵四郎点点头："是这么个理。这样，做6次操作就只剩下1个数了。"

"做6次操作，等于把7个数全加起来，然后再减去6个1。"说着鬼算王子在地上写出一个算式：

$$10+11+12+13+14+15+16=91,$$

$$91-6=85。$$

鬼算王子兴奋地一举拳头："我算出来了，最后剩下的数是85。"

鬼算王子刚刚说出答案，只听"哗啦"一声，从树上掉下10只活蹦乱跳的大老鼠，有一只恰好掉在鬼算王子的脖子上，把鬼算王子吓得大叫一声，撒腿就跑。

喵四郎手里接到一只大老鼠，看到鬼算王子的惨状，哈哈大笑起来。喵四郎一笑，引得众猫兵也跟着哈哈大笑起来，弄得鬼算王子十分尴尬。

老鼠俱乐部

喵四郎得到10只大老鼠的奖品，心里十分高兴。他对鬼算王子说："这10只大老鼠中有你一只，等我们将它们红烧了，再分给你吃。"

鬼算王子就怕提到吃老鼠之类的话，现在听到喵四郎这番话，赶紧用手捂住嘴，唯恐吐出来。

喵四郎说："咱们跟上那匹枣红马，看看它还会把咱们带到哪些更神奇的地方？"于是他带着大批的猫兵，迈着整齐的步伐，跟在枣红马后面继续往前走。

拐过 8 道弯，趟过 7 条河，前面出现一个大棚。大棚上面写着"老鼠俱乐部"。

喵四郎一看，精神一振："咱们快进去看看，瞧瞧老鼠在俱乐部里都干什么呀？"走近大门一看，大门紧闭，门口贴着告示：

喵四郎阁下：

　　这个老鼠俱乐部是专为阁下设计的，里面有老鼠打篮球、踢足球，有老鼠跳迪斯科，有老鼠跳高，花样翻新，十分好玩。你看完之后，俱乐部里的所有老鼠都归你了。

　　不过，进俱乐部的门有点费力。门上有 16 个按钮，必须按照按钮上的提示，把所有的按钮都按一遍，最后按"开"，才能打开门。要想顺利打开，关键是找到从哪个按钮开始按。

　　注意，千万别按错了，如果按错了顺序，就要受到处罚！

　　祝你成功！

爱数王子

喵四郎隔着门听到里面老鼠"吱吱呀呀"的欢叫声，点点头说："里面确实有老鼠。"

开	右2	左2	下2
下1	下2	右1	左2
右1	上2	上2	下1
上2	左1	上1	左1

喵四郎看着门上的图，直发愣，他问鬼算王子："这图上写的是什么意思？"

鬼算王子认真看了半天，才明白过来。他解释说："比如说你第一次按的钮是'右2'，第二次就应该往右数2个格，按'下2'。"

喵四郎听明白了，抢着说："按完'下2'，第三次就应该往下数2个格，按'下1'对不对？"

鬼算王子一竖大拇指："完全正确！"

"这么说，难就难在告示里说的，第一次应该按哪个钮？"喵四郎是完全明白了。

这时俱乐部里传出老鼠"吱吱"欢乐的叫声，喵四郎又进不去，在外面急得抓耳挠腮，嘴里不断地念叨着："里面这么热闹，可是进不去啊！这可怎么办？"

灰丑丑站出来："大王，不要着急。我来试试，我就不信找不到第一个按钮？"他快步走到告示前，首先按下"右2"，第二次按下"下2"，第三次按下"下1"，接着顺序按下"左1"→"上1"→"上2"→"左2"→"开"。

"哈！我按着'开'啦！"灰丑丑高兴地跳起来老高，可是等半天，门还是没开。

灰丑丑急了，双手用力拍门："怎么说话不算数呀？我都按到'开'了，为什么还不开门？"

突然从告示上面伸出一根木棒，照准灰丑丑的脑袋"砰"的就是一棒子，灰丑丑"哎呀"叫了一声，昏死过去。

喵四郎跳起来叫道："都按到'开'了，为什么门还不开，还用木棒打人？"

鬼算王子走过来说："咱们还没有达到他的要求。"

"什么要求？"

"咱们没有做到告示上写的：把所有的按钮都按一遍，最后按'开'，才能打开门。"

"啊！"喵四郎傻了。

鬼算王子轻蔑地笑了笑："如果按照灰丑丑的做法，我第一次就按第一行的'左2'，那么第二次就可以按'开'了，只需要2步就完成任务了，多省事！"

喵四郎听了鬼算王子的话，不住地点头，问道："鬼算王子有什么好主意？"

"只要一种方法，可以解开这个问题。"

"王子快说说。"

"使用'倒推法'。"鬼算王子指着大门上的图说，你从图上分析一下，从哪个格子出发，下一步就到了'开'？"

"我看看。"喵四郎边想边试，"我选第一列的'下1'试试，不行，下一步就应该是'右1'了。我知道了，应该选第一行的'左2'，下一步恰好是'开'，而且只能选'左2'，别的都不行。"

鬼算王子问："再往前一步应该是哪个格子？"

喵四郎想了一下："应该是'上2'，再往前一步就应该是'上1'，好啦，我倒推出来了。"他在地上写了出来：

开→左2→上2→上1→左1→下1→下2→右2→上2→右1→下1→上2→左1→下2→左2→右1。

喵四郎高兴地跳起来2米多高："我找到答案了，从'开'倒着往回推。推出来的结果是：应该从第二行第3个按钮'右1'开始按。"说完，他就按着顺序，一个接一个地按，当他按完"开"时，大门"哗啦"一声就打开了。

"我可以进'老鼠俱乐部'喽！"喵四郎第一个冲了进去，后面的猫兵一窝蜂似的拥了进去。

痒痒变烧烤

待喵四郎冲进大厅，立刻就傻眼了，偌大的俱乐部里连一只老鼠也没有。他心想，没有老鼠，哪儿来的老鼠叫声？他转头四处寻找，突然发现有两只大老鼠被绳子拴住，挂在屋顶上。

"呀、呀、呀，原来是你们两个该死的家伙在欺骗我！"喵四郎愤怒之极，飞身跃起，一手抓住一只大老鼠，把它俩一把拽了下来，"啪"的一声，狠狠地摔到了地上。

喵四郎怒气未消，大声命令道："给我点把火，把这个老鼠俱乐部烧了！"

猫兵们刚要动手，就听见外面喊声大作："喵四郎，你已经被包围了，赶紧投降吧！"

听到喊声，喵四郎犹如火上浇油，跳起来叫道："叫我投降？看来你们还没有尝够猫爪子的厉害！行！咱们再战上二百回合！"说完就带着猫兵，杀出了老鼠俱乐部。

喵四郎到外面一看，只见铁塔营长带着上百名士兵，把自己团团围住，奇怪的是这些士兵大热天，人人都穿着皮袄和皮裤。他把手一挥，喊了一声："上！"猫兵们高举猫爪子冲了上去。

铁塔营长举起手中的大刀，大喊一声："冲呀！"带着士兵迎了上来。大刀碰到猫爪子，"叮叮当当"的响声不断。双方你来我往，杀了个平手。

突然，喵四郎"喵喵喵喵"连叫四声："挠他们的腋下，挠他们的痒痒肉！"

"是！"猫兵知道这是喵四郎下的死命令，大家齐把猫爪子迅速伸进爱数王国士兵的腋下，嘴里喊着"痒痒，痒痒"。手里不断拉动猫爪子。按照以往的经验，拉动这么多下猫爪子了，爱数王国的士兵早应该痒痒

数学小子杜鲁克　李毓佩
数学科普文集

得满地打滚了。可是，今天士兵们根本就无动于衷，大刀却一刀紧似一刀地砍了过来，好几名猫兵已经中刀受伤。

喵四郎见状大惊失色，这是怎么回事？难道我的猫爪子不管用了？他再一看爱数王国士兵身上穿的皮袄和皮裤，突然明白了。隔着厚厚的皮袄和皮裤，猫爪子根本就挠不着士兵的痒痒肉。

喵四郎一看大事不好，又"喵喵喵喵"连叫四声，接着命令："撤回老鼠俱乐部！"猫兵火速撤回俱乐部，然后"咣当"一声，把大门关上。

"唉！"喵四郎坐在地上，深深地叹了一口气。灰丑丑走过来，说："大王，不要叹气。俗话说，兵来将挡，水来土掩。他们穿皮袄和皮裤，咱们就想办法破坏他们的皮袄和皮裤。"

听灰丑丑这么说，他肯定是有办法的。喵四郎来了精神，从地上一跃而起，忙问："你有什么好办法？"

灰丑丑趴在喵四郎的耳朵上，嘀嘀咕咕说了半天。喵四郎边听边点头，脸色由灰暗转为光亮，最后双手啪地一拍："就这么办了！"

灰丑丑指挥猫兵，把俱乐部的杂乱物品堆放在一起，用火点着，成了一个大火堆。由于猫兵用的猫爪子是用金属做的，不怕火烧。灰丑丑让猫兵把猫爪子的爪子部分，放在火上烧。不一会儿，爪子部分就烧得红红的。

灰丑丑突然打开大门，用手向外一指，大喊一声："冲啊！"猫兵们端着红红的猫爪子冲出了大门，见到爱数王国的士兵，就把烧红的猫爪子伸进士兵的腋下，立刻就冒起白烟，同时闻到一股烧焦的气味，再看爱数王国的士兵，个个腋下起火，烧得士兵赶忙脱下皮袄，嘴里还呜哇乱叫。

铁塔营长见状忙问："兄弟们，你们又痒痒得受不了啦？"

士兵们回答："营长，这次不痒痒了，变烧烤啦！"

说完，爱数王国的士兵"哗啦"一声，就败退下来。猫兵哪肯罢休，端着烧红的猫爪子在后面猛追，一直追到一条小河边。爱数王国士兵纷纷跳下河，猫兵才停止了追赶。

爱数王子听到败退的消息，倒吸了一口凉气："啊？喵四郎能出如此狠招，咱们更要多动脑筋才行。"说完转头问杜鲁克："你说呢？"

这时士兵来报，说喵四郎领着猫兵向王宫方向打来，嘴里还喊着："踏平王宫，活捉王子和杜鲁克。"

杜鲁克想了一下，说："喵四郎打了胜仗，肯定不会善罢甘休，咱们必须想办法打击他一下。"杜鲁克停了停，问："你说猫人部落无缘无故来攻打咱们，是什么原因？"

爱数王子回答："那还用问！肯定是鬼算国王捣的乱，他打不过咱们，就把善战好斗的猫人部落拉出来，和咱们斗。"

杜鲁克点点头："你说的一点也没错，肯定是鬼算国王捣的鬼。如果只打猫人部落不公平。"

"你说应该怎么办？"

杜鲁克小声对爱数王子说："咱们想办法，把猫人部落的攻击矛头引向鬼算王国，让他们自相残杀，互相攻击。"

爱数王子听了杜鲁克的一番话，"噌"的一下蹿起来老高，嘴里喊着："太好了，这主意太妙了，你快说说怎么做？"

"鬼算王国挨着咱们最近的地方是哪儿？"

"是野狼谷，鬼算国王在那里放养了大批野狼，目的就是对付咱们！"

"让喵四郎带着猫兵去野狼谷，让他们演出一场猫兵大战野狼！"

"好！可是如何把喵四郎引进野狼谷？"

"兵不厌诈。你忘了，猫人还有一个特点是……"

"好奇！好奇害死猫！"

"对极了！"两人各伸出右手，"啪"地对击了一下。

李毓佩
数学科普文集

猫兵大战野狼

喵四郎带领猫兵，一路寻找爱数王国的王宫，想活捉爱数王子和杜鲁克，好在鬼算国王面前显示猫人部落的厉害。但是，他对爱数王国的路不熟，东走走，西窜窜，也找不到王宫，走着走着就迷了路。

喵四郎走了一头汗，回头看看，猫兵也累得个个蔫头耷脑。喵四郎一举手："原地休息！"回头对灰丑丑说："你去探探路！"

"喵！"灰丑丑答应一声，转身跑了。

没过一会儿，灰丑丑又匆匆跑了回来："大王，我发现前面有一个岔路口，往左有一条路，往右还有一条路，不知应该走哪条路？"

"走，过去看看。"喵四郎跟着灰丑丑跑了过去。

果然看到了岔路口，喵四郎左看看，右看看，也拿不准走哪一条路。突然，从一棵大树上，飘飘悠悠落下一张纸条。喵四郎捡起来，看到上面有几行字：

现有10个茶杯都是杯口朝上地摆在桌子上，规定从最左边的茶杯开始，每次按顺序向右翻动其中9个茶杯，共循环翻动10次，能否把茶杯的底全部翻得朝上？如果你回答可以，你就走左边的那条路；如果你回答不可以，你就走右边的那条路。记住：走对了有老鼠吃，走错了被野狼咬。

灰丑丑摇摇头："连一个茶杯也没有，让咱们怎样翻呀？"

喵四郎瞪了灰丑丑一眼："没有茶杯，就不能靠想象吗？"

"没有茶杯，让我想象什么？"

"实际上，这是一个奇偶数问题。每次翻动9个茶杯，一共循环翻动了10次，总共翻动了 $9 \times 10 = 90$（次），每个茶杯都被翻动了9次。如果茶杯被翻动偶数次，杯口方向应该不变；如果茶杯被翻动奇数次，杯口方向与原来相反。这里每个茶杯都被翻动了 9 次，因此底全部朝上。"

"这么说，是可以办到的。咱们应该走左边那条路了，走！"灰丑丑带头走向左边的那条路。

路还挺长，走着走着，天就黑了，周围的物体看起来就模模糊糊了。再往前走了一阵子，天完全黑了，伸手不见五指。

突然前面出现了许多绿色的小灯，一闪一闪的。喵四郎"喵——"地叫了一声，示意大家停止前进。他小声对灰丑丑说："你到前面看看是怎么回事。"

"喵！"灰丑丑答应一声，撒腿就往前面跑去。

没过多一会儿，就听到："救命啊！"随着一声呼喊，灰丑丑飞快地跑了回来，许多绿色的小灯在后面紧紧追赶。猫兵们手拿猫爪子在喵四郎周围围成一圈，保护着喵四郎。

等绿色的小灯跑近，大家才看清楚，原来绿色的小灯是野狼的眼睛。

野狼群见到猫兵，"嗷——"的一声吼，扑了上来。猫兵挥动手中的猫爪子和野狼杀在了一起，一时猫叫、狼嚎十分热闹。

忽然，一只高大的野狼看准了灰丑丑，悄悄地绕到了他的背后，"嗷"的一声叫，就扑了上去。它两只前腿搭在灰丑丑的双肩上，只等灰丑丑一回头，一口咬住他的喉咙，让他立刻断气。

灰丑丑可不是一般人，不但武艺高强，还足智多谋。他感觉到野狼的前腿已经搭在自己肩上，便知道此时万万不可回头。他伸出双手，紧紧抓住野狼的前腿，猛地来了一个背口袋，把野狼狠狠地砸向一块大石头。只听"嗷"的一声惨叫，野狼四条腿蹬了蹬，就晕过去了。

另一只野狼直扑喵四郎。喵四郎大喊一声："来得好！"他一低头，让过野狼的前半身，然后用双手猛地抓住野狼的两条后腿，像掷链球一样，把野狼抡了起来，一圈、两圈、三圈……越抡越快，突然一撒手，

李毓佩
数学科普文集

野狼像火箭一样呼的一声就飞了出去。"砰"的一声，野狼的头撞在一棵大树上。

打了足有一顿饭的工夫，野狼死伤很多，猫兵也受伤不少。这时，只见一匹又高又壮的大灰狼，把嘴顶在地上，"嗷嗷——"连叫两声，声音非常低沉，在远处都响起了回音。

没过多久，就听见阵阵狼嚎声，只见无数绿色的小灯，向这里快速奔来。

喵四郎一见，大喊一声："不好！野狼群来了，快跑！"猫兵们丢下正在厮杀的野狼，扭头就跑。野狼群在后面紧追不舍。

灰丑丑回头看了看说："大王，咱们跑不过野狼，怎么办？"

喵四郎眼珠转了转，下令："爬树，都爬到树上去，野狼不会爬树！"

猫兵们爬树的身手十分敏捷，"噌噌噌"地就爬到了树顶。狼群围着大树又挠又啃，可是爬不上去啊！

现在变成了，树上喵喵叫，树下嗷嗷吼，树上的不敢下来，树下的上不去，双方相持不下。

回头再说说鬼算国王，他听说喵四郎领着猫兵，已经攻进了爱数王国的腹地，正朝着爱数王国的王宫前进，就像喝了蜜糖水，心里别提有多舒服了。他坐在龙椅上，和鬼算王子谈笑风生，就等喵四郎攻占王宫的胜利消息。

突然，鬼机灵慌慌张张地跑了进来："报告国王，大事不好了！"

鬼算国王站起来问："何事如此惊慌？"

"不知为什么，喵四郎领着猫兵，闯进了野狼谷，杀死了野狼无数！"

"啊！"鬼算国王听了鬼机灵的报告，一屁股瘫坐在了龙椅上，眼睛上翻，嘴吐白沫，双唇乱抖。

损失惨重

鬼算王子吓坏了："父王，父王，醒醒！"他一边叫着，一边掐鬼算国王的人中。

过了很久，只听鬼算国王喉咙里"咕噜"响了一声，鬼算国王慢慢睁开眼睛，轻轻地说："我亲爱的野狼，那是我一只鸡一块肉精心喂养多年的野狼啊，是专门用来对付爱数王国的，怎么让喵四郎给杀了？心疼啊！心疼死我啦！呜——呜——"说着说着便大声哭了起来。

突然，鬼算国王停止了哭泣，"呼"的一声坐了起来，两眼放着凶光，大声问："喵四郎是攻打爱数王国的王宫的，怎么跑到我的野狼谷来了？是谁把他们引到了野狼谷？"

周围没有一个敢回话的。

"走，咱们去野狼谷看看去！"鬼算国王迅速跳了起来，走出王宫，骑上一匹快马，向野狼谷奔去。鬼算王子、鬼机灵等人在后面紧紧跟随。

到了野狼谷，见到了喵四郎。鬼算国王赶紧下马，紧紧握住喵四郎的手，问道："你怎么跑到野狼谷来了？"

喵四郎就把事情的经过讲了一遍，鬼算国王听了一跺脚："唉！你们上了杜鲁克的当了。他使用了'指东打西'的策略，你们当时走右边那条路就对了，那条路直通爱数王国的王宫。"

"哇呀呀！"喵四郎大叫一声，原地转了三圈，"我这次损失惨重，我必须抓住杜鲁克，否则难解我心头之恨！"

鬼算国王带着哭音，说："我的损失更大！"说着从口袋里掏出一个哨子，递给鬼机灵："你去把野狼集合起来，看看损失了多少只。"

鬼机灵接过哨子，用力吹了起来。说也奇怪，那些野性十足、桀骜不驯的狼，听到哨子声，乖乖按照红色、黑色、灰色和棕色四种不同的颜色，分为 4 群，有序地排好队。鬼机灵分别点了数。

鬼机灵对鬼算国王说："报告国王，经过清点，红色、黑色、灰色和棕色四种不同颜色的野狼，每前一种都比后一种多损失 1 只野狼。将 4 种不同颜色野狼的损失数相乘，得 3024 只。"

喵四郎十分好奇："到底损失了多少只野狼？为什么不直接说出来，还要编成一道数学题啊？"

鬼算国王先"嘿嘿"干笑了两声才回答说："这个奥秘，我只能告诉你。你知道，我们的敌对国是爱数王国，它是一个数学非常好的国家。我们要和它们斗争，就要不断地提高自己的数学水平。我要求我的部下，不能直接回答我的问题，必须把要回答的问题编成数学题。一来能提高数学水平，二来可以保密。数学不好的，不可能知道回答问题的内容。"

"高、高，实在是高！"喵四郎佩服地连竖大拇指。他又问："到底损失了多少只野狼啊？"

鬼算国王看了一眼鬼算王子："给猫大王算出来！"

鬼算王子怯生生地望着父王的脸："这个问题应该从哪儿入手？"

"这里给了乘积是 3024，而这个乘积是 4 个数相乘的结果，你现在要找出这 4 个数，想想应该怎么办？"

"这个——"鬼算王子用手拍了拍自己的脑门，忽然说，"我知道了，我记得你告诉过我，遇到这种情况，首先要把乘积先进行分解，分解成质因数的连乘积。"说着就在地上写出：

$$3024 = 2 \times 2 \times 2 \times 2 \times 3 \times 3 \times 3 \times 7.$$

鬼算王子做到这儿，又卡壳了，不知道往下应该怎样了，用手一个劲地摸脑袋。

鬼算国王提示："把这 8 个因数想办法分成 4 组，变成 4 个数，使这 4 个数，依次相差 1。"

鬼算王子连连点头，在地上把这 8 个数左调右挪，一通搭配。搭配了好半天，他突然大叫一声蹦了起来："我成功啦！"说完，在地上写出：

$$3024 = 2 \times 2 \times 2 \times 2 \times 3 \times 3 \times 3 \times 7$$
$$= (2 \times 3) \times 7 \times (2 \times 2 \times 2) \times (3 \times 3)$$
$$= 6 \times 7 \times 8 \times 9。$$

鬼算国王的脸色突然变得十分阴沉："看来，红狼、黑狼、灰狼和棕狼分别损失了 6 只、7 只、8 只和 9 只。合起来有 30 只野狼啦，真让我心疼啊！"说到伤心处竟然"呜呜"哭了起来。

真是同病相怜，见到鬼算国王落泪，喵四郎也禁不住放声痛哭："哇——亲爱的猫兵兄弟，你们死得好惨啊！都是本王对不起你们，我一定替你们报仇！"

喵四郎回头对灰丑丑说："你去调查一下，看看有多少猫兵阵亡了。回报时也要学习鬼算国王，不许直接说出死亡人数，要把死亡人数编进一道数学题里。"

"喵！"灰丑丑答应一声，叫了几名猫兵和他一起调查。

这调查容易，编题可难。灰丑丑得到了猫兵的死亡数以后，就蹲在一棵大树后面，开始编题。编一道，摇摇头，不满意；再编一道，还是摇摇头，仍然不满意。没多久，灰丑丑已经满头是汗了。

突然听到喵四郎大声问："灰丑丑啊？怎么调查结果还不出来？"

灰丑丑赶紧跑了过来："出来了，出来了。"

"多少？"

"已知 6 位数是：2 猫猫猫猫 2，它能被 9 整除，'猫'代表一个一位数，它就是猫兵阵亡的人数。"

听了灰丑丑的回答，喵四郎变哭为笑："好！好！灰丑丑也会编数学题了，这样我们猫人部落的数学水平将会有大幅度的提高，猫人部落的发展前途无量啊！哈哈哈！"

谁来做这道题？猫兵没有一个敢出来做。

数学小子杜鲁克 李毓佩 数学科普文集

喵四郎想了想，说："看来，只有我亲自来做喽！我们知道，如果一个数能够被9整除，那么它各位数字之和必然是9的整数倍。反过来也对。"

鬼算国王点点头，说："是这么个理儿。"

喵四郎继续解答："既然如此，2＋猫＋猫＋猫＋猫＋2应该是9的倍数，也就是说4＋4×猫是9的倍数。由于4＋4×猫＝4×（1＋猫），所以（1＋猫）必然是9的倍数。又由于'猫'是一位数，所以1＋猫＝9，猫＝8。哇！死了我8名猫兵，心疼死我了！哇——"说到这儿，喵四郎止不住又放声大哭起来。

野狼死了引得鬼算国王呜呜大哭，而猫兵死了惹得喵四郎哇哇大哭，真是兔死狐悲呀！

灰丑丑的来历

鬼算国王突然停住了嚎哭，抹了一把眼泪，问："像灰丑丑这样数学水平高，长相又英俊的猫人，为什么单单起名叫'丑丑'？这也太名不副实了，应该叫'俊俊'才对。"

"这个名字是我给起的。"喵四郎也是先抹了一把眼泪，"说来话长，这里面还有一个故事呢！"

鬼算国王很好奇："猫大王，说说看。"

喵四郎开始讲故事："从前我养了一窝猫，是英国著名的'蓝猫'，说是蓝猫，实际上是灰色的。提起蓝猫那可是鼎鼎有名，早在2000多年前的古罗马帝国，它就跟随恺撒大帝到处征战。在战争中，它们依靠超强的捕鼠能力，保护军队的粮食不被老鼠吃掉。因此，蓝猫在人民心目中是非常有名的猫。"

"后来呢？"

"前几年，我家的母猫生了一窝小猫，生出来的前几只小猫都是名贵的折耳猫。"

"什么是折耳猫？"

"就是耳朵不是一直向上长的，而是从耳朵中间折成两段，上半段耷拉下来。很多人认为，耳朵耷拉下来的折耳猫非常名贵。这一窝小猫的前几只都是折耳猫，偏偏最后一只不是折耳猫，两只小耳朵是直直向上长的。这只直耳猫出生后，大家都不喜欢它，说它不如哥哥、姐姐长得好看，因此给它起了个名字叫'丑丑'。"

"后来呢？"

"尽管大家都不喜欢它，丑丑却十分坚强。它聪明好学，长大之后，不但身强体壮，而且还会数学，足智多谋，我特别喜欢它。"

"那灰丑丑呢？"

"我掌握猫人部落之后，就把最聪明、数学最好、最会办事的猫人打扮成丑丑的样子。又因为丑丑是灰色的，所以给他起名叫'灰丑丑'。"

"原来是这么回事。"鬼算国王点点头，"怪不得灰丑丑出的题目，如此之难！"

鬼算国王突然转头对灰丑丑说："既然灰丑丑如此优秀，我想请教一下灰丑丑，下一步我们应该如何找爱数王国报仇？"

灰丑丑翻了翻白眼，看了一眼喵四郎。喵四郎明白这是征求他的意见，喵四郎也没说话，只是"喵——"地叫了一声。

灰丑丑知道，喵四郎这一声叫，是表示同意。

灰丑丑清了清嗓子，说："我们猫人士兵和野狼拼杀了半夜，人困马乏，现在到了鬼算王国，鬼算国王应该做几桌上等饭菜，犒劳犒劳我们呀！"

"那是应该的。"鬼算国王下令，"鬼机灵，你去挑一批又肥又大的上等老鼠，让厨房按照煎、烤、炒、炖，做几桌老鼠宴，好好招待猫兵兄弟！"

"是！"鬼机灵答应一声，转头就跑了。

灰丑丑又说:"鬼算国王您是知道的,我们猫人和高贵猫一样,是非常讲究卫生的,从不随地大小便。请国王立即修两个专用厕所,供我们猫兵使用。"

"那是应该的。鬼不怕,你赶紧带领几名士兵去修专用厕所。"

鬼不怕一溜小跑地走了。

过了一会儿,饭做好了,盛大的老鼠宴开始了,大家按次序坐好。突然,喵四郎发现鬼算王子不见了。

他忙问:"怎么,鬼算王子没来啊?"

鬼司令知道,鬼算王子最怕吃老鼠肉,此时一定躲到什么地方去了。

鬼算国王怕王子不来,喵四郎会怀疑王子对他不尊重,赶紧派鬼司令去找鬼算王子。

鬼司令一路找,一路喊:"王子——宴会开始喽!""王子——老鼠宴开始了,人都到齐喽!就等你啦!""又肥又大的上等老鼠经过煎、烤、炒、炖,那个香啊!快去吧!去晚了可就没了,王子快去吃呀!"

鬼算王子本来就最怕提"老鼠肉"三个字,听到这三个字就想吐。为了躲避这顿老鼠宴,他早早就躲了出去,爬上一棵高高的大树。

而鬼司令恰恰走到了大树下,带着哭音在喊:"王子,你快出来吧!如果我找不到你,回去国王会打我屁股的!你爹打人可疼啦!我怎么办啊?"说着一屁股坐在了大树底下,张开大嘴,"呜呜"放声大哭起来。哭着,哭着,从树上飘飘悠悠地落下一张纸条,上面写着:

下面的等式是不成立的。你能用运算符号和括号使等式成立吗?

$$5\ 5\ 5\ 5\ 5 = 4\ 4\ 4\ 4\ 4$$

如果能做到,你把等式一端的数值算出来,比如说这个数值是 A,你就围着这棵大树转 A 圈,你要找的人会自己出来。

鬼司令哪里会做这种题？怎么办？他想起了灰丑丑，他亲眼见到刚才灰丑丑出题解题的全过程，知道灰丑丑数学很好。想到这儿，鬼司令快步往回跑，找到灰丑丑，把题目交给他，求他帮忙，务必把题目解出来。

灰丑丑也没推辞，认真地琢磨了一会儿，然后写出一个算式：

$$5+(5\times5-5)\div5=4+(4\times4+4)\div4。$$

鬼司令大喜，忙问："那一端的数值是多少呢？"

灰丑丑笑了笑："难道这么容易的四则运算题，也要我做？"

"嘿嘿。"鬼司令傻笑着说，"不是事情紧急，我怕我算得慢，耽误工夫嘛！灰丑丑，不，灰俊俊，您好人做到底，帮我算出来。"

灰丑丑心想，堂堂一位鬼算王国的司令，连这样一道题都做不出来，实在不可理解。

他满口答应："好说、好说。"接着写出来答数：

$$5+(5\times5-5)\div5=4+(4\times4+4)\div4=9。$$

"转9圈，不多。"鬼司令连句客气话都顾不上说，转身就跑了。

到了大树下面，鬼司令高喊："鬼算王子，我算出来了。我只要绕着大树转9圈，你就自动出来。我可要跑了，咱们说话可要算数。"说完就绕着大树跑了起来，一边跑一边数着数，"一圈，两圈，三圈……九圈。"

鬼司令刚刚跑完，"呼"的一声，从树上掉下一个东西，这个东西不偏不倚正好砸在鬼司令的头上。

鬼司令"唉哟"叫了一声，就倒在了地上。他爬起来一看，掉下来的不是别的，恰恰就是鬼算王子。

鬼司令赶紧整理一下军装，扶了扶军帽，接着行了一个军礼："鬼算王子，没摔着你吧！我没想到你会从天而降，卑职准备不足，没把你接住，卑职有罪！"

数学小子杜鲁克 李毓佩 数学科普文集

鬼算王子捂住自己的胸口，问："他们的老鼠宴散了没有？"

"散了？"鬼司令摇摇头，"老鼠宴还没开始呢！你不参加，宴会是不会开始的，国王要我一定要找到你，找不到你，大家都不吃饭。"

鬼算王子听说非要他去吃老鼠肉，"哇"的一声吐了起来，对鬼司令说："你知道，别说吃老鼠肉啦，就是听到这三个字，我都想吐。你能不能帮帮我，让我不去参加老鼠宴。"

"这个……"鬼司令显得很为难。他低头想了一会儿，双手用力一拍："我有主意了。"

"什么主意？快说！"

"现在鬼算国王和喵四郎，正在为下一步如何进攻爱数王国而发愁，如果此时你能给他们贡献一个好主意，他们一定不会强迫你吃老鼠肉的。"

"可是，我怎样和他们说呢？"

"这个请王子放心，凭我三寸不烂之舌，一定会让他们答应不强迫你吃老鼠肉。"说完，鬼司令信心满满地直奔宴会厅走去。

鬼算国王见鬼司令回来了，忙问："你怎么去这么半天？王子呢？"

"报告国王，王子找到了。"

"你为什么还不让他回来参加宴会？"

"他正在研究一套击败爱数王国的作战计划。"

"好啊！你让他赶快回来，给我们介绍介绍他的作战计划。"鬼算国王显得十分兴奋。

"让王子回来，你们要答应王子的两个条件。"

"什么条件？你说。"鬼算国王问。

"王子说，他最近胃口不好，就不参加老鼠宴了。另外，因为要谈的都是军事机密，所以要找一个隐蔽的地方来谈。"

"没问题。"喵四郎满口答应，"我还担心，这些老鼠菜不够我的猫兵吃呢！王子既然不吃，还给我们省了一份呢，好啊！哈哈！"

鬼算国王也笑着点点头："你去叫他回来吧！"

"得令！"鬼司令又跑了出去。

一会儿，鬼司令领着鬼算王子走来了，他请鬼算国王、喵四郎与鬼算王子一起，到他的司令部去谈。

到了司令部，鬼司令亲自在门口站岗，不许闲杂人员进入。鬼算王子用极小的声音，向鬼算国王和喵四郎讲述了自己的作战计划，断断续续能听到："现在要解决的问题是……我们想办法把喵四郎带到……找到王宫……一举拿下……"

鬼算国王和喵四郎一边听，一边不住地点头，面露喜色。最后三个人各伸出右手，"啪"地拍了一声，高呼："胜利！好主意！"

跟着老鼠跑

第二天一大早，鬼算王子提着一个大盒子在前面走，鬼机灵左手提着一个大瓶子，里面装满一种黄色液体，这种液体不断散发出一种难闻的气味。他右手拿着一把刷子，一边走一边用刷子蘸着瓶子里的液体，不停地往路旁的树上刷一下。

他俩这是干什么去？原来他俩是顺着一条通往爱数王国王宫的秘密小路去拜访爱数王子。

到了爱数王国，上来两名士兵拦住了他俩，问："到哪儿去？"

鬼算王子回答："我要见爱数王子，有要事相商。"

士兵又问："你手里提的大盒子里面是什么东西？"

鬼算王子微笑着说："军事机密，只能给爱数王子看。"

士兵把他俩全身搜查了一遍，没有发现武器，就让他俩过去了。

鬼算王子和鬼机灵来到了爱数王国的王宫，爱数王子听说鬼算王子

李毓佩
数学科普文集

来访，便亲自出门，迎接他俩，让他俩坐下。

鬼算王子说："你知道这次猫人部落为什么来进攻贵国吗？"

爱数王子假装不知道，摇了摇头。

"就是为了老鼠。"鬼算王子站起来，"猫人部落视老鼠如命，他们就想打败了你们，强迫你们每月给他们进贡一定数量的老鼠。"

"哦，如此不讲道理？他们对鬼算王国也如此吗？"

鬼算王子说："当然，猫人部落是认鼠不认人。我们想，你不是就要老鼠吗？好办，我们培养了一批快速繁殖、快速生长的超级鼠。我们每月都供给他们一批超级鼠，这样一来，他们就和我们相安无事啦！"

爱数王子微笑着点点头，心里明白，猫人部落进攻我们是你们挑唆的，和老鼠无关。

鬼算王子见爱数王子没有反驳，心想，有门儿！他接着说："今天我把我们培育的超级鼠带了几只给你们，你们好好培养它们，让它们繁殖成群，和我们一样，每月供给猫人部落一批超级鼠，这样你们和他们也可相安无事了。"

爱数王子轻轻摇了摇头："这么说，我要好好谢谢你啦？"

"谢谢倒用不着，我们都相安无事就好。我告辞了。"鬼算王子放下大盒子，转身离去。鬼机灵跟在后面，走出王宫，把大瓶子里剩下的液体全泼在地上，顿时空气中布满腥臊味。

这边鬼算王子和鬼机灵给爱数王子送老鼠，那边鬼算国王和喵四郎也在研究。

鬼算国王问："猫大王，你要不要找爱数王子和杜鲁克报仇啦？"

"当然要报仇了，只是我不认识爱数王国王宫的具体位置，上次才错走到了野狼谷。经过休息调整，我现在是兵强马壮，只要有人带路，我马上出击。"

"好！我要放一批老鼠，你们只要跟在它们后面，就一定能够找到爱数王国的王宫。"

"真的？"

"错不了！"说完，鬼算国王命鬼都怕赶紧放老鼠。鬼都怕拿来几只大笼子，打开笼子的门，十几只大老鼠立即蹿了出去，一边往前跑，一边不断闻树上发出的特殊气味。

喵四郎一挥手："弟兄们，咱们紧跟老鼠，前进！"猫兵排好队伍，紧跟着老鼠向前跑去。

待猫兵跑远，鬼算国王对鬼司令说："命令鬼算王国的部队，跟在猫人部落的军队后面前进！"

鬼司令有点发懵："国王，咱们跟在猫人部落后面干什么？"

"傻瓜！"鬼算国王问，"我们把猫人部落找来，目的是什么？"

"当然是让猫人部落帮我们打败爱数王国啦！"

"打败爱数王国的目的是什么？"

"咱们吞并他们，让您既是鬼算王国的国王，又是爱数王国的国王。"

"对呀！"听了鬼司令的话，鬼算国王的脸笑得像朵花似的，"这次猫人部落去攻打爱数王国有 3 种结果：第一种结果是，猫人部落把爱数王国的军队打败，咱们立即发动进攻，把猫人部落轰走，爱数王国就归咱们了。嘿嘿！"

鬼司令摇摇头："猫人部落可是咱们请来的，人家打了胜仗，就立刻把人家赶走，合适吗？"

鬼算国王两眼一瞪："傻瓜！大傻瓜！咱们让猫人部落来，就是为打败爱数王国的。如果已经打败了，留下他们还有什么用？难道留下他们捉老鼠不成？"

鬼司令赶紧点点头，心想：鬼算国王可真够阴险的，过河拆桥。

他又问："如果猫人部落打了败仗怎么办？"

"这是第二种结果，这时咱们就马上转身走人，立刻撤兵！"

李毓佩
数学科普文集

"就不管猫人部落了？"

"管他们干什么？他们的死活和咱们没关系！"

鬼司令心想：落井下石，好狠的心！鬼司令回头命令士兵，排好队，跟上猫兵的队伍。

鬼司令又问："如果双方打成平手呢？"

"这是第三种结果，那——咱们就坐山观虎斗呗，让他们斗得两败俱伤，最后我们来收拾残局。这就叫'鹬蚌相争，渔翁得利'。哈哈！"鬼算国王越说越得意。

鬼司令暗想：没一个好主意！

鬼司令又提出一个问题："国王，我今天早上看见王子提着一个大盒子，鬼机灵一手拿刷子，一手提着一个大瓶子，他一边走还一边用刷子蘸着瓶子里的液体，不停地往路旁的树上刷一下。他俩干什么去了？"

鬼算国王"嘿嘿"一阵冷笑："这是天大的秘密，你伏耳过来。"鬼司令把脑袋伸了过去，鬼算国王就揪着鬼司令的耳朵小声说道："王子手里提的大盒子里，装的是十几只母鼠。而鬼机灵提着的大瓶子里的液体，是这些母鼠的尿，他把这些尿不断地刷在树上，王子则把这些母鼠送到了爱数王国的王宫。咱们后来放的一群老鼠都是公鼠。这些公鼠鼻子都特别灵，它们闻着沿途树上留下的母鼠尿味，可以一直追踪到爱数王国的王宫。"

"这样一来，这群公鼠就把猫人部落引到了爱数王国的王宫。"鬼司令明白了，"这是谁出的主意？"

鬼算国王得意地大嘴一咧："是小儿出的主意，嘿嘿。"

鬼司令竖起大拇指："王子真是计谋高超，才华过人啊！佩服！佩服！"

将计就计

再说爱数王子，他闻到一阵阵腥臊味，就问士兵是怎么回事。士兵回答，是鬼机灵在地上泼了一种液体以后才出现的。

这是什么液体，能发出这么大的气味？在场的人都摇头说不知道。

怎么办？

胖团长说："家有一老，国有一宝。咱们请七八首相来闻闻，他年纪大，见多识广，也许他能知道。"

大家都说："好主意！"

七八首相来了以后，用鼻子仔细地闻了闻："是老鼠尿，没错，就是老鼠尿！"

听了七八首相的话，爱数王子有点糊涂，他们把老鼠尿泼到王宫干什么？

是的，大家也有同样的疑问。几位官员在王宫里来回踱步，也找不到答案。

突然，杜鲁克一拍脑门："我有一个猜想。"

爱数王子忙问："什么猜想？"

"猫人部落刚刚想偷袭咱们的王宫，被咱们用计把他们引进了野狼谷，遭受了重大的损失。"杜鲁克说，"猫人部落和鬼算国王是不可能咽下这口气的，他们一定要寻机报复。鬼算国王又奸又滑，他不会直接带领猫人部落来攻打咱们王宫的。"

七八首相点点头："是这么个意思，请讲下去。"

"鬼算王国必然要想一个办法，既能把猫人部落引到咱们王宫，而鬼算王国的人又不出面。"

胖团长笑笑问："天底下哪儿有这种两全齐美的办法？"

"有！"杜鲁克回答得十分肯定，"你们想想，鬼算王子为什么好端

———————— 数学小子杜鲁克　李毓佩
数学科普文集

端地送给王宫一箱子老鼠？他说这是超级鼠，繁殖特别快，让咱们多繁殖老鼠给猫人部落，以求相安无事。他明明知道咱们不会这样做，那他真实的目的是什么呢？"

"我明白了。"七八首相站起来说，"他们的真实目的是通过老鼠把猫人部落引到咱们王宫来。"接着七八首相把鬼算王国的做法说了一遍。听了首相的解释，众人才恍然大悟。

爱数王子问："咱们应该怎么办？"

"咱们将计就计，这样、这样……"杜鲁克小声讲述他的想法，大家一边听，一边点头。

再说喵四郎领着猫兵，跟在一群公鼠后面，不断地往前跑，来到了爱数王国的王宫。

喵四郎高兴地说："终于找到了！这次看你爱数王子和数学小子杜鲁克往哪儿跑？"他又大手一挥命令道："把王宫包围起来，不许放走一个人！"

"喵！"猫兵呼啦啦散开，把王宫围了个里三层外三层，水泄不通。

喵四郎刚想带猫兵冲进去，突然哗啦啦从屋顶上放下一张大纸，上面写道：

尊敬的喵四郎：

　　我们相距很远，又远日无怨，近日无仇。

　　你不要听信鬼算国王的挑唆，来攻打我国。如果你能够现在退兵，我们可以友好相处，相安无事。

　　如果你一味听信鬼算国王编造的谎言，一定要进攻我们的王宫，对不起，你已经被我们反包围了。包围你的是我的三支部队：五八司令官带领的王宫卫队，铁塔营长带领的冲锋队，胖团长带领的野战部队，他们的人数比例为 5:2:4。战斗一旦打起来，三支部队的人数将有所变动。我如果把王宫卫队人数增加 35 名，冲锋队人数增至 3 倍，则野战部队的人数占总人数的 22%。

喵四郎，你是打呢，还是撤呢？大主意由你来拿。

爱数王子

灰丑丑在一旁问："大王，怎么办？"

喵四郎低头想了想后说："先把他们三支部队的人数算出来，咱们先对人数最少的部队发起进攻，然后各个击破。"

灰丑丑一竖大拇指："大王的主意高！"

喵四郎看了一眼灰丑丑："你最近数学大有长进，这个问题交给你了。"

"啊？"灰丑丑张大了嘴巴，心想这个问题可够难的，可是也不敢不答应呀！

灰丑丑说："由于这三支部队的人数比例为 5：2：4，我可以设王宫卫队有 $5x$ 人，这样突击队有 $2x$ 人，野战部队有 $4x$ 人。"

喵四郎连连点头："对、对，这样设未知数，很好。接着往下做。"

"往下做可就难了。"灰丑丑连连摇头，然后把头低下，半天都不说话。

"你是用方程来解这个问题，一定要把有用的条件都用上。"喵四郎提醒，"如果把王宫卫队人数增加 35 名，冲锋队人数增至 3 倍，则野战部队的人数占 22%。这个条件你还没用呢！"

"对！"灰丑丑想起来什么，"把王宫卫队人数增加 35 名，实际就有了 $5x+35$；冲锋队人数增至 3 倍，就是 $3\times2x=6x$；野战部队的人数没动，仍然是 $4x$。这样，总人数是 $5x+35+6x+4x$，$4x$ 就是总人数的 22%，写出算式就是：

$$\frac{4x}{5x+35+6x+4x}=\frac{22}{100},$$

$$\frac{2x}{15x+35}=\frac{11}{100},$$

$$200x=11\times(15x+35),$$

$$200x = 165x + 385,$$
$$35x = 385,$$
$$x = 11。$$

一开始爱数王国的士兵人数为：王宫部队有 $5x=55$ 人，冲锋队有 $2x=22$ 人，野战部队有 $4x=44$ 人。好，我算出来了！"

喵四郎点点头说："看来，我们应该先攻击铁塔营长所率领的冲锋队，它只有 22 人。"

灰丑丑皱着眉头问："你知道冲锋队现在在什么位置吗？"

"嗯——"喵四郎突然一拍大腿，"我有主意了。爱数王国的三支部队只能是隐藏在东、南、西、北四个方向中的三个。咱们分别向东、南、西、北四个方向各派一支侦察小分队，佯装进攻。他们三支部队一定在各自军官的带领下，出面迎击，冲锋队的位置不就暴露出来了吗？"

"好主意！"灰丑丑十分佩服。

3 个猫兵一组，共组成了 4 个侦察小分队，他们朝四个方向分别发起进攻。你别看人很少，3 个猫兵一齐呐喊，声势还挺大。

爱数王国果然上当了，从东、西、北三个方向各站出一支队伍：五八司令官举着指挥刀带领着王宫卫队，从东边冲了出来；铁塔营长挥舞着铁棍带领着冲锋队，从西边杀了出来；胖团长一手拿着一把大砍刀，举着两把大刀带领着野战部队，从北边蹦了出来。

喵四郎一指西边："大家向西边冲！"

灰丑丑心领神会，把手中的猫爪子一举，高喊："跟我冲！"呼啦一声，一大部分猫兵跟着灰丑丑向西边冲去。

还剩下一小部分猫兵没动，喵四郎伸手把这部分猫兵一分为二，然后对一个花猫打扮的猫兵说："你带领这一半的猫兵向东冲，阻截王宫卫队，不让他们增援冲锋队！"

花猫应了一声，领着剩下的一小半猫兵向东冲去。

喵四郎又对一个黑猫打扮的猫兵说："你带领这另一半的猫兵向北冲，阻截野战部队，也不让他们增援冲锋队！"

黑猫应了一声，领着剩下的另一小半猫兵向北冲去。

"哈哈！"喵四郎十分得意，"铁塔营长带领的冲锋队，人数最少，只有区区 22 名士兵。灰丑丑带领的猫兵有六七十名，是他的三倍以上。我方以多胜少，必胜无疑！"

突然听到爱数王子一声令下："撤！"就看东、西、北三个方向的队伍，"呼啦"一声，转头就往后撤。

喵四郎一看，怒火中烧："眼看我就要大获全胜了，你们想跑，门都没有！弟兄们，给我追！"

听到喵四郎的命令，猫兵们答应一声："喵！"就奋力向前追去。

喵四郎突然又想起了什么，马上又下了一道命令："马上停止追击！"可惜这道命令下晚了，猫兵们都已经追出去了，没听见。他看一个猫兵也没回来，更加着急了，大声喊道："难道你们不知道穷寇莫追的道理吗？"可是他忘记了，让猫兵去追击是自己下的命令。

喵四郎自言自语："原来我用大部分猫兵去对付兵力最少的冲锋队，这是以多胜少。现在把兵力拆成了三部分，除了灰丑丑带领的主力部队，其他两支部队，都是以少战多，必败无疑啊！"

喵四郎正想着，只见西边和北边的猫兵都败了回来，双方又战了几个回合，这两支猫兵队伍逐渐被五八司令官带领的王宫卫队和胖团长带领的野战部队围在了中心。猫兵本来就少，现在被 99 名士兵包围在中间，猫兵很快就举手投降了。

喵四郎一看大势已去，三十六计走为上策，赶紧跑！再一想，灰丑丑带领的猫兵部队，人数占优，胜负还未定，我去找灰丑丑吧！想到这儿，他四肢着地，学猫的样子，手脚一起用力，"噌"的一声就蹿了出去，然后"噌噌"几下，飞快地向西边奔去。

李毓佩
数学科普文集

蒙面人

喵四郎很快就追上了灰丑丑，见灰丑丑的部队占优，铁塔营长带领的冲锋队渐渐支撑不住了。喵四郎来劲了，大喊道："猫兵弟兄们，再加把劲，把冲锋队给消灭了！杀呀！"他一马当先，直向冲锋队杀去。

突然，灰丑丑焦急地喊道："大王，不好！咱们被爱数王国的士兵三面包围了。"

喵四郎环顾四周，王宫卫队和野战部队已经从两面围了上来，和冲锋队一起，把自己的部队围了个水泄不通，想突围出去已不可能。

喵四郎"唉"了一声："想我喵四郎，聪明一世，没想到今天栽到爱数王子和小学生杜鲁克的手里。我有何颜面见人。"说到这儿，就飞身向一块巨石冲去，想一头撞死。

说时迟那时快，突然一个蒙面人从天而降，一把拉住了喵四郎。

蒙面人用嘶哑的声音说："决战还没开始，你怎么能死呢？冲锋队原来只有22人，经过刚才的激战，伤亡不少，现在没剩几个人了，你命令所有的猫兵，全力冲击冲锋队，杀出一条血路，冲出去！"

听了蒙面人的一番话，喵四郎似乎清醒了许多。他说："对呀！我还有这么多猫兵，怎么能承认失败呢？"

他放开嗓子"喵喵——"吼了两声，"全体猫兵听我的命令，大家不要管王宫卫队和野战部队，全力拼杀冲锋队，把冲锋队全体消灭！"

"喵！"猫兵整齐地答应一声，举起猫爪子向冲锋队猛冲。冲锋队的队员训练有素，见猫兵像潮水一般涌上来并不慌张。铁塔营长把没负伤的15名士兵分成三组，每组5名。三组轮流抵抗猫兵的进攻。由于冲锋队的队员个个武艺高强，拼死抵抗，以一当十，猫兵虽多，但在一个狭窄的过道中战斗，人多了反而施展不开。

最先看出问题的是灰丑丑，他对喵四郎说："大王，他们冲锋队把队员分成了三拨，轮流和咱们战斗，士兵可以轮流休息。可是咱们的猫兵自始至终在战斗，得不到休息。时间一长，猫兵必然非常劳累，疲惫之师必败无疑！"

喵四郎点点头，表示同意，问道："灰丑丑，你说怎么办？"

"咱们以其人之道还治其人之身，咱们也把猫兵分成三部分，也让他们轮流去攻击冲锋队！"

"好！"喵四郎用力地鼓了一下掌，"就这样办。你去把猫兵分成三部分，让他们轮流去攻击。"

灰丑丑突然又想起一个问题："为了不让冲锋队摸清咱们进攻和休息的规律，让三部分猫兵攻击的时间各不相同，让他们每次固定攻击时间为 4 分钟、5 分钟和 6 分钟。当第一部分攻击到 4 分钟时，他们马上撤回来喝几口水；他们喝水时，第二部分和第三部分的猫兵仍在继续攻击；到了 5 分钟，第二部分赶紧撤回来喝水，第一部分和第三部分仍在战斗；到了 6 分钟，第三部分撤回来喝水，第一部分和第二部分仍在战斗。这样前方总有大部分的猫兵在战斗。"

"好主意！这样既有大部分的猫兵在作战，也随时有小部分猫兵在喝水休息，马上照这个方案执行！喵——喵——喵——喵。"喵四郎连叫四声，这是最高命令。三部分猫兵共同发起进攻。

4 分钟到，第一部分猫兵撤下来喝水；5 分钟到，第二部分猫兵撤下来喝水……一切都很顺利。时间到了 120 分钟，猫兵眼看就要把冲锋队彻底打败了，突然三部分猫兵一齐向后转，全回来喝水，前线一个猫兵也不见了。几名冲锋队的士兵趁机冲杀过来，一名士兵大刀一挥，直取喵四郎的脑袋。

李毓佩
数学科普文集

头上削掉了好几根猫毛

喵四郎大吃一惊，立刻来了个"缩颈藏头式"，大刀"嗖"的一声擦着头皮砍了过去，削掉了好几根猫毛。他大叫："我的妈呀！差点要了我的小命！"

他回头对灰丑丑叫道："怎么回事？三部分猫兵怎么都撤回来了？没人打仗啦？"

灰丑丑摸摸脑袋："奇怪呀？我设计得天衣无缝，怎么会出现三部分都撤回来的空档期呢？"

突然他一拍大腿："啊！我怎么忘记了最小公倍数了呢？"

"4、5、6 三个数没有公因式，他们的最小公倍数就是 $4 \times 5 \times 6 = 120$。到了第 120 分钟时，3 部分猫兵都到点该喝水了，所以他们同时回来喝水。按照这个规律，每隔 120 分钟，3 部分猫兵就会共同回来喝水。"

这时就听爱数王子发布命令："胖团长，你带领 30 名士兵分三个方向，每个方向 10 人进攻喵四郎，相邻的两个方向夹角为 120°，务必要活捉喵四郎和灰丑丑。"

"是！"胖团长行了一个举手礼，转身就去召集士兵了。

由于爱数王子说话声音很大，他所说的一切，喵四郎和灰丑丑听得一清二楚。

喵四郎问灰丑丑："刚才冲锋队的队员这么一冲，把咱们的猫兵都冲散了，我数了一下，现在在咱们周围，加上你和我才 28 个人，他们派来 30 名士兵，你说怎么办？"

"嗯——"灰丑丑低头想了想，"可以这样。爱数王国不是三个方向来进攻吗？我们就排一个有三条放射线的阵。每条线上也恰好 10 名猫兵，这样每个方向和他们人数相同。他们想活捉咱俩？没门！"

"对！"喵四郎转念一想，"可是咱们实际上只有 28 名猫兵，怎么能让每条线上都有 10 名猫兵呢？"

"关键在于排法，我给大王画张图。"灰丑丑说完，在地上画了张图。

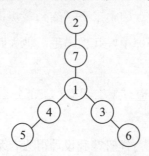

喵四郎看着这张图，直皱眉头："中间圆圈里的 1 是什么意思？"

"中间圆圈里的 1 就是您呀！您作为猫兵的统帅和核心，要同时指挥三条战线的战斗，您必须处在放射线阵的中央。"

"那是当然！可是，为什么每条线上的士兵排列都不一样？"

"这正是放射线阵的奥妙。如果每条线都很明显地摆上 9 名猫兵，人家一眼就看出猫兵总数不超过 28 名。现在这种排法，他就一时搞不清放射线阵共有多少猫兵，给他们的思维造成混乱。这就是'兵不厌诈'啊！"

再说胖团长带领 30 名士兵，分成三路向喵四郎包围过来，他突然看到猫兵摆出一个三条线的放射线阵，每条线上猫兵数都弄不清楚。

胖团长倒吸一口冷气："这每条线的猫兵是怎样分布的呢？按照兵法所说：应该先攻击人数最少的一条线，哪条线的猫兵最少呢？"

周围几名士兵都摇摇头。

胖团长大声训斥："平时我让你们好好学数学，你们就不认真学，书到用时方恨少，现在你们都变傻了吧！"

士兵低头不语，心里不服，心想，平时你胖团长就不爱学习。现在你不会算了，反而来埋怨我们了，哼！

这时五八司令官恰好过来，检查战斗情况。胖团长一把抓住了五八司令官:"司令官,你来得正好,快帮我们算算,他们这三条线上各有多少名猫兵。"

五八司令官朝放射线阵看了一眼:"这是最简单的加法:

$$2+7+1=10,$$
$$5+4+1=10,$$
$$6+3+1=10。$$

三条线的人数一样,全是 10 人。"

"竟然都一样,弟兄们,咱们三条线一齐进攻,大家跟着我,上!"胖团长把手中的大刀一举,冲了上去。

经过一番苦战,猫兵渐渐支撑不住了,他们把放射线阵变成一个圆形阵,保护着喵四郎和灰丑丑,边战边退,逃了出去。

胖团长刚想去追,五八司令官摆摆手:"莫追!"

胖团长打了胜仗,十分高兴,咧着大嘴说:"司令官过去总批评我,说我带的兵比别人多,打的胜仗总比别人少。今天我和喵四郎都带的是 30 人,我却打胜了!"

五八司令官用斜眼看了他一眼:"你还真好意思说,你带了 30 名士兵,再加上你,一共 31 人;而喵四郎的放射线阵,虽说每条线上有 10 名猫兵,但是数每条线的时候,都要把位于中心的喵四郎数一次,这样数完三条线,喵四郎就数了三次。实际上,放射线阵总共只有 28 人,比你们少 3 个人呢!"

"是吗?"胖团长不好意思地低下了头。

屁股受伤的猫兵

猫兵保护着喵四郎逃了出来,大家正不知道往哪儿跑时,蒙面人又从一棵大树旁闪了出来,冲喵四郎招招手说:"猫大王,跟我走!"

喵四郎带领猫兵，跟着蒙面人，一溜小跑离开了爱数王国的王宫。

跑了足有 2000 米，蒙面人才停住了脚步。喵四郎对蒙面人一抱拳："谢谢大侠两次救我。大侠能不能露一下真面目。"

"咱们是老朋友，不必客气。"说完蒙面人摘掉了面具，喵四郎一见惊呼道："呀，是鬼算国王！"

鬼算国王笑着点点头："不错，正是我。我知道猫大王对爱数王国的地形不熟悉，不放心，一路跟了下来。猫大王受惊了！"

喵四郎不好意思地低下了头："我想这次偷袭爱数王国的王宫，经鬼算王子精心设计，万无一失。没想到爱数王子和杜鲁克精明过人，识破我们的计划，反而被他们算计了，如不是鬼算国王及时出手相救，我们要损失惨重啊！"

"胜败乃兵家常事，猫大王跟我回王宫休息休息，咱们再从长计议。"

鬼算国王带领猫兵回到了鬼算王国，进了王宫，大家坐下来休息。

喵四郎对灰丑丑说："这次攻击爱数王国，猫兵损失不小，你去第一战斗队看看损失有多大。"

灰丑丑喵的一声，转身走了。过了一会儿，灰丑丑跑回来报告："报告猫大王，第一战斗队人人受伤，有 $\frac{1}{3}$ 的猫兵被大刀削去了一只耳朵，$\frac{1}{4}$ 的猫兵胸部受伤，$\frac{1}{6}$ 的猫兵腿部受伤，$\frac{1}{8}$ 的猫兵屁股受伤。"

"怎么还有 $\frac{1}{8}$ 的猫兵屁股受伤？"喵四郎十分不解。

"这——"灰丑丑有话不好说。

"啪！"喵四郎一拍桌子，"说！"

灰丑丑小声说："他们逃跑不成，把头藏在草丛中，可是屁股露在了外边，结果屁股受伤了。"

"丢人啊！丢人啊！"喵四郎跳起来，"把这些屁股受伤的猫兵，全拉出去砍了！"

李毓佩
数学科普文集

"啊！"灰丑丑吓傻了。

鬼算国王急忙站起来："息怒！猫大王请息怒。战争中，人有百态，个别战士贪生怕死，也在所难免。猫兵是我请来的，没死在战场，被自家人杀了，我的罪过太大了。求大王看在老朽的面子上，网开一面，饶恕他们吧！"

"灰丑丑，你先算算受伤的猫兵各有多少。"

"喵！"灰丑丑，"第一战斗队人数原来有多少人，我记不清了，但是不会超过30人。由于3、4、6、8的最小公倍数是24，所以第一战斗队人数应该是24人。这样一来，被大刀削去了一只耳朵的有 $24 \times \frac{1}{3} = 8$（人），胸部受伤的有 $24 \times \frac{1}{4} = 6$（人），腿部受伤的有 $24 \times \frac{1}{6} = 4$（人），屁股受伤的有 $24 \times \frac{1}{8} = 3$（人）。大王，只有3人屁股受伤，人数最少。"

喵四郎咬着牙说："死罪能免，活罪不赦。把他们的裤子扒下来，每人重打五十大板！"

灰丑丑连忙摆手："大王，使不得，他们本来屁股就受了伤，再打他们五十大板，他们的小命就玩完了！"

喵四郎问："怎样才能解我心头之恨？"

灰丑丑想了一下，说："这样吧！我听说，鬼算国王等一会儿要摆鼠肉宴，宴请咱们，其他猫兵都参加，唯独不让他们三个参加。"

三名屁股受伤的猫兵听了灰丑丑这番话，全都跳起来，齐声呐喊："我们要吃鼠肉宴，我们愿挨五十大板！"

鬼算国王见双方僵持起来，忙站起来说："我看这样，三位受伤的猫兵，鼠肉还是要吃，但数量减少一半。"

喵四郎无可奈何地点了点头，他突然想起一个问题："为什么受伤最多的是耳朵被削掉的？"

鬼司令笑着说："大王您有所不知，爱数王国的居民最爱吃的一种面食叫猫耳朵，这次他们看见真的猫耳朵了，就先削下来了。嘿嘿！"

鬼算国王狠狠瞪了鬼司令一眼："不许胡说八道！"

吃完鼠肉宴，鬼算国王、鬼算王子、鬼司令、喵四郎和灰丑丑聚在王宫，商量下一步如何攻下爱数王国。大家面色阴沉，一言不发。

突然，鬼算国王坐到了喵四郎旁边，和喵四郎嘀咕起来。喵四郎的表情十分丰富，一会儿点头，一会儿摇头，一会儿笑容满面，一会儿愁云密布，谈了足有一小时，最后两人"啪"的一声用力击了一掌，接着哈哈大笑起来。

鬼算国王和喵四郎这场表演，把在场的人都看糊涂了，不知他俩在搞什么鬼。

喵四郎十分严肃地开始讲话："这次偷袭爱数王国王宫的方案是鬼算王子设计的，用老鼠尿给我们猫兵带路，想法十分巧妙，而且我们在座的人也没人知道这个方案，应该是万无一失的。"

喵四郎站起来开始走动："这么机密的事，怎么爱数王子好像事前就知道了，他事先就布置好了伏兵，把我们包围了。是谁泄的密？嗯？"

大家你看看我，我看看你，都在摇头。

喵四郎走到灰丑丑面前，突然伸手抓住灰丑丑的脖领，大声问道："是不是你？"

灰丑丑吓得咕咚一声跪在了地上："大王饶命！小的从小受大王栽培，小的绝不敢干这种事啊！"

喵四郎怒气未消，下令："来人，把灰丑丑先关押起来，然后送到'老猫法庭'进行审判！"

"喵"一声猫叫，上来两个猫兵，不容分说，把灰丑丑押了下去。

灰丑丑是奸细

灰丑丑是奸细？在场的人一个个目瞪口呆，无法理解。喵四郎一挥手："散会！"

深夜，万籁无声。一个黑影像鬼魂一样飘落在关押灰丑丑的牢房外面。两个看押的猫兵刚想问是谁，突然，每人头上挨了一拳，两人连声都没出，就晕倒在地上。

黑影用钥匙打开了牢门，拉起灰丑丑撒腿就跑，跑到一片小树林，黑影从口袋里掏出一封信，递给了灰丑丑，然后一转头，连句话也没说就走了。

灰丑丑找到一块月光比较明亮的地方，打开信，仔仔细细地看了一遍，双手一拍："好！"然后朝着爱数王国王宫的方向，撒腿就跑，刹那间消失在黑夜中。

再说爱数王子和杜鲁克正在王宫中，研究下一步如何对付猫人部落和鬼算王国。两人边走边聊，出了王宫，在月光下慢慢走着。突然，从暗处传出一声猫叫，爱数王子"嗖"的一声拔出了宝剑，喝问："谁？"

"爱数王子，请手下留情，是我。"灰丑丑从暗处走了出来。

"灰丑丑？"杜鲁克十分惊奇，"你怎么会在这儿？"

"一言难尽。"灰丑丑一把鼻涕一把眼泪的，把喵四郎认定自己是奸细的过程说了一遍，最后跪在地上央求爱数王子一定要收留他，他愿意为爱数王子效力。

爱数王子面露难色，杜鲁克冲他递了一个眼色。爱数王子心领神会，马上点头答应。

爱数王子笑嘻嘻地双手搀起灰丑丑："灰丑丑请起，你的聪明才智我早有耳闻，今日你能投靠我，这是我求之不得的。杜鲁克是参谋长，我命你为副参谋长，协助杜鲁克工作。"

灰丑丑一听,心里别提有多高兴了!他这次来爱数王国的主要任务,就是窃取爱数王国的军事机密,最好能把杜鲁克劫持到鬼算王国,使爱数王子失去左膀右臂。

杜鲁克拉着灰丑丑:"走,跟我去参谋室看看。"

灰丑丑心想:去参谋室,那可太好了,大批军事秘密都藏在参谋室。

走进参谋室,墙上挂满了作战地图,立着几个高大的保险柜。进出参谋室要开一个密码锁。

灰丑丑心想:要进参谋室必须知道密码是多少。

他对杜鲁克说:"我去趟厕所。"他出了参谋室,并不是真去厕所,而是在厕所周围转悠。他看到一名爱数王国的士兵走过来,便急忙迎了上去。

灰丑丑说:"我刚从参谋室出来,现在想回去,你知道参谋室的密码吗?"

士兵一指门旁边的一块木牌:"密码在木牌上。"

怎么密码公开挂在外面?灰丑丑走过去一看,只见木牌上写着:

四个数中每三个数相加得到的和分别是 31,30,29,27。

原来四个数中最大的一个数是 a,密码是 aaa。

灰丑丑一边看着木牌上的问题,一边琢磨:四个数一个也不知道,却知道每三个数的和,要求的是最大的一个数 a。现在关键是,怎么把 a 和每三个数相加得到的和联系起来。

……

突然灰丑丑一拍手:"有了!我设这四个数的和为 x,这四个数应该是 $x-31$, $x-30$, $x-29$, $x-27$,而它们的和正好是 x。也就是:

$$(x-31)+(x-30)+(x-29)+(x-27)=x,$$
$$3x=117,$$
$$x=39。$$

因此，用四个数的和 x，减去三个数的和中最小的 27，就得到最大的数 a，$a = x - 27 = 39 - 27 = 12$。"

灰丑丑高兴地说："密码我找到了，是 121212。"然后，他不动声色去找杜鲁克吃饭去了。

夜晚，参谋室周围静悄悄的。一道黑影闪了出来，他朝四周看了看，发现周围没有人，便迈着极轻的脚步，快速来到了参谋室的门口。他敏捷地拨动密码锁，拨到 121212，门"吱呀"一声打开了。黑影一侧身就溜进了参谋室，点燃手中的蜡烛，在屋里仔细地寻找。只见桌上放了几本卷宗，上面都写着"绝密"字样，他详细翻看内容，突然发现一张地图上面写着"爱数王国兵力分布图"。他眼睛一亮，赶紧把这张图揣进了怀中。

他还想再找找，突然外面有声响，他赶紧藏到桌子底下，然后"喵——"地叫了一声。这一声叫，暴露了黑影的身份，原来黑影是灰丑丑。他听得外面也同样"喵——"地叫了一声。外面这声猫叫，把黑影吓了一跳。

他轻轻把门打开一道缝儿，"吱溜"钻进一只猫。这只猫围着黑影转了两圈，用尾巴轻轻打了他两下。灰丑丑立刻把猫抱在了怀里，轻声说道："是你，蓝猫！宝贝，你怎么来了？"

蓝猫用嘴拱了拱自己的肚皮，灰丑丑发现肚皮上粘着一张纸条。他看到纸条上写着："此猫负责传递情报。"

灰丑丑说："来得正好！"他从怀里掏出地图，找出根绳，把地图捆在了蓝猫的腰上，然后把蓝猫放了出去。做完这一切，灰丑丑也返回了卧室。

蓝猫出了参谋室，撒腿就往鬼算王国跑。没跑出多远，突然一只笼子从天而降，一下子就把蓝猫扣在了下面。一个士兵把蓝猫拿了出来，解下它身上的地图，又把另一张假的作战地图重新捆在了蓝猫的腰上，蓝猫重新跑回了鬼算王国。

喵四郎发怒了

喵四郎把蓝猫抱过来，解下它腰上的地图，看到是"爱数王国兵力分布图"，大喜。他把地图递给了鬼算国王："国王请看，灰丑丑能把这张图弄来，这一趟可不白去。"

鬼算国王接过地图仔细地看了一遍："虽然地图弄来了，想破译这张地图可不是一件容易的事。"

"我来看看。"鬼算王子要过地图边看边念，"爱数王国共有士兵 2520 人，分成六部分：胖团长率领的一团、二团和三团，铁塔营长率领的一营和二营，五八司令官率领的皇家卫队。"

喵四郎摇摇头："分得还挺细。"

爱数王子继续念："你若想知道兵力分布，你让一团拿出 $\frac{1}{8}$ 的兵力给二团；二团分到后，连同原有的兵力，拿出 $\frac{1}{7}$ 给三团；三团分到后，连同原有的兵力，拿出 $\frac{1}{6}$ 给一营；一营分到后，连同原有的兵力，拿出 $\frac{1}{5}$ 给二营；二营分到后，连同原有的兵力，拿出 $\frac{1}{4}$ 给皇家卫队；皇家卫队分到后连同原有的兵力，拿出 $\frac{1}{3}$ 给一团，这样一来六部分的兵力就一样多了。"

喵四郎叫道："我的妈呀！这绕了多少圈呀？"

鬼算国王笑了笑："爱数王国是一个狂热爱好数学的国家，你要想看他们的任何一份文件，不解数学题是万万看不了的。谁来算算？"

由于这个题目过于复杂，大家你看看我，我看看你，谁也不接茬。

鬼算国王无奈地苦笑了两声："嘿嘿，这苦差事只好由我来干了。这样的题目最好用反推法来解：由于最后每一部分的士兵人数同样多，所以最后每一部分得 2520÷6＝420（人）。由于每一部分的人数都和三部分

李毓佩
数学科普文集

人有关系：一是原有的，二是从别的部分调进的，三是从本部分调出的，所以就显得特别乱。"

"那怎么办？"喵四郎有点着急。

"别急，咱们一部分一部分考虑。"鬼算国王显得胸有成竹，"咱们先考虑一团的情况：由于要考虑原有的、调进的和调出的三部分，先考虑皇家卫队调给一团的人数。皇家卫队的 420 人是分给一团 $\frac{1}{3}$ 后剩下的，在分给一团之前皇家卫队有 $420 \div \frac{2}{3} = 630$（人），他给一团人数就是 $630 - 420 = 210$（人）。"

喵四郎点点头："好，算出一团调进的人数是 210 人。"

"一团得到皇家卫队士兵之前的人数是 $420 - 210 = 210$，这 210 是一团调给二团 $\frac{1}{8}$ 后剩下的，一团原有的人数就是 $210 \div \frac{7}{8} = 240$（人）。算出来了，一团有 240 人。其他部分人数就照上面的方法做吧！我歇会儿。"鬼算国王深深吸了一口气。

大家齐动手，把其余五部分都算出来了：二团 460 人，三团 434 人，一营 441 人，二营 455 人，皇家卫队 490 人。

鬼算王子看了看："除了一团人少了点儿，其他五部分人数都差不多。重要的是他们分布的情况。"

鬼司令说："我们应该集中力量，打击兵力最薄弱的部分，也就是攻击一团。"

"对！咱们集中猫人部落和鬼算王国中最精锐的部队，攻击一团！"鬼算王子激动地站起来。

鬼算王子展开爱数王国的军事地图："咱们先找到一团布防的位置，看，一团在这儿！他们看守着军火库。我们今天晚上就去端掉这个军火库。"

"慢！"鬼算国王十分严肃地说，"爱数王国现有 2520 名士兵，可谓兵多将广。不知猫大王手下还有多少士兵?"

喵四郎十分骄傲地说:"我带来的猫兵是6885名,是爱数王国士兵的两倍半还多!我才是兵多将广呢!"

鬼算王子冷笑了一声:"你有那么多猫兵,为什么屡战屡败呢?"

喵四郎发怒了:"我们到这儿,人生地不熟,特别是对爱数王国的军事部署和作战特点一点也不了解,盲目投入战斗,怎么能取胜?"

喵四郎把袖口向上撸了撸:"再说,我们猫兵和爱数王国的军队作战,也不是屡战屡败呀!我们和他们共交战了6次,第一场战役我们猫兵的大军,兵临城下,他们的铁塔营长领着大刀连和我们作战,我们用猫爪子杀得大刀连屁滚尿流。是不是?"

鬼算国王点头:"是、是。"

"第三场战役是相互闯阵,我们把爱数王子和杜鲁克手中的武器都拿下来了,眼看就要把他俩活捉,谁知飞来了黑白两只大鹰,把他俩救走了。对不对?"

"对、对。"

"第四场战役是我们被困'老鼠俱乐部',你们没有派兵来救,我们用'烧烤'的方法,杀败了爱数王国的部队。有没有?"

"有、有。"

"六场战役我们取胜了三场,你怎么能说我们是屡战屡败呢?"喵四郎说到气处,直奔鬼算王子走去。

鬼算国王一看不好,急忙站起来摆摆手:"猫大王息怒,猫大王来到我国,已和爱数王国交战6次,胜负各半。无奈杜鲁克十分狡猾,猫大王几次作战都被他算计,猫兵损失不小。猫大王说得对,猫兵进入爱数王国人生地不熟,特别是缺少情报,当今作战,没有情报如同双眼瞎。"

鬼算王子也觉得自己的话说重了,赶紧出来打圆场,插话说:"现

──────── 数学小子杜鲁克　李毓佩
数学科普文集

在好了，灰丑丑把爱数王国的'爱数王国兵力分布图'偷来了，我们两部分兵力合在一起，对爱数王国的六个军事目标各个击破，此战必胜无疑！"

喵四郎撇了撇嘴："我知道贵国几次战败，兵力已所剩无几，这次作战，仅我们一家足矣，不劳贵军出一兵一卒。对付他们，我也不用多带猫兵，只带240名足够！"

鬼算王子还想说什么，鬼算国王用眼神制止了他："猫大王说得对，现在我们对爱数王国的兵力分布了如指掌，猫兵一到，定能将爱数王国的军队全部击溃！"

"不过——"鬼算国王欲言又止。

喵四郎说："鬼算国王有什么尽管说。"

"猫大王带猫兵去攻打人数最少的一团，所带的猫兵也不多，如果爱数王国其他五部分部队来增援，把猫兵包围在中间，岂不成了瓮中之鳖了？"

喵四郎低头想了一下："鬼算国王说得对呀！我们必须掌握其他五部分的动态，随时知道他们的调动情况，根据他们的调动情况，我们组织'打援'部队，专门打他的增援部队。问题是我们怎样知道他们的部队如何调动呢？"

大家一片沉默。

"我有一个好办法。"鬼算国王兴奋地说，"你们别忘了灰丑丑现在正在爱数王国，而且是副参谋长。他一定知道爱数王国军队的调动情况，想办法让他把爱数王国军队调动情报及时传回来，不就成了吗？"

"好法子！"在场的人无不拍手称快。

喵四郎摇摇头："灰丑丑怎样能把情报及时传回来呢？靠那只小猫传递也来不及呀！"

鬼算国王眨了眨那双小眼睛："我有一个绝妙的办法。"说着从口袋里掏出一张表，打开给大家看：

十进位数	0	1	2	3	4	5	6	7	8	9
二进位数	0	1	10	11	100	101	110	111	1000	1001

大家看着这张表都愣住了："这张表有什么用？"

鬼算国王嘿嘿一笑："用处大了！爱数王国有六部分部队，可以用十进位数中的1、2、3、4、5、6这六个数字来表示。可是六个数字太多，传送起来不方便。十进位数可以转换成二进位数，二进位数只有0和1两个数字，这样传递起来就方便多了。比如用0代表猫叫'喵——'，用1表示鼠叫'吱——'，我再列张表。"

爱数王国的部队	一团	二团	三团	一营	二营	皇家卫队
用十进位数表示	1	2	3	4	5	6
用二进位数表示	1	10	11	100	101	110
用叫声表示	吱——	吱—— 喵——	吱—— 吱——	吱—— 喵—— 喵——	吱—— 喵—— 吱——	吱—— 吱—— 喵——

喵四郎看明白了："这就是说，爱数王国的6支部队，不管哪支部队调动了，我们就可以通过猫叫和鼠叫，把信息传递出来。嗯，妙，妙！鬼算国王赶紧把你这个传递方法写出来，让蓝猫给灰丑丑送去，叫他及时把部队调动情况传给咱们。"

鬼算国王不敢怠慢，立刻把刚才讲过的一切写了下来。喵四郎把它捆在蓝猫的身上，照着蓝猫的屁股拍了一掌："拜托了！"蓝猫"噌"的一声就蹿了出去。

鬼算国王严肃地说："咱们距离爱数王国还比较远，中间还要设几站中转站，派几名猫兵，采取接力的方法，把情报传回来。"

数学小子杜鲁克 李毓佩 数学科普文集

"对！"喵四郎亲自挑选了几名猫兵，建立中转站，又回头命令，"点齐 240 名猫兵立即出发，攻打一团防守的军火库！"

喵四郎刚想出发，三脚猫拦住了他："大王，你是猫兵的统帅，几千名猫兵等你指挥。这次攻打军火库的行动，由我来完成。"

喵四郎知道，三脚猫是猫人部落中仅次于灰丑丑的第三号人物，别看他一条腿有点瘸，但是头脑灵活，数学好，作战勇敢。

鬼算国王也在一旁插话："三脚猫说得对，群龙不可无首。三脚猫智勇双全，此次任务一定能顺利完成。"

喵四郎点点头，一挥手："大家都听三脚猫指挥，出发！"

240 名猫兵齐声回答："喵——"跟着三脚猫走了。

猫叫老鼠叫

夜晚，爱数王子和杜鲁克正在研究下一步作战方案，只见铁塔营长慌慌张张跑了进来。

他喘着气："报告爱数王子，一只瘸猫带领一群猫兵奔咱们的军火库去了。"

爱数王子问："是三脚猫带队，有多少猫兵？"

铁塔营长回答："有两百多人。"

爱数王子打开军事地图："在灰丑丑拿走的假军事地图上，军火库标的是一团在此防守，由于一团人数最少，只有 240 人，他们是找人数最少的攻击，看来他们要上当了。"

杜鲁克笑了笑："喵四郎逞强好胜，他知道一团有 240 人，就让三脚猫也只带了两百多人。但实际上是三团在防守军火库，三团有 434 人，几乎是一团的两倍。"

爱数王子双手一拍，对铁塔营长下达命令："调动二团的 460 人，增援三团。这样二团和三团合起来有 894 人，力争全歼这群猫兵。"

这时灰丑丑敲门进来了。他见铁塔营长匆匆往外走，便问："铁塔营长，这么晚了，到哪儿去呀？"

铁塔营长回答："喵四郎要进攻军火库，爱数王子让胖团长调动二团去增援。"

灰丑丑先是一愣，然后点点头说："军情似火，耽误不得，您赶紧去！"他又问爱数王子："有我什么事吗？"

爱数王子笑了笑说："小股部队骚扰，没事！"

"好。没事我休息去了。"灰丑丑转头出去了。

现在正是发挥他作用的时候，怎么能去睡觉呢？灰丑丑"噌噌"几下就上了房顶，掏出蓝猫刚刚送来的情报，借助月光，看到二团用叫声表达是"吱——喵——"。他赶紧冲着鬼算王国大声叫："吱——喵——，吱——喵——"

灰丑丑刚刚叫过，在很远的地方也同样响起了"吱——喵——，吱——喵——"的叫声，然后在更远的地方也响起了"吱——喵——，吱——喵—"的叫声。

叫声传到了喵四郎的耳朵里，他兴奋地说："二团开始调动部队了，二团有 460 人。机灵猫，你带领 460 名猫兵火速增援！"

机灵猫答应一声，点齐 460 名猫兵出发了。

又是猫叫，又是老鼠叫。爱数王子和杜鲁克都愣住了。

爱数王子问："这是怎么了？猫叫，老鼠也叫？"

杜鲁克："你细听，它们叫是有规律的，先是一声老鼠叫，接着是一声猫叫。"

爱数王子摇摇头："奇怪的是，这种叫声，不但有规律而且远处还有重复，近处叫完了，远处紧跟着学叫一次。"

杜鲁克突然灵机一动，冲门外喊道："士兵，快去把灰丑丑副参谋长

李毓佩
数学科普文集

找来！"

过了一会儿，士兵跑来报告，到处找，也没找到灰丑丑。

这时一名侦察兵跑了进来："报告王子，三脚猫带领的两百多猫兵已经和三团交手了。三脚猫的攻势十分凶猛，他们不但使用猫爪子，还使用大刀和长枪。"

爱数王子点点头："知道了，再探！"

另一名侦察兵又跑了进来："报告王子，一名叫机灵猫的带领460名猫兵，快速向军火库奔去。"

"嗯？"爱数王子一皱眉头，"来得好快呀！"

杜鲁克一摸脑袋："460名猫兵，这和去增援三团的二团士兵一样多，喵四郎怎么知道我们是派二团去增援呢？"

两人正在琢磨，突然灰丑丑进来了。

他面色紧张地问："怎么，军火库打起来了？咱们还不赶快派兵去增援？"

杜鲁克说："我们是想和你研究一下增援的事，可是到处也找不到你呀。"

"嘿——"灰丑丑笑得很不自然，"我馋了，一个人到后山捉老鼠去了。"

爱数王子问："捉住几只啊？"

"我听到这边一乱，就赶紧跑回来了，一只也没捉到。"

爱数王子说："咱们去军火库，看看战斗打得怎么样了。"说完和杜鲁克、灰丑丑朝军火库方向走去。

到了军火库，只听杀声、兵器撞击声连成一片，好不热闹。

很快灰丑丑就看出来了，由三脚猫带领的两百多猫兵，被多1倍的爱数王国的士兵围在了中间，由于人数上的悬殊，猫兵渐渐支撑不住了。

灰丑丑心想，怎么会这样呢？他忙问："军事地图上明明标出的是一团防守军火库，而一团只有240人，怎么现在有了这么多士兵？"

爱数王子笑了笑："你偷走的地图是一张假地图，假地图上确实标着一团防守军火库。现在我们用的是新地图，新的军事部署是三团守卫军火库了，而三团有434人，比一团几乎多了1倍。"

"啊，我上当了，我把假地图发了回去，让猫大王做出了错误的决定。都赖我！"灰丑丑后悔得抓耳挠腮。

爱数王子一声令下："把奸细灰丑丑拿下！"上来两名士兵，把灰丑丑捆了。

杜鲁克问："你是如何把我们调动二团去增援三团的消息发回去的？这和猫叫老鼠叫有什么关系？"

灰丑丑先一阵冷笑，后骄傲地说道："嘿嘿，我用的是最先进、保密性最强的手段发回去的。让你们猜十年八年的也猜不着。"

杜鲁克下令："翻他的口袋，看看有没有密码本。"

士兵从灰丑丑口袋里翻出了鬼算国王写给灰丑丑的纸条，纸条上有二进位制、十进位制、猫叫老鼠叫的对照表以及使用方法。

杜鲁克看过纸条，倒吸一口凉气："鬼算国王的数学着实了得，他能想到用二进位数和猫叫老鼠叫来传递信息，方法确实是高！"

爱数王子摇摇头："可惜呀！这么好的数学，没用在正道上。"

杜鲁克问："灰丑丑，你想不想将功折罪？"

灰丑丑低头不语。

"如果你不愿意，我们将一个月不给你老鼠肉吃。"

听说一个月不给老鼠肉吃，灰丑丑吓坏了，立刻说："我愿意将功折罪！千万别不给我老鼠肉吃。只要给我吃老鼠肉，让我干什么都成。"

爱数王子心里暗暗骂道："真没出息！"

一名士兵进来："报告王子，三团已经将三脚猫带领的猫兵击败，猫兵全部投降。"

"好！"爱数王子高兴。

一名侦察兵跑来报告："报告王子，机灵猫带领的 460 名猫兵已经逼近军火库。"

爱数王子命令："三团先从正面狙击机灵猫，交手之后，让二团从后面攻击，形成两面夹击的态势，力争全歼！"

灰丑丑在一旁暗暗着急："完了，完了。二团和三团加起来有 894 人，又差不多是机灵猫带的猫兵的两倍，他们也只能落得个被全歼的下场。唉！"

经过一番激烈的战斗，猫兵尽管在机灵猫率领下奋勇作战，终因寡不敌众，全军覆没，成了俘虏。

喵四郎和鬼算国王在王宫正等着胜利的消息，可是前线一点消息也没有，两个人坐立不安。

喵四郎想再派猫兵过去，鬼算国王说："先等等，看看灰丑丑会不会发来新的情报。"

再说爱数王子，他得知喵四郎派来的两支部队，全部被歼，而喵四郎又没派新的部队，就问杜鲁克下一步怎么办。

杜鲁克想了想："咱们还是照方抓药，继续让灰丑丑往回发情报，告诉喵四郎，我们这里继续在调动部队。"

"好！"爱数王子对灰丑丑说，"你发情报，告诉喵四郎，说皇家卫队正在调动。"

"喵！"灰丑丑说，"把鬼算国王写给我的纸条还给我行吗？上面的暗号，我记不住。"

"可以。"

"让我上房顶上去发，行吗？"

"可以。"

灰丑丑很快就蹿上房顶，冲着鬼算王国方向，大声叫道："吱——

喵——吱——，吱——喵——吱——，吱——喵——吱——"连叫三遍。

经过中转站，信号很快就传到鬼算王国的王宫。

鬼算国王第一个听懂了灰丑丑发来的信息，他兴奋地说："三脚猫和机灵猫可能取得了胜利，爱数王国有点顶不住了。他们开始调动他们的王牌军——皇家卫队去增援了。"

喵四郎咧着嘴："嘿嘿，他们哪里经得起我的精锐部队的轮番进攻？他们的皇家卫队有多少人？"

"490 人。"

"好，爱数王国总共只有 2520 人，这次我亲自带队带兵两千人，把爱数王国的部队，彻底击溃！"喵四郎命令，"点齐队伍，立刻出发！"

鬼算国王赶忙站起身来，说了声："慢！大王对爱数王国的地形和建筑还不太熟悉，我派鬼机灵随队出发，鬼机灵对爱数王国了如指掌。"

喵四郎点点头："那可太好了！多谢国王！"

鬼算国王冲喵四郎一抱拳："祝猫大王马到成功！"

两军决战

爱数王子打胜了两场战役，正和杜鲁克研究下一步如何办。突然，侦察兵进来报："报告王子，喵四郎率领两千猫兵，正向军火库杀去。"

"啊？"喵四郎这次出动这么多猫兵，有点出乎爱数王子的预料。他对杜鲁克说："这次喵四郎是要拼命呀！"

杜鲁克拍着自己的脑门，在屋里走了两个来回。他说："这次猫兵人数众多，我们不可以和他们正面交锋，要想办法把他们拆成几部分，然后各个击破。"

"怎么个拆法？"

"猫的特性是怀疑、好奇和固执。咱们就抓住猫的这些特性把他们分开。”

"好！具体怎样做呢？"

杜鲁克说："灰丑丑在咱们手里，咱们要好好利用他，王子附耳过来。"然后就小声对王子说了好一会儿，爱数王子频频点头，脸上不断露出笑容。

爱数王子命令卫兵："把灰丑丑带来！"

王子问："灰丑丑，你想立功赎罪吗？"

"想、想，做梦都想。"

"好，现在给你一个立功赎罪的机会。你先后到军火库、王宫、大食堂、练兵场、粮库和俱乐部这六个地方，分别发出一团、二团、三团、一营、二营和皇家卫队的二进位数的密码暗号。记住一定要发完一个，等一会儿再发下一个。"

"是！"灰丑丑在士兵的押送下，离开了王宫。

喵四郎带着两千猫兵，浩浩荡荡地向军火库进发。

突然听到传来"吱——，吱——，吱——"的叫声。

喵四郎听到这个声音，问鬼机灵："这声音是从何处传来的？"

鬼机灵侧耳听了听："是军火库方向。"

喵四郎高兴地点点头："灰丑丑在告诉我们，一团在军火库。对！上次灰丑丑传回来的情报就是一团驻守军火库。军火库我已经派了三脚猫和机灵猫去攻打了！"

往前又走了一会儿，突然又传来三声："吱——喵——，吱——喵——，吱——喵——"

喵四郎忙问："这是从哪儿传来的？"

鬼机灵脑袋左右转动了两下："是从爱数王国王宫方向传来的。"

"灰丑丑告诉我们，二团在王宫，二团有 460 人。"喵四郎命令，"大黄猫，你带领 460 名猫兵，火速赶往王宫，消灭二团！"

大黄猫个子很高，体格健壮，浑身是黄毛，十分漂亮。他答应一声，带兵出发了。

又过了一会儿，灰丑丑又发来信号："吱——吱——，吱——吱——，吱——吱——"

鬼机灵忙说："信号是从大食堂传来的。"

喵四郎说："三团在大食堂，三团有434人。老黑猫，你带领434名猫兵，进攻大食堂。你是老猫兵了，希望你尽快结束战斗！"

老黑猫年岁比较大了，走路和说话都比较慢。他一字一句地说道："我一定——不辜负——猫——大王——的希——望。"说完带着434名猫兵走了。

之后，陆续传来"吱——喵——喵——，吱——喵——吱——，吱——吱——喵——"的叫声。

鬼机灵准确说出分别是从练兵场、粮库和俱乐部传出来的。

喵四郎也精确无误说出，是一营、二营和皇家卫队分别在这三个地方。他又派出胖花猫带领441名、波斯猫带领455名猫兵去攻打一营和二营。现在只剩下210名猫兵了，喵四郎要亲自带领这余下的210名猫兵，去攻打有490人的精锐皇家卫队。

鬼机灵上前劝阻："猫大王还是调些猫兵来吧！爱数王国的皇家卫队战斗力非常强，我们鬼算王国的部队和他们几次交手，都是大败而归。我们现在的猫兵数，还不及人家的一半，怎么和人家交手？"

喵四郎摇摇头："来不及了。我的猫兵会奋勇杀敌，以一抵二，坚决消灭皇家卫队！出发！"

对付喵四郎的全面进攻，杜鲁克采取的是，集中优势兵力，一个一个消灭猫兵队伍。三团已经将三脚猫带领的两百多猫兵击败，而机灵猫带领的460名猫兵，也被二团和三团两面夹击全歼。

爱数王子下令，一团、二团和一营火速赶到王宫，围歼大黄猫带领

———————————— 数学小子杜鲁克　李毓佩
数学科普文集

的猫兵。由于一团、二团和一营合起来有 1141 人，而大黄猫只带领 460 名猫兵，双方交战半个小时后，大黄猫就被打得七零八落，很快就投降了。接着胖花猫带领的 441 名猫兵、波斯猫带领的 455 名猫兵也没逃脱被全歼的命运。

这时喵四郎正带着他的 210 名猫兵赶往俱乐部，去攻打皇家卫队。走着走着他发现四周都有动静，便忙派猫兵前去打探。

猫兵回来说："报告大王，大事不好了！四周都是爱数王国的军队，我们被包围了。"

喵四郎摇摇头说："不可能！我派去的那么多部队呢？我的三脚猫呢？我的机灵猫呢？我的大黄猫呢？我的老黑猫呢？我的胖花猫呢？我的波斯猫呢？难道他们都从人间蒸发了吗？"

最后，喵四郎十分痛心地说："特别是我最信任的灰丑丑，他到哪里去了？"

突然，灰丑丑出现在前面，对喵四郎说："大王，我在这儿。大王，你派来的几支部队，全被爱数王国的部队歼灭，绝大多数猫兵都当了俘虏。"

"什么？"喵四郎简直不敢相信自己的耳朵。

爱数王子和杜鲁克也在前面出现了。

爱数王子说："尊敬的喵四郎，猫人部落平日爱好和平，从不无故侵犯别人。这次您受了鬼算国王的挑唆，发兵来进攻我国，我们只能奋起抵抗。战斗到了此时，胜负已定，来犯的猫兵，除了少部分受伤，我们已经给予了治疗，其他俘虏身体良好。一会儿，我们一并还给大王。带上来！"

只见在爱数王国士兵的看护下，猫兵排成几个整齐的方队，每队前面都有一个领队的，他们依次是三脚猫、机灵猫、大黄猫、老黑猫、胖花猫和波斯猫。

喵四郎一看，叹了一口气，不得不服："唉！一切都完了！爱数王子，实在对不起，我们受了鬼算国王的蒙蔽，侵犯了贵国，我现在就带兵撤走，保证永不再进犯贵国！"

爱数王子把手一举，高喊："列队送客！"

爱数王国的士兵在猫兵队伍的两侧排好整齐的队伍，目送猫兵撤离。

"等一等！"胖团长急匆匆赶来，后面跟着两名士兵，每人牵着一匹高头大马，每匹马上都驮着两只大铁笼子，里面装满了老鼠。

爱数王子笑着说："我们费了半天劲，才捉了这么多老鼠，送给喵四郎路上吃吧！"

喵四郎什么也没说，朝爱数王子和杜鲁克招招手，就向野猫山进发。

经过鬼算王国时，鬼算国王和鬼算王子正站在山顶上，脸色灰暗。鬼算国王自言自语着："完了，这次又失败了。"

鬼算王子愤愤地说："失败是成功之母，下次再来！"

4. 勇闯死亡谷

杜鲁克被绑架

这天晚上，爱数王国的王宫里明灯高悬，亮如白昼。大厅的圆桌上摆满了鸡鸭鱼肉。人来人往，好不热闹。要问这是在庆祝什么，原来杜鲁克的假期已结束，明天一早就要回学校继续念书了。爱数王子为了感谢杜鲁克在和鬼算王国的斗争中所做出的重大贡献，特设宴席欢送杜鲁克。七八首相、五八司令官、胖团长、铁塔营长——爱数王国的重要官员们全都到齐。大家纷纷举杯，祝福杜鲁克学习进步、身体健康。

杜鲁克谢过大家："从今以后我不再是参谋长了，只是一名普通的小学生。小学生不能喝酒，我就以茶代酒，感谢大家的热情欢送！"宴会一直到深夜才结束。杜鲁克有点累了，回到自己的卧室，倒头便睡。

也不知睡了多久，杜鲁克迷糊中听到门外有动静。他翻身坐起，问了一声："谁？"伸手就要开灯。突然房门大开，从门外"噌噌"跳进两个黑影，其中一个黑影掏出一个大口袋，一下子套在了杜鲁克头上，两个黑影架着杜鲁克飞快出了房门。他们把杜鲁克绑在了一匹马上，两个

黑影也各自骑上马，飞也似地跑走了。

第二天一早，爱数王国的王宫热闹啦：

"不好了，参谋长不见了！"

"不得了了，杜鲁克不见了！"

"大事不好了！数学小子丢了！"

王宫里乱了套，大家看着爱数王子说："王子，这可怎么办？"

此时爱数王子却分外冷静。他下达命令："铁塔营长，你带人把王宫周围仔细搜查一遍！"

铁塔营长马上立正，行了个军礼："是！"转身跑出去了。

爱数王子又命令："胖团长，你带人仔细搜查一下杜鲁克参谋长的卧室，看看能不能发现什么蛛丝马迹？"

爱数王子突然又想到：如果让白色雄鹰和黑色雄鹰从高空侦察，能不能发现杜鲁克的踪迹？

安排好一切后，爱数王子在王宫里来回踱步，等待消息。

铁塔营长第一个跑了回来："报告爱数王子，我把王宫里外翻了个遍，什么也没有发现。"

接着胖团长跑了进来，擦了把头上的汗："报告，卧室里除了参谋长的脚印，还有两个陌生人的脚印，门外还有些杂乱的马蹄印。"

爱数王子忙问："马向什么方向跑了？"

胖团长回答："向正南方向跑了。

爱数王子又问："有几匹马？"

"看不太清楚，好像有三匹马。"

"啸——"空中一声鹰啼，白色雄鹰和黑色雄鹰飞回来了。它们向爱数王子摇摇头，表示没有发现什么。

爱数王子听了大家的汇报着急了，目前只知道是两个人和三匹马带着杜鲁克向正南方向走了。到底是什么人把杜鲁克劫持走了？杜鲁克明天就要回去上学了，他们劫持杜鲁克要做什么？

当然，最有可能是鬼算国王干的，可是有什么证据呢？

大家挠头的挠头，搓手的搓手，都毫无对策。

七八首相站了起来，对胖团长说："带我去看看马蹄印。"

来到现场，七八首相掏出皮尺，把马蹄印之间的距离量了又量，在本子上记了又记，算了又算，随后点点头："这三匹马中，有一匹是喵四郎送给鬼算国王的'赤兔马'，另一匹是鬼算王子的'白龙马'，因为只有这两匹宝马迈的步子才能这么宽！"

五八司令官听罢，倒吸一口凉气："这么说，杜鲁克是被鬼算国王劫持走了？鬼算国王恨死参谋长了。参谋长这一去，恐怕凶多吉少啊！"

胖团长站起来："那黑、白雄鹰为什么没有发现马的踪影呢？"

七八首相解释说："这两匹宝马跑起来奇快如飞，这么长时间早就跑得没影了，哪还能看得见呀？"

爱数王子眉头紧锁："黑、白雄鹰，你们朝正南方向直飞，一路上要仔细观察有没有马蹄印！"

两只雄鹰"啸——"地叫了一声，腾空而起，向正南方急速飞去。

方向死亡谷

正当大家焦急等待的时候，只听外面"啸——啸——"连叫两声，黑、白雄鹰相继飞了回来。黑色雄鹰朝爱数王子叫了几声。

爱数王子"啪"地猛拍一下桌子："坏了！他们去了死亡谷！"

大家一听"死亡谷"三个字，"呼"的一声全站了起来。

七八首相连声叹气："你说说，去哪儿不好，偏偏去了死亡谷！这一去就别想回来了！"

胖团长对死亡谷的了解不多，忙问："首相，这死亡谷有那么可怕吗？"

七八首相说："那是鬼算国王经营多年的一块死亡之地呀，专门用来关押那些反对他的人。那里有毒蛇猛兽、食人树、食人花；有有毒的瘴气和雾霾；还有鬼算国王特别安装的暗道机关、暗箭、暗弩；鬼怪僵尸无所不有，风火雷电样样俱全。一句话，那里就是一个死亡俱乐部！死亡谷只有一条通道，不熟悉的人，进了死亡谷就别想活着出来！"说到这儿，首相一口气没上来，晕死过去了。

大家一看七八首相晕了，立刻进行抢救，拍后背，掐人中，忙活了好一阵子，首相这口气才缓了上来。

铁塔营长问："鬼算国王为什么要把杜鲁克带到死亡谷去呢？"

七八首相一边喘着粗气，一边说："鬼算国王无所不用其极，杜鲁克要是进了死亡谷，这辈子就别想再走出来了！喀、喀、喀！"

大家你看看我，我看看你，谁也没了主意，屋里一片寂静。

突然，爱数王子站了出来，向大家宣布："我要去死亡谷和杜鲁克并肩作战！杜鲁克为了咱们爱数王国出了多少力，我们不能在他危险的时候，置他于不顾。我要去和他并肩作战，同生死，共患难！"说完，他佩戴好宝剑，纵身一跃，跳上了黑色雄鹰的后背。

这时，铁塔营长匆匆跑了过来，把一副崭新的双节棍递给了爱数王子："杜鲁克被劫持走时，手里没有任何武器，把这副双节棍给他带上！"

爱数王子接过双节棍，喊了一声："走！"黑色雄鹰拔地而起，飞向天空。白色雄鹰随之而起，跟随黑色雄鹰飞走了。

事情发生得有些突然，满朝的文武大臣不知如何是好，个个目瞪口呆。

过了一会儿，七八首相喊道："胖团长！"

"在！"胖团长向前迈了一大步，向首相行了个军礼。

七八首相命令："你带领你团的全体士兵，火速赶往死亡谷。在谷的入口处驻扎，准备接应爱数王子和杜鲁克！"

"是！"胖团长快步跑了出去。

五八司令官问："七八首相，难道进了死亡谷就必死无疑？就没有什么破解的方法吗？"

"也不是。"七八首相颤颤巍巍地站了起来："每到达一个危险点，必然会出现一道数学问题。如果能正确解答出这道数学题，就可以平安离开，继续前进。"

"好啊！"听到七八首相这番话，全场欢声雷动："有救啦！杜鲁克数学那么好，还怕解不出死亡谷的数学题！"

七八首相摇摇头："解出一道、两道不难，但整个死亡谷里有很多道数学题。倘若有一道题没解答正确，参谋长不就完了吗？"

听完此话，大家又把头低下了。

再说爱数王子和两只雄鹰。

飞到一座大山跟前，雄鹰缓缓降落下来。爱数王子抬头一看，前面是崇山峻岭，地势十分险峻。迎面一块巨石，上面写着"死亡谷"三个血红的大字，十分刺眼。

爱数王子抬腿往里走，突然一块石头横在面前，挡住了去路。石头上刻着一幅方格图和一段说明文字：

按照图中数字排列的规律，将正确的数字填在空格中，你便可进入死亡谷。死亡正在前面等着你！

1	5	6	30
2	3	8	12
3		7	35
4	3		9

爱数王子仔细观察图中的数字：第一列是 1，2，3，4，非常有规律。

李毓佩
数学科普文集

可是其他列的数字就杂乱无章了。

爱数王子观察了半天，心里又惦记着身陷谷中的杜鲁克，非常着急，越着急，就越找不出规律。实在没办法了，爱数王子想，我随便填两个数字吧，没准儿碰巧能蒙对呢。

爱数王子在两个空格中，一个填上 6，一个填上 11。

刚刚填完，就听到巨石后面一声大吼，震得树木枝条乱晃。随后从巨石后面走出一只身高足有 2 米的黑猩猩，双手举着一块牌子，牌子上面写着：你连这么简单的数学题都做不对，还想进死亡谷？你不够资格，还是到别处去寻死吧！

爱数王子大惊："怎么！数学不好，连死在这里的权利都没有？太可恶啦！我就不信我做不对。"

爱数王子静下心来，仔细研究图中数字排列的规律。他心想：竖着看，看不出规律。那我再横着看看，第一行的数字是 1，5，6，30。它们有这样的关系：5×6＝30，也就是第二个数字和第三个数字的乘积，正好等于第四个数字。第二行的数字是 2，3，8，12。可是 3×8＝24，这里第二个数字和第三个数字的乘积，不等于第四个数字了，而等于第四个数字的 2 倍。

爱数王子想了想，这也好办，3×8÷2＝12，用第一个数字 2 去除，结果就等于第四个数字了。看看第一行符合不符合这个规律？ 5×6÷1＝30，嘿！也对！

图中数字的规律是：

$$1×30＝5×6,$$
$$2×12＝3×8。$$

可以按照这个规律，反过来求这两个数：

$$3×35÷7＝15,$$
$$4×9÷3＝12。$$

1	5	6	30
2	3	8	12
3	15	7	35
4	3	12	9

爱数王子刚把数字填好，黑猩猩立刻把手中的牌子转了180°，牌子的后面写着：你填对了，可以进死亡谷了。如果你想死得快一点，可以让我把你一撕两半，立刻玩完！

"回头我把你一剑劈成两半，让你玩完，哼！"爱数王子说完，顺着这唯一的通道往里走去。

一杯毒水

再说说被劫持的杜鲁克。

杜鲁克被蒙住眼睛，绑在一匹高头大马上，只听旁边两个人扬鞭策马，"嗒、嗒、嗒"向前飞速奔去。

跑了足有一个小时，马慢慢停下来了。杜鲁克听见一阵"咳、咳、咳"非常难听的干笑声，似乎有些熟悉，但一时又想不起在哪儿听过这个声音。

杜鲁克突然想起来了，这不正是鬼算国王的笑声吗？没错，就是他！想到这儿，杜鲁克心中一紧：坏了，我遇到麻烦了。我曾协助爱数王国几次战胜了鬼算国王，他一定把我看成眼中钉、肉中刺，肯定不会轻易放过我。看来一场新的较量要开始了！

蒙眼睛的黑布被摘了下来。杜鲁克揉了揉眼睛，看清了眼前的一切：鬼算国王坐在龙椅上，脸上带着不怀好意的笑容；鬼算王子、鬼司令站在他身旁；几员大将：不怕鬼、鬼不怕、鬼都怕、鬼机灵，分列两旁。

鬼算国王皮笑肉不笑地说："咳咳，老朋友，咱们又见面了。"

杜鲁克没好气地问："你们把我绑架到这儿，到底想干什么？"

"绑架？绑架这词儿多难听呀！"鬼算国王走下龙椅，"你，杜鲁克，爱数王国堂堂的参谋长，我怎么敢绑架呀？我是看你来到这里已有多日，可是很少有机会到我们鬼算王国参观游览。我们鬼算王国山川秀丽，不游览一次，岂不终生遗憾。"

鬼机灵点点头："就是、就是。杜鲁克你若想参观，我可以给你当向导。"

鬼司令也插嘴说："特别是死亡谷，一生当中不可不去啊！"

"对、对。"鬼算国王兴奋了，"鬼司令提到的死亡谷，是我重点打造的 4A 级景区，原名叫'生死谷'。后来我想，只要进了这个山谷，怎么会有活着走出去的可能呢？名不副实。于是改名为'死亡谷'，嘿嘿。不过死亡谷里确实刺激，你每往前走一步，都要经历一次生死的考验。如果在某一个环节上过不去，你的小命就玩完了！咳咳。"

鬼算国王停顿了一下，大喊："鬼机灵！快送杜鲁克去死亡谷！"

"是！"鬼机灵答应一声，推着杜鲁克走了出去。

走了一段路，杜鲁克口渴，提出要喝水。鬼机灵痛快地答应了，随后带杜鲁克来到一间小亭子里，桌子上摆着 11 个一模一样的杯子，还有一个小盒子。

鬼机灵说："这 11 个杯子里，有 9 个杯子里装的是白开水，可以放心地喝。1 个杯子装的是放了毒药的水，喝上一点点就会中毒身亡。还有一个是空杯子。小盒子里是 4 张试纸，可以测出水里有没有毒。你现在可以喝水去了！"

杜鲁克心里明白，这是他面临的第一次生死考验，他相信自己有能力解决这个问题，躲过死亡的威胁。他默默地在心里设计一个找出装有毒水杯子的方案。

杜鲁克走到桌子前，把装有水的 10 个杯子随意分成数量相等的两组，每组都有 5 个杯子。接着把其中一组 5 个杯子的水都往空杯子里倒上一点点。然后从小盒子拿出一张试纸，放在这个杯子里测试，结果没变颜色。按照这个方法，杜鲁克把这组的 5 杯水"咕咚咕咚"全都喝下去了。

杜鲁克一抹嘴唇，说了一句："痛快！"

鬼机灵一愣，心想：这杜鲁克胆子可真够大的！

鬼机灵问："喝够了没有？还喝吗？"

杜鲁克摇摇头："半饱。我还要把那 4 杯无毒的白开水喝了。"

杜鲁克把另外一组的 5 个杯子，再随意分成 2 杯、2 杯、1 杯三份。把其中 2 杯水的那份拿起来，各向空杯子里倒一点点水。然后拿出第二张试纸，放进杯子里试了试，还是没变颜色。杜鲁克端起这两杯水，一仰脖喝了进去，还打了一个饱嗝。

鬼机灵眨巴着小眼睛，问："还喝吗？"

"喝！"杜鲁克指着桌子上的水："这水不喝，不就浪费了嘛！"

鬼机灵心想：杜鲁克你是不喝毒水不甘心啊！

杜鲁克拿着小盒子，笑嘻嘻地说："这里还有 2 张试纸没用呐！"

桌子上还有 3 杯水，杜鲁克把 2 张试纸分别放进其中 2 个杯子里。这时一个杯子里的试纸变成了黑色。杜鲁克拿起另外 2 杯水，一仰脖"咕咚咕咚"又喝下去了。

杜鲁克拿起那杯变成黑色的水，问鬼机灵："尝尝不？"鬼机灵吓得撒腿就跑，一边跑一边喊："那水有毒，我不喝，我不喝！"

杜鲁克拿着这杯毒水在后面一边追一边喊："喝点尝尝吧！这是你们鬼算国王给我准备的，好喝！"

鬼机灵个头矮，腿短跑不过杜鲁克。没跑几步，就让杜鲁克追上了。杜鲁克一把揪住了鬼机灵的后衣领，大喊："好喝，你喝了吧！"

鬼机灵大喊："救命啊！"他感觉后脖梗子一阵发凉，原来杜鲁克把那一杯毒水都倒进他的后衣领里了。

"哈哈，舒服吧？真好玩！"杜鲁克乐得前仰后合。再看鬼机灵，倒在地上直翻白眼，吓晕过去了。

杜鲁克一想，鬼机灵晕过去了，我何不趁此机会逃出死亡谷呢？他找到了死亡谷中唯一的一条路，向北快速走去……

路遇狮群

杜鲁克走了 20 分钟左右，前面出现了一大片平原，一丛丛低矮的树木点缀其间。

突然，树丛开始晃动，传出一阵阵狮子低沉的吼声。杜鲁克全身一颤，心想：坏了，我是和狮群相遇了。这里是一片平原，我想藏都没地方藏。这可怎么办呀？难道我要在这死亡谷中被狮子吃掉吗？

杜鲁克向周围看了看，发现东边有一道铁丝网和这边隔开。铁丝网那边不时发出阵阵的虎啸。

听到虎啸，杜鲁克心中暗喜：机会来了！早就听说狮虎不相容。人们一直在争论，究竟是老虎厉害还是狮子厉害。有人说老虎厉害，理由是，古代北方也有狮子，就因为狮子打不过老虎，才跑到南方去了。现在这里有狮子，又有老虎，何不让它们打上一场，看看究竟谁更厉害？我也可以趁机跑出去。

可是怎样才能打开铁丝网呢？杜鲁克犯了难。

正在这时，有人高喊："杜鲁克、杜鲁克，你跑哪儿去了？"

是鬼机灵！杜鲁克心中一喜，马上高声答应："哎，我在这儿呐！鬼机灵你快来呀！"

鬼机灵晃晃脑袋说："我以为你真的让我喝毒水呢，把我吓晕了。"

"逗你玩呢！"杜鲁克拍了拍鬼机灵的肩头问，"你想不想玩更好玩的游戏？"

"什么游戏？"

"前面的左边有一群狮子，右边有一群老虎，你知道吗？"

"知道，知道，那是鬼算国王专门养的，凶恶的很，会吃人的。"

杜鲁克突然问了一个问题："死亡谷里有鬼怪吗？"

"有啊！死亡谷里怎么能没有鬼怪呢？"鬼机灵毫不迟疑地回答。

杜鲁克又问："是真的还是假的？"

"真的！"鬼机灵嘴边露出一丝狡黠的微笑。

杜鲁克点了点头，心里明白了几分。他换了个话题："你说是老虎厉害，还是狮子厉害？"

"这谁知道啊？"

"是啊，有人说老虎厉害，也有人说狮子厉害。这个问题成了世界难题。"

鬼机灵晃晃脑袋："这个难题谁也解决不了，除非狮子和老虎什么候决斗一次。"

"现在就可以！"杜鲁克斩钉截铁地说。

"什么？现在？"鬼机灵吓得一蹦老高。

杜鲁克笑嘻嘻地说："你别紧张。现在这里有现成的狮子和老虎，只要把铁丝网挪开一条缝儿，它们就会打起来。到底是老虎厉害，还是狮子厉害，答案立马揭晓。"

鬼机灵有点犹豫，他紧锁眉头："好玩是好玩，但如果这事让鬼算国王知道了，我的脑袋就要挪窝了。"

杜鲁克紧逼一步说："就算你不愿意，我一个人也要做。但你是鬼算

李毓佩
数学科普文集

国王派来看管我的，如果我出了事，你也要负责任！"

　　鬼机灵低头琢磨了一会儿，心想：杜鲁克说得也对。我的任务是监督杜鲁克在死亡谷中的活动，直到他死亡为止。如果途中出了问题，我往他身上一推就了事。再说，我还有一个重要的问题需要杜鲁克帮忙。

　　想到这儿，鬼机灵点点头："也罢，为了解决这千古难题，我和你玩这场危险的游戏。不过，你要帮助我解决一个数学问题。"

　　"什么数学问题？"

　　"你知道我们鬼算王国有四员大将：不怕鬼、鬼不怕、鬼都怕和我。最近鬼算国王在总结和爱数王国战斗的经验时，发现我们缺少一名像你一样的参谋长，所以屡战屡败。"

　　"那你们选一个参谋长不就行了嘛！"

　　"对呀！大家说，从四员大将中选出一个参谋长不就行了。但鬼算国王觉得这四员大将实力都差不多，让谁当呢？"鬼机灵停了一会儿，"鬼算国王说，我们最大的敌人是爱数王国，所以参谋长必须选数学能力最好的。于是他出了一道数学题，我们四个人谁能第一个解答出来，就选谁当参谋长！"

　　"这也是个办法。"杜鲁克问，"最后谁做出来了呢？"

　　"到今天为止，还没人能做出来呢！"鬼机灵看了杜鲁克一眼，"你杜鲁克的数学水平高。你要是能帮我把这道题做出来，我就豁出去了，帮你把狮子和老虎赶到一起，让它们决斗！"

　　杜鲁克听了高兴地跳了起来："好，那咱们一言为定。你先说说那道题吧！"

　　鬼机灵开始说题："最近有若干名青年要入伍。鬼司令说如果把这些青年都分给一连，那么一连下属的每个排都可以得到 12 名新兵；如果都分给二连，二连下属的每一个排都可以得到 15 名新兵；如果都分给三连，三连下属的每一个排都可以得到 20 名新兵。"说到这儿，鬼机灵话锋一转，"鬼算国王拦着鬼司令说，这种分法不公平。应该把这些青年平均分给三个连的每一个排。谁知道这样分配的话，每个排能分到多少名新兵？"

杜鲁克点了点头："嗯，这道题果然有点难度。你知道难点在哪儿吗？"

鬼机灵摇了摇头。

杜鲁克说："新兵数和三个连所属排的总数都不知道，这加大了这道题的难度。"

"那怎么办呀？"

"因为单独分给三个连时，三个连下面的每个排，分别可以分得 12、15、20 名新兵。说明新兵总数 N 应该是这 3 个数的公倍数。"

"对，不然的话，分到排里的新兵数就不可能是整数。"

"12、15、20 这三个数的最小公倍数是 60，可以设新兵的总数 $N = 60x$。我问你：$60x \div 12 = 5x$，这个 $5x$ 代表什么意思？"

鬼机灵想了想："应该是一连有 $5x$ 个排。"

杜鲁克用力拍了一下鬼机灵的肩膀："不愧是鬼机灵！说得对！这样，二连就有 $60x \div 15 = 4x$（个）排，三连就有 $60x \div 20 = 3x$（个）排。这样三个连下属的排的总数是 $5x + 4x + 3x = 12x$（个）。新兵总数是 $60x$，新兵总数÷排的总数 $= 60x \div 12x = 5$。哈，算出来了。平均分配的话，每个排分得 5 名新兵。"

"每排分得 5 名新兵。"鬼机灵高兴得双手一拍，"鬼算王国的参谋长就是我了！"

杜鲁克催促："咱们快去打开铁丝网！"

"不用，那边有门。"说着鬼机灵蹑手蹑脚地走到铁丝网前动手拉门，却拉不开。他仔细一看，门上挂着一个牌子。上面写着：

请你将"＋、－、×、÷"四个符号和括号填进下面四个式子，使得结果都等于1。

1 2 3 4 5 6＝1

1 2 3 4 5 6 7＝1

1 2 3 4 5 6 7 8＝1

1 2 3 4 5 6 7 8 9＝1

如果填写正确，门自动开。

鬼机灵冲杜鲁克一招手："这是你的老本行，你来解吧！"

杜鲁克走过去一看："都是加、减、乘、除四则运算题，简单。"他稍微想了想，就把符号和括号填了进去：

$$1 \times 2 \times 3 - 4 + 5 - 6 = 1$$

$$\{[(1+2) \div 3 + 4] \div 5 + 6\} \div 7 = 1$$

$$(1 \times 2 \times 3 - 4 + 5 - 6 + 7) \div 8 = 1$$

$$[(1+2) \div 3 + 4] \div 5 + 6 - (7 + 8 - 9) = 1$$

只听"咯噔"一响，门自动打开了。

鬼机灵招呼冲杜鲁克："快来！"说完"噌噌"两下就爬上了附近的一棵树，杜鲁克也跟着爬了上去。

鬼机灵小声说："好戏就要开始啦！"

虎王斗狮王

杜鲁克和鬼机灵屏住呼吸，准备观看即将发生的激烈争斗。

第一个走向大门的是一只小狮子，它好奇地走到门前，把脑袋探了过去，左右看了看。

一只小老虎急匆匆地跑了过来，冲小狮子发出了警告，不要跨界到老虎领地这边来。

谁知道小狮子不吃这一套，它冲小老虎一瞪眼，"吼——吼——"叫了几声，然后把身子往下一低，就要扑上来。

虎为兽中之王，怕过谁？小老虎脾气更暴躁，身体往前一蹿，越过铁丝网，来到了狮子领地。两个小家伙打在了一起。

雌狮和母虎一看自己的孩子受欺负了，也立刻扑了过来。几只雌狮子和几只母老虎撕咬在一起，吼叫、抓咬、翻滚，好不热闹。鬼机灵和杜鲁克都看傻了眼。

突然，一声震耳欲聋的吼叫，低沉、有力，大地都为之震动；接着又是一声更加低沉的吼叫，树叶也为之晃动。杜鲁克向左一看，一只威风凛凛的雄狮站在高岗上，显然这是一只狮王；杜鲁克向右一看，一只体型硕大的斑斓猛虎从草丛中走了出来，不用问，这肯定是只虎王。

正斗得不可开交的雌狮和母虎立刻闪到了一边，让位给狮王和虎王。

杜鲁克"啪"的一击掌："好！主角登场了，好戏还在后面！"

只见狮王大吼一声向虎王扑了过去。这一扑，力量极大，把虎王扑了一个跟斗。虎王也不甘示弱，用钢鞭似的虎尾"唰"的一声，向狮王扫了过去。只听"啪"的一声，虎尾重重地打在狮王的身上，狮王被打出去好远。

狮王、虎王各摔了一个跟头，第一回合打了一个平手。

接着虎王发动进攻，来了一个饿虎扑食，直扑狮王。狮王也不躲闪，同时跃起来扑向虎王。两王在半空中相撞，"砰"的一声响，都被撞飞，重重地摔在了地上。这一摔可真不轻啊，虎王和狮王都趴在地上，半天没起来。

狮王、虎王打斗的声音，传到了爱数王子的耳朵里。"什么声音？"爱数王子怕杜鲁克出事，派黑色雄鹰前去看看。

鬼算国王也听到了狮虎相斗的声音，心中一惊：死亡谷出什么事啦？

他立刻派鬼不怕前来查看。

很快，鬼不怕跑回去报告说："大事不好了。也不知是谁把老虎群和狮子群间的隔离网打开了。"

"什么？"鬼算国王大吃一惊，"狮子和老虎碰了面，还不往死里掐？弄不好来个两败俱伤，那我的损失可就太大了！"

鬼不怕忙问："怎么办？"

"通知我的卫队，敲锣鼓，放鞭炮，把它们分开，轰回各自的领地。快！"

"得令！"鬼不怕飞跑了出去。

杜鲁克和鬼机灵趴在树上，正看得高兴，只见鬼不怕领着鬼算国王的卫队跑了过来，"咚咚呛呛"敲起了锣鼓，"噼噼啪啪"放起了鞭炮。

狮子和老虎被这个阵势惊呆了，稍微犹豫了一下，撒腿跑回自己的领地，鬼不怕趁机赶紧把大门关上了。

杜鲁克有些遗憾："狮虎之斗还没有个结果，今天又解决不了这个世界难题啦！"

"鬼算国王命令到！"鬼司令匆匆跑来，"国王说鬼机灵的任务已完成，迅速返回王宫。杜鲁克一人继续游览死亡谷。"

鬼机灵恭恭敬敬地回答："是！"随后，跟随鬼司令走了。

遇到大怪物

杜鲁克退出狮子园，顺着唯一的道路往北走，竟然和爱数王子相遇了！两人紧紧拥抱在一起。

爱数王子问："怎么样？你没事吧？"

杜鲁克笑着说："没事。遗憾的是没有看到狮虎相斗的结果。我想解决的世界难题没有解决。"接着把刚才发生的一幕对爱数王子说了。

爱数王子听了哈哈大笑："你可真有意思，在这死亡随时都可能降临的死亡谷里，竟然还有心思去解决世界难题。"

杜鲁克说："确实，就算刚才看到了结果也说明不了什么问题。如果是老虎胜了，也只能说明这里的一只老虎比一只狮子厉害，而不能说明所有的老虎都比狮子厉害。"

"对！"爱数王子点点头，"那应该怎么办呢？

"要有大量的狮子和老虎争斗的数据，通过统计的方法才能得出结论。"杜鲁克话锋一转，"不过现在重要的是咱俩要先走出死亡谷，该怎么走呢？"

爱数王子回答："死亡谷中只有一条路，咱俩只能直往北走，才能走出去。"

杜鲁克无奈地摇了摇头："那，咱俩就走吧！"两人边走边聊。

走着、走着，前面出现了岔路，一条路变成了两条，究竟该走哪一条？两人没了主意。

杜鲁克仔细观察后说："我看右边这条好像是原有的路，因为这条路和我们走过的路衔接比较自然。"

"那咱俩就走右边这条路。"爱数王子说。

两人走了没多远，突然觉得脚下一软，"扑通、扑通"，同时掉进陷阱里了。

"有人掉进去了！有人掉进去了！"头顶传来一阵欢呼声，杜鲁克抬头一看，吓了一跳！只见陷阱的边上站着五个怪物，长着人的身子，牛头马面，手里各拿着刀、枪、棍、棒、绳子等武器。

爱数王子毕竟是见多识广："朗朗乾坤，怎么会出现怪物？"他大声问道："你们是什么人？捉我们干什么？"

"我们是牛头马面大妖怪，问捉你俩干什么？吃呗！"一个拿着大刀的怪物狰狞一笑，"我们正发愁小兔不够吃哪，你们送上门来，太好了！"

　　想吃我们俩？也不知是真是假？杜鲁克灵机一动，问："你们养的小兔好端端的怎么不够吃了呢？"

　　牛头马面大妖怪说："原来我们只有一公一母两只小兔，送我们小兔的人说：一对小兔每一个月可以生一对小兔，而一对小兔生下来一个月后，长成熟了，第二个月又可以生小兔。"

　　爱数王子插话："繁殖得够快的。"

　　"够快，也不够我们吃的。"牛头马面大妖怪说，"我们每人每顿至少吃2只兔子才能吃饱。每人2只，5个人就是10只兔子。按照兔子的繁殖规律，过多长时间，兔子才够我们5人吃一次的？"

　　另一个大妖怪解释说："由于不知道什么时候兔子才够我们吃的，而我们只有4个月的口粮储备，所以把你们抓来做备用口粮。"

　　杜鲁克笑了笑说："如果我告诉你，到了4个月，兔子正好有10只，你还吃不吃我们？"

　　"不吃了。人肉总不如兔子肉好吃。"牛头马面回答得很干脆。

　　杜鲁克低头在地上算了起来，写出了一行4个数：

　　　　　　1，2，3，5。

　　在这行数的下面，又写了一行4个数：

　　　　　　2，4，6，10。

　　杜鲁克指着最后一个数说："你们看，这最后一个数恰好是你们要的兔子数。"

　　一个牛头马面大怪物摇摇头："你骗我们哪！不过就是随便写4个数，把最后一个数写成10就行了。这点小把戏想骗谁哪？弟兄们，把他俩捆起来！"几个大怪物刚要动手，"慢！"杜鲁克一摆手，"这五个数不是随便写的，是算出来的。"

　　大怪物说："你从头到尾给我们讲讲，讲出道理，我才相信。"

"当然要给你们讲明白道理。"杜鲁克一边讲一边在地上画图，"为了说话方便，我把出生不到 1 个月的一对公母小兔子，用字母 A 表示，显然它们不具备生育能力；把出生超过 1 个月的一对公母大兔子，用字母 B 表示，显然它们具备了生育能力。"

大妖怪点点头："明白，你接着往下讲。"

"开始第一个月，你们有一对大兔子 B。1 个月后，一对大兔子 B 生了一对小兔子 A，就有了 A 和 B，2 对兔子。也就是说，第二个月有了 2 对兔子了。"

"明白。"

"第三个月，小兔子 A 长成大兔子 B 了。而原来的大兔子 B 还活着，它们又生出一对于小兔子 A，这时有 3 对兔子了，就是 B、A、B。"

"第四个月呢？"

"第四个月，一对小兔子 A 长成大兔子 B 了，原来的两对大兔子还活着，它们又各生了一对小兔子。这时就有了 3 对大兔子，还有 2 对小兔子。这时就一共有了 5 对兔子，一共 10 只，每人 2 只，你们第四个月保证有足够的兔子肉吃。"

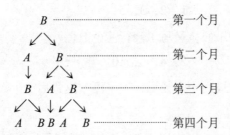

大怪物点点头："说得有道理。"

杜鲁克问："那我们可以走了吧？"

"我的问题还没有问完哪！"大怪物说，"我在想如果这些兔子我们先不吃，第八个月能有多少兔子？"

数学小子杜鲁克　　李毓佩
数学科普文集

杜鲁克稍微想了一下："有 68 只兔子。"

"你怎么算得这么快？"大怪物们都十分惊奇，"不会是蒙的吧？"

杜鲁克说："你们刚才提出来的问题叫'兔子问题'，是一个非常有名的数学问题。"

"呦！瞎猫碰上死耗子，我们还提了个数学名题哪？哈哈，好玩！"大怪物们来了兴趣，"你仔细说说，如果你真有学问，就放了你们俩。"

"数学要研究数字的规律。"杜鲁克指着写在地上的 1、2、3、5 四个数说，"这四个数有什么规律呢？经数学家研究发现，$1+2=3$，$2+3=5$，也就是，从第三个数开始，每后一个数都等于相邻的前两个数之和。按照这个规律，第五个数就是 $3+5=8$。"

大怪物也来了兴趣："我也会算：$5+8=13$，$8+13=21$，$13+21=34$。写成一排就是：

$$1，2，3，5，8，13，21，34。$$

这 34 是指 34 对，第八个月的兔子数就是 $34×2=68$（只）。"

趁怪物们还在思索的工夫，杜鲁克向爱数王子使了个眼色，两人叠罗汉从陷阱里爬了出来，一溜烟走了。

不一会儿大怪物突然醒悟过来："鬼算国王命令咱们，不能让杜鲁克活着出去，怎么就放他走了呢？"他们纷纷摘下头上的面具，原来都是鬼算王国的士兵。他们看已经追不上了，心想反正前面还有那么多机关，杜鲁克一定不会活着出去，便不再追赶。

其实爱数王子和杜鲁克并没有走远，他俩躲在暗处，杜鲁克摸了一把头上的汗："我还以为是真的大怪物哪！吓坏我了！"

爱数王子笑着摇摇头："世上哪有鬼怪妖魔？鬼算国王的花招多着呢！咱们就慢慢领教吧！"

死亡文学馆

两人沿着大道继续往前走，被一座大的建筑挡住了去路。建筑物大门的牌子上写着"死亡文学馆"。

杜鲁克笑了："连文学馆都跟死亡扯上关系，真难为鬼算国王了。"

爱数王子说："看来是绕不过去了。咱们进馆吧！"推门就往里走。

迎面是一幅很大的风景画，画有一池子清水，但只画了一半。一缕袅袅白烟，也只画了一半。一棵杨柳还是画了一半。除此以外，还有风、雨、花、渔船和半间草房。

画的旁边写着一个很大的 0.5，还有说明文字：

> 进了文学馆，就必须写诗，请用画上所描绘的景物和 0.5
> 这个数字，做一首四句的六言诗。做好诗者，可以继续往里
> 走；做坏诗者，就在此屋静坐，等着饿死吧！

爱数王子摇了摇头："把一幅画和数字 0.5 放在一起作诗？我还从来没见过，这是成心为难人啊！"

杜鲁克不说话，只是一边看画，一边低头凝思。

爱数王子有点着急："这种诗没人会做，咱俩冲出去算了！"

杜鲁克摇摇头："外面必有鬼算王国的重兵把守，只靠咱俩，很难能冲出去。"

"那怎么办呀？"

"我仔细观察了这幅画，关键问题是如何把 0.5 融进这幅画里。你看这幅画有什么特点？"

爱数王子又仔细观察一遍："我发现这幅画上面，一半的东西特别多。比如有一半池水，一半白烟，半棵杨柳，还有半间草房。"

"对！半是什么？半用数学表达就是 0.5，或者说在这里可以用半来

代替 0.5。"杜鲁克说，"我来胡诌一首四句的六言诗。"

"哦？那你快念念。"爱数王子也来了兴趣。

杜鲁克摆出一副老学究的样子，朗诵起来：

"半水半烟著柳，半风半雨催花。

半没半浮渔艇，半藏半见人家。"

"好！"爱数王子大声叫好，"没想到杜鲁克还是一位大诗人哪！"

杜鲁克"扑哧"一乐："哈哈，我逗你哪！我哪有这般本事！这是我在书上看到的，明代诗人梅鼎祚写的诗。"

爱数王子突发奇想："如果把诗里的半字，都换成 0.5 会怎么样？"

"我试试。"杜鲁克开始朗诵：

"0.5 水 0.5 烟著柳，0.5 风 0.5 雨催花。

0.5 没 0.5 浮渔艇，0.5 藏 0.5 见人家。"

"哈哈！"爱数王子笑得前仰后合，"我敢说，这是世界上首创的数码诗呀！我建议把这两首风格不同的诗都给他写上，让鬼算国王随便挑。"

"对！"杜鲁克把诗写在画的下面。刚写完，画"呼"的一声回到了房顶，出现了一间屋子。

爱数王子对带有数字的诗词有了兴趣，他问杜鲁克："你还记得哪些数字诗词？"

杜鲁克想了想："嘿，还有一首非常出名的数字诗词，是用一到十这几个数字写成的五言诗：

一去二三里，烟村四五家。

亭台六七座，八九十枝花。"

"好、好、真好！"爱数王子拍着手，"还有吗？"

"还有一首咏雪诗：

一片二片三四片，五六七八九十片。

千片万片无数片，飞入芦花总不现。"

"好、好，这个更好。不但有从一到十这十个数字，还有千、万、无数这些大数字。"爱数王子说，"以后你不但要帮我学数学，还要帮我学诗词。"

"别开玩笑，我才知道多少啊。咱们俩一起学吧！"说完，杜鲁克自言自语道，"这才只答了一个问题，就可以走了吗？这也太便宜咱们了吧？"

话声未落，只听"唰"的一声，从上面又落下一幅大画。画上是一位外国人的头像，还有说明文字：

> 这是 19 世纪俄国著名诗人莱蒙托夫的画像，莱蒙托夫一生酷爱数学。
>
> 请根据下面的条件算出诗人是哪一年出生，哪一年去世的？
>
> （1）他诞生与死亡的年份，都是四个相同的阿拉伯数字组成，但排列位置不同；
>
> （2）他出生的那一年，四个阿拉伯数字之和为 14；
>
> （3）他去世的那一年，其阿拉伯数字的十位数是个位数的 4 倍。
>
> 老规矩，算对了，生！算错了，饿死！

杜鲁克苦笑着摇摇头："真不愧是文学馆，连俄国大诗人都搬出来了。没办法，算吧！"

爱数王子问："这个问题应该从哪儿入手考虑呢？"

"首先可以知道两个数字。"

"哪两个数字？"

"莱蒙托夫生于 19 世纪，死于 19 世纪。他出生与去世年份的头两位数一定是 18。"

"对！19世纪一定是18xx年。"

杜鲁克开始计算："条件（2）说'他出生的那一年，四个阿拉伯数字之和为14'。已经知道百位数和千位数之和是8+1=9，可以知道十位数和个位数之和是14-9=5。由于5=1+4=2+3，所以，百位数和十位数有以下4种可能：1和4，4和1，2和3，3和2。"

爱数王子也在思考："条件（1）说'他诞生与死亡的那一年，都是四个相同的阿拉伯数字组成，条件（3）说'他死亡的年份，其阿拉伯数字的十位数是个位数的4倍，可以肯定莱蒙托夫死于1841年，生于1814年。呀！这么伟大的诗人只活了27岁！太可惜啦！"

"我把结果写在下面。"杜鲁克刚刚写完，"呼"的一声大画又升了上去，后面又出现了那间屋子。

他们观察了一下，发现这间屋子的左右各有两扇门。一扇门上写着"1+3"，另一扇门上什么都没写。两门中间有说明："一个生门，一个死门。生死自选。"

爱数王子问："杜鲁克，你说哪个门才是生门？"

杜鲁克毫不犹豫地推开那扇什么都没写的门，说："就是这扇！"

爱数王子好奇地问："你怎么肯定这扇门是生门？"

"那个门上写着1+3，1+3得多少？"

"等于4啊！"

"4和死同音，写着4的门一定是死门！"杜鲁克推开门一看，"咱俩终于走出了死亡文学馆！"

独眼大强盗

杜鲁克和爱数王子继续朝北走。

忽听一声呐喊："呔！此树是我栽，此路是我开，要想从此过，留下脑袋来！"喊声未落，路旁的树上"噌噌"跳下几名彪形大汉。他们上身赤膊，分别刺着青龙、白虎、棕狮、黑蟒，头缠红头巾，下穿黑绸裤，手拿鬼头大刀，个个凶神恶煞，气势压人。

杜鲁克暗喊一声："糟糕！遇到强盗了！"

爱数王子"唰"的一声，拔出了腰间的佩剑，又"哗啷"一声把双节棍扔给了杜鲁克："准备战斗！"

这时，一个身高 2 米有余、左眼戴着黑色眼罩的大个儿强盗走了出来，他扬了扬手里的鬼头大刀，瓮声瓮气地说："我叫独眼大强盗，武艺超群，在死亡谷里赫赫有名。你们想死吗？如果抵抗就死得快些！"

杜鲁克反问："如果我们不想死呢？"

独眼大强盗说："你就是大名鼎鼎的杜鲁克吧？听说你数学很好，指挥军队和我们鬼算王国打仗时，每战必胜，连我们伟大的鬼算国王都怕你三分。"

杜鲁克谦虚了一下："我没那么厉害！"

独眼大强盗恶狠狠地说："不过你今天在死亡谷里遇到了我，就得听我的！我有一个难题一直没有解决，如果你能答对，我就放你们过去；如果答不出来，只好把你们俩的脑袋留下。"

杜鲁克回答："你不妨说说看。"

独眼大强盗说："我有三个儿子和三个女儿，我想把我抢来的珍珠分给他们。我把这些珍珠装在三个大金碗里，每个金碗里的珍珠数不同。"

杜鲁克问："你想怎么个分法呢？"

"我把第一只金碗中珍珠的 $\frac{1}{2}$ 分给我的大儿子；第二只金碗中的 $\frac{1}{3}$ 分给我的二儿子；第三只金碗中的 $\frac{1}{4}$ 分给我的小儿子。然后，再把第一只金碗中的 4 颗珍珠给我大女儿；第二只金碗中的 6 颗珍珠给我二女儿；第三只金碗中的 2 颗珍珠给我小女儿。"

"分完了吗？"

"没有。最后第一只金碗中还剩下 38 颗珍珠；第二只金碗中还剩下 12 颗珍珠；第三只金碗中还剩下 19 颗珍珠。你给我算算，这三只金碗里原来各有多少珍珠？"

爱数王子听完以后，吐了一下舌头："这么复杂？"

独眼大强盗"嘿嘿"一笑："不复杂，我们鬼算王国会没有人能算出来？不复杂，我能等杜参谋长来算吗？"

爱数王子自告奋勇说："我先来算算吧。"

独眼大强盗点点头："可以。你们俩是一伙儿的嘛！"

爱数王子说："这个问题我认为应该倒着算，也就是从最后的结果一步一步往前算。"

杜鲁克在一旁伸出大拇指，点了点头，表示赞许。

爱数王子看到杜鲁克同意自己的算法，更加有信心了："你的第一个金碗里最后剩下 38 颗珍珠，加上你给大女儿的 4 颗，一共 42 颗，而这 42 颗只是原来珍珠的一半，因为你把另一半给了你大儿子了，对不对？"

独眼大强盗点点头："对、对。"

爱数王子说："所以第一只大金碗里应该有 84 颗珍珠。"

独眼大强盗又点头："对！"

爱数王子接着说："你的第二个金碗里最后剩下 12 颗珍珠，加上给你二女儿的 6 颗，一共 18 颗，而这 18 颗是原来珍珠的 $\frac{2}{3}$，因为你把 $\frac{1}{3}$ 给了你二儿子了，对不对？"

"对！"

"18 是 $\frac{2}{3}$ 份，那么 $\frac{1}{3}$ 份就是 9，这样就知道这个金碗里原来有 27 颗珍珠。"

独眼大强盗连忙点头："一点没错，就是 27 颗。"

爱数王子说："用同样的方法，我算出了第三个金碗里有 28 颗珍珠。"

"对是对，不过，数学讲究的是算。"独眼大强盗一脸不高兴，"你连个算式都没有写，全靠嘴说，这算哪门子数学？尽管你的答案对了，但是根据不足啊！"

爱数王子也急了："你说怎么办吧？"

"答案对了，我算你做对了一半。"

"那另一半呢？"

"听说你爱数王子武艺不错，一直没有机会领教。今天，我让一位人称'刽子手'的兄弟和你练两手，如果你能胜了他，这道题就算你全答对了。"

"如果我胜不了他呢？"

"对不起，只好让杜鲁克用纯粹的数学方法，再给算一次。"

"刽子手，上！"

"来啦！"只见一个全身都是疙瘩肉的强盗跳了出来，也不打招呼，抡起鬼头大刀，照着爱数王子的脑袋，从上到下"唰"的就是一刀。

爱数王子一看，这一刀力大刀沉，没敢直接用剑去挡，纵身一跳，闪到了一边。大刀"当"的一声，砍到了王子身后的一块石头上。只见火星四溅，石头立马被劈成了两半。

一旁观看的杜鲁克倒吸了一口凉气，好险哪！

爱数王子用剑对准刽子手的后心刺了一剑，刽子手用刀一挡，两人交手打在了一起。只见刀剑上下飞舞，剑光闪闪，刀声呼呼，打得好不热闹。

打了足有半个小时，爱数王子渐渐力气不济，微微有点喘，剑法也有点乱。再看刽子手却越战越勇，一刀紧似一刀。

杜鲁克在一旁干着急：自己又不会武功，帮不上忙，这可怎么办呀！

数学小子杜鲁克　李毓佩
数学科普文集

世界上最先进的算法

突然，杜鲁克大喊一声："停！"

独眼大强盗说："打得好好的，怎么喊停了？"

杜鲁克解释说："这样打下去，什么时候是个完哪？"

"我有一个好算法，可以把刚才这个问题再算一遍。如果你还不满意，我可以用世界上最先进的算法再给你算一次，怎么样？"

"用世界上最先进的算法？好！我倒要见识见识。"独眼大强盗对刽子手摆摆手，让他退下。刽子手鼻子里"哼"了一声，心想：眼看我就要取胜了，怎么不让打了？十分不服气地下去了。

杜鲁克开始解题："我说的好算法是用方程来解。可以用字母 x 来代表第一只金碗中的珍珠数。"

独眼大强盗摇摇头表示不理解："这个 x 是多少啊？"

杜鲁克解释："我们并不知道 x 一开始是多少，所以数学上把它叫作'未知数'，含有未知数的等式就叫作'方程'。计算这个等式的过程就是'解方程'。解方程的目的就是把未知数 x 是多少求出来。"

独眼大强盗点点头："你说的我好像有点明白了，你解方程吧！"

杜鲁克在地上边说边写："你给了大儿子一半，就是 $\frac{1}{2}x$，你又给大女儿 4 颗，最后剩下 38 颗。可以列出方程：

$$x - \frac{1}{2}x - 4 = 38。$$

解方程，移项，得

$$x - \frac{1}{2}x = 38 + 4,$$

$$\frac{1}{2}x = 42,$$

$$x = 84。$$

说明第一只金碗里有 84 颗珍珠。用同样的方法可以算出第二只金碗里有

27 颗珍珠，第三只金碗里有 28 颗珍珠。"

独眼大强盗点点头："解方程是个好办法。那你再介绍一下世界上最先进的算法。"

杜鲁克蹲在地上写了两个式子：

$$x - ax - b = c,$$

$$x = \frac{b+c}{1-a}。$$

杜鲁克说："这就是计算三个金碗里各有多少珍珠的方法和答案。"

独眼大强盗生气了："明明有三个金碗，怎么只有一个答案啊？这明明是在骗我嘛！来人，给他点颜色看看！"刽子手举刀就要砍。

杜鲁克手一举："慢！听我解释完了，再砍也不迟啊。"

"有话快说！"

杜鲁克不紧不慢地说："这个算式里的 x 代表金碗里的珍珠数，a 代表你给儿子珍珠数占金碗里珍珠数的几分之几，b 代表你给女儿的珍珠数，c 代表剩下的珍珠数。"

独眼大强盗轻蔑地一笑："你又骗我哪！这只是一个算式，而我有三个儿子，三个女儿啊！"

"对！我就用这个算式，给你算第一个金碗里的珍珠数。"

"快算！算不出来，看我怎么收拾你！"

"这里 x 代表第一个金碗里的珍珠数，给了大儿子一半，a 应该是 $\frac{1}{2}$，b 代表你给大女儿的珍珠数，应该是 4，c 代表剩下的 38 颗珍珠。把这些数字代入算式，得：

$$x - \frac{1}{2}x - 4 = 38,$$

$$x = \frac{38 + 4}{1 - \frac{1}{2}},$$

$$x = 84。$$

对不对？"

独眼大强盗点点头："对。"

杜鲁克说："你把第二个金碗，第三个金碗的数据分别往算式中的 a、b、c 中代，结果都是对的。"

"有点意思。"

杜鲁克又说："这就是我所说的世界上最先进的算法，它是最简单、最明确的算法。利用这一个算式，别说是你有 3 个金碗、3 个儿子、3 个女儿，就是有 100 个金碗、100 个儿子、100 个女儿，也都能算出来。"

独眼大强盗听傻了："好吧，既然你们正确解答出了我的问题，我说话算数，放你们走。不过不要高兴过早，前面的关口一道比一道难过，想活着走出死亡谷，比登天还难！"

爱数王子笑了笑："这就不劳您惦记了！"说完和杜鲁克大步迈向了前方。

算命先生

两人走了一段路，只见一个卦摊横在路的中央，挡住了去路。一个又瘦又矮的老头坐在卦摊的后面，看那身打扮，是位算命先生：头戴见棱见角的道士帽，身穿绘有阴阳双鱼的道袍，留着两撇小胡子。卦摊两侧，左边立着的牌子上写着"定祸福"，右边牌子上写着"判生死"。

由于卦摊把道路堵严了，爱数王子上前说："这位道长，请把卦摊挪一挪，让我们俩过去。"

算命先生也不搭话，只是不停地打量着他们，看得杜鲁克心里直发毛。

好半天，算命先生才说话："我看两位客人印堂发暗，两眼无光，要大难临头，离死亡不远了。"

杜鲁克当然不信他的鬼话，便想逗逗这位算命先生，他问："先生有什么破解的办法？"

"有！有！"算命先生拿出一张纸，"这是一道保命算题，是我祈祷上天三天三夜才得到的。如果你能用数字 1 ～ 9 代替纸上的汉字，注意每一个汉字要用一个数字代替，不同的汉字用不同的数字代替，而且 1 到 9 这九个数字全要用进去。只有全做对了，你们才有可能逃过这一劫！"

杜鲁克问："如果错了呢？"

算命先生斩钉截铁地说："必死无疑！"

杜鲁克摇摇头："你怎么知道必死无疑？"

算命先生把那张纸递给杜鲁克："你看，上面写得清清楚楚。这是上天的意思。"

只见上面写着一个算式：

杜鲁克爱数王子必死

+ 8 6 4 1 9 7 5 3 2

死必子王数爱克鲁杜

算命先生说："看到没有？不管是从左往右读，还是从右往左读都是'杜鲁克爱数王子必死'，这还有错？"

杜鲁克无奈地说："看来必须把这个问题解出来，才有生的希望。"

算命先生点点头："唉——你算是明白了。要想活命就赶紧解题吧！"

杜鲁克又看了看题目："这道题要从高位算起。这里杜＝1，死＝9，只有这一种答案。接着从左往右看第二位，由于 1 和 9 都用过了，鲁只能取 2，鲁＝2，必＝8。同样方法可以算出克＝3，爱＝4，数＝5，王＝6，子＝7，必＝8，死＝9。算式就是：

李毓佩
数学科普文集

$$
\begin{array}{r}
123456789 \\
+\ 864197532 \\
\hline
987654321
\end{array}
\text{"}
$$

爱数王子验算了一下："没错，就是这个答案。"

算命先生看杜鲁克答对了，又从口袋里取出两瓶药："这是我修炼了九九八十一天才炼成的不死仙丹，10美元一瓶，吃了以后可以顺利走出死亡谷，你们俩每人买一瓶吧！"

杜鲁克不以为然地笑了笑："我们不要，你留着自己慢慢吃吧！"

谁知算命先生突然翻了脸，"唰"的一声就从卦摊下面抽出一把宝剑，大喊："施主不买药，就休想从此过！阿弥陀佛！"

杜鲁克听了一愣："他明明是老道，怎么念阿弥陀佛？和尚才念阿弥陀佛哪！"

爱数王子问："那老道应该念什么？"

"老道应该念无量天尊啊！这个算命先生是个假老道。"

"看来是又遇到拦路抢劫的了。"爱数王子也亮出宝剑，两人交起手来啦！只见剑光闪闪，宝剑上下飞舞；剑碰剑，火星四溅。可算命先生哪里是爱数王子的对手？没打几个回合，只听"当啷"一声，算命先生的宝剑被打掉在地上。

爱数王子用剑逼住算命先生，命令他把不死仙丹吃了。

算命先生说："我可不吃。"

"你为什么不吃？"

"那是我用马粪做的。"

爱数王子听了二目圆睁："你也太坏了！我要让你自作自受，把两瓶药都吃了！"

算命先生把脖子一梗："你再逼我，我要把我的徒弟叫来了！"

杜鲁克问："你有多少徒弟？他们有什么本事？"

算命先生嘿嘿一笑："说出来可别吓死你们！徒弟中$\frac{1}{2}$会轻功，能飞檐走壁；$\frac{1}{4}$会硬气功，刀枪不入；$\frac{1}{7}$会念咒，能驱妖鬼；此外还有 3 名能呼风唤雨。你说说我共有多少名徒弟？"

杜鲁克说："这个容易，我设你的徒弟总数为 x，这时会轻功的是$\frac{1}{2}x$，会硬气功的是$\frac{1}{4}x$，会念咒的是$\frac{1}{7}x$，另外还有 3 个会呼风唤雨，把这些徒弟加在一起就等于总数 x。可以列出方程：

$$\frac{x}{2}+\frac{x}{4}+\frac{x}{7}+3=x,$$

计算，得
$$\frac{25x}{28}+3=x,$$
$$x=28。$$

你的徒弟共有 28 人。会轻功的有 14 人，会硬气功的有 7 人，会念咒的有 4 人。"

算命先生神气起来了："我有这么多神通广大的徒弟，你们怕不怕？"

爱数王子觉得很可笑："你这个师傅本身就是二五眼，徒弟还能好到哪儿去？"

"不信？给你点颜色看看。"算命先生回头叫了一声，"大徒弟，上！"

只听"嗖、嗖、嗖"，跳出来几个小道士，其中一个道士抡拳朝爱数王子打来，爱数王子往旁边一闪，让过小道士，然后照着他的屁股狠狠踢了一脚，只听"呦——"的一声，再看小道士，早没影儿了。

"哈哈！"爱数王子对算命先生说，"你的大徒弟轻功果然了得，我轻轻一脚，硬是把他给踢没了！"

杜鲁克也笑得直不起腰："你把那 4 个会念咒的徒弟请出来一个，让我们见识见识。"

算命先生眯缝着眼睛，神秘地说："哼，他要是一念死咒，你们俩立刻两眼上翻，两腿乱蹬，口吐白沫，小命呜呼！你们怕不怕？"

"不怕！"

算命先生喊道："三徒弟上来一个。"

"来了！"只见从卦摊下面钻出一个小道士，"师傅，什么事？"

"你先念一个痒痒咒，让他们全身痒痒得受不了，受足了罪，再给念死咒，送他俩回老家！"

"是！"小道士盘腿坐在地上，双手合十，口中念念有词，"天灵灵，地灵灵，虱子臭虫快听清，快快爬他身上去，大口咬他不留情！"

爱数王子听了哈哈大笑："我怎么一点也不痒痒？"

小老道一愣："我念的次数太少，上天没有听见，我多念两遍。"他又双手合十念了起来。

"装神弄鬼吓唬人，你也走吧！"爱数王子照这个小道士又是一脚，"呦——"的一声，小道士也飞走了。

此时算命先生神气全无，哭丧着脸说："看来我的徒弟个个都是'一脚没'，徒弟们快撤！"算命先生说完撒腿就跑。

高山挡路

杜鲁克和爱数王子继续往前走，又被前面一座高山挡住了去路。

上山有许多条路，走哪条？爱数王子说："要不走中间这条路吧！"杜鲁克点点头。

两人爬着爬着，前面出现一个山洞，洞口不大，里面黑乎乎的，好像挺深，还不时发出一股股恶臭味。

杜鲁克好奇："这是什么洞？"话声刚落，就听到里面传出一阵猛兽的嚎叫。

爱数王子一拉杜鲁克："快走，危险！"两人迅速跑到一块大石头后面藏了起来。

"呜——"随着一阵狂风刮过，山洞里蹿出一只斑斓猛虎，站在洞口四处张望，还不时张开血盆大口"嗷——嗷——"吼叫几声。

等了一会儿，老虎归洞了，两人也小心翼翼地离开了。

两人继续往前走，又发现一个小一点的洞，扒着洞口往里看，一股熏人的腥臭气从洞里飘出，两人捂着鼻子，"噔噔噔"往后倒退了好几步。

说时迟、那时快，一条碗口粗细的大蟒蛇从洞里蹿出来，一下子就把杜鲁克拦腰缠住了，杜鲁克大喊一声："救我！"

爱数王子"唰"地抽出宝剑，朝大蟒蛇砍去。只听"噗"的一声，大蟒蛇身上被砍出一道大口子，鲜血喷了出来。

大蟒蛇受此重创，身体立刻缩紧。这一缩紧不要紧，杜鲁克可受不了啦！大喊："快把我箍死了！"

爱数王子也急了，抡起宝剑在大蟒蛇身上连砍带刺，一直到大蟒蛇没气了。

爱数王子累得一屁股坐到了地上，杜鲁克也挣扎着从大蟒蛇身体中爬了出来。

杜鲁克摇摇头说："咱们这样瞎走可不是个办法。谁知道这山上有多少个洞，哪个洞能通到山的那边去？"

"鬼算国王既然在这里修建了死亡谷，那他一定会设置指示牌一类的东西，指引你走向死亡。"爱数王子说，"咱俩不找山洞了，找指示牌吧！"

"对，找指示牌去。"两人说走就走。

走了好长一段路，也没发现什么，正要泄气的时候，杜鲁克发现路边竖着一块不显眼的牌子，上面写着：

此山叫百洞山，山上有 200 个洞，每个洞都有一个编号。

200 个洞中只有一个洞可以穿洞而过，通到山那边的大路。这个山洞的编号是下面一行数中问号位置的数。

$$4, 16, 36, 64, ?, 144, 196。$$

其他号码的洞万万不能进，那里面豺狼虎豹、毒蛇毒虫应有尽有，进错了山洞，必死无疑！

爱数王子看完说："要想知道问号处是什么数，必须知道这一行数排列的规律。"

"你说得对。"杜鲁克说，"要知道规律，咱们必须把这些数先解剖了。"

"怎么个解剖法？"

"我说的解剖，就是把数分解成几个因数的连乘积。你看这些数都是偶数，可以用 2 去除，得

$$2, 8, 18, 32, ?, 72, 98。"$$

"这就相当于剥去了一层皮。"

"对！剥完后的几个数还是偶数，还可以再用 2 去除，得

$$1, 4, 9, 16, ?, 36, 49。$$

这样，原来的 6 个数可以写成

$$4 \times 4, 4 \times 9, 4 \times 16, ?, 4 \times 36, 4 \times 49。$$

王子你看往下还能怎样解剖？"

爱数王子认真思考了一下："我明白了，经过两次剥皮，剩下的数全是平方数，可以写成：

$$4 = 4 \times 1 \times 1, 16 = 4 \times 2 \times 2, 36 = 4 \times 3 \times 3,$$
$$64 = 4 \times 4 \times 4, 144 = 4 \times 6 \times 6, 196 = 4 \times 7 \times 7。$$

这样 1、2、3、4、6、7 的平方数都有了，唯独缺少 5 的平方数，因此问号位置上应该是 $4 \times 5 \times 5 = 100$。咱俩应该找编号为 100 的山洞。"

100号山洞之谜

"对！就是100号山洞！"可两人找了半天，就是找不到这个100号山洞，只好坐在一块大石头上休息。杜鲁克想，这一行7个数，除了给出这些数结构上的规律，还会不会有别的意思？对！很可能也给出了这7个洞的排列位置。

想到这里，杜鲁克对爱数王子说："咱们不但要找100号洞，前面的4、16、36、64号山洞也要找。"

爱数王子并不明白其中的道理，但他相信杜鲁克说的一定没错。找呀，找呀，正当快失去信心的时候，爱数王子看到在一个很小的山洞上面写着数字4，如果不仔细看很容易错过。

爱数王子兴奋地说："看！ 4号山洞。"

"太好了！"杜鲁克用力拍了一下爱数王子的肩头，"附近肯定会有16号山洞！"

"这么肯定？"爱数王子认真去找，果然在不远的地方找到了16号山洞。

"我明白了，这几个编号的山洞是挨在一起的。"爱数王子更加认真去找，"我找到36号山洞了！"

过了一会儿，杜鲁克又找到了64号山洞。

爱数王子兴奋地说："快了，马上就能找到100号山洞了。"但这次高兴得有些太早了。他们找啊找啊，就是找不到100号山洞，爱数王子有些失望了。

杜鲁克忽然想起来什么，往64号山洞里走去，不一会儿就听见他在山洞里大喊："看，100号山洞在这儿哪！"

爱数王子跑进去一看，原来64号山洞里还套着一个山洞，正是100号山洞。

李毓佩
数学科普文集

"哈，藏在这儿哪！"

杜鲁克刚想迈腿进洞，爱数王子一把拉住了他："你知道洞里藏有什么机关？不能贸然往里走！"他捡了一块石头扔了进去，只听"砰"的一声石头落地了，接着又"嗤"的一声，地下钻出一个大箭头，如果人走在上面肯定要被戳出一个大窟窿！杜鲁克吓得舌头吐出来老长。

爱数王子想了想说："鬼算国王阴险狡诈，按照以往的经验，应该会在这个山洞里藏一道题。如果你能解出这道题，或许还有一条活路，如果解不出来，那必死无疑！咱们先找出鬼算国王的这道题藏在哪儿了吧。"

两人上上下下左左右右找了一个遍，什么也没有。

杜鲁克有点泄气，真会有这么一道题吗？他无意中转头一看，发现洞门口贴墙立着一块石板，杜鲁克把石板转了180°，果然看到背面写着一道题：

100 号山洞里箭尖朝上的箭头是有数的。

1，5，9，13，17…

根据这行数排列的规律，求出第 100 个数。这个数就是箭头的个数。

"找到题目了！"杜鲁克十分兴奋。

爱数王子看着这行数，半天没说话。

杜鲁克问："你怎么啦？"

"你刚才说，遇到这种题应该先把这些数解剖了，给它们层层剥皮，现出原形，才能发现它们的规律。"

"对呀！正是这样！"

"可是这 5 个数，除了 9 可以解剖成 3×3，其余 4 个数都剥不下皮来呀！"

"哈哈哈！"杜鲁克乐坏了，"给数解剖的方法有很多，不是只有剥皮这一种。1、5、13、17四个数是质数，它们除了可以被1和本身整除以外，不可能被其他整数整除，也就没有办法剥皮。"

爱数王子沮丧地问："那怎么办呀？"

"可以先给它们变变形。"杜鲁克写出：

1＝1，5＝1＋4，9＝1＋8，13＝1＋12，17＝1＋16。

"你看，把每个数都减去一个1，剩下的都是偶数，可以剥皮了：

1＝1，5＝1＋4，9＝1＋4×2，13＝1＋4×3，17＝1＋4×4。

按照这个规律，第100个数应该是1＋4×99＝397。这么一个小山洞，地面竟然安装了近400个箭头，这可怎么过去呀？"杜鲁克犯愁了。

爱数王子开动脑筋："杜鲁克，刚才咱们是怎么发现地面上安装了箭头呢？"

"咱们是往里面扔石头，把箭头砸出来的。"

"嗯，那就继续照方抓药，我往里扔石头，你数砸出来的箭头数，如果砸出来的箭头数够397，咱俩就可以平安地通过山洞了。"

杜鲁克高兴地跳了起来："高招！"他立刻拿起一块石头扔了进去。石头"咚"的一声砸在了地上，"嗤"的一声，一个箭头从地下钻了出来。

爱数王子喊："1个！"接着也捡起一块石头扔了进去，"咚""嗤"。

杜鲁克喊："2个！"就这样你扔进一个，我扔进一个。3个，4个，……，396个，397个。

"好啊！够数了。"两人一起走进100号山洞。

醉鬼三兄弟

杜鲁克和爱数王子穿过 100 号山洞，来到了大路，两人继续向北走。

正走着，突然听到一声暴喝"站住！"话声未落，三个彪形大汉跳了出来。细看这三个大汉，虽说个头不般高，长相可差不多少，手上都拿着一把鬼头大刀。而且奇怪的是他们的脸都特别红，还有点站立不稳。

爱数王子抽出宝剑，杜鲁克也亮出双节棍。

爱数王子喝问："你们想干什么？"

个子稍高一点的大汉晃晃悠悠地说："不干什么，就想要你们的脑袋！"

爱数王子追问："咱们远日无怨，近日无仇，为什么要我们俩的脑袋？"

个子最矮的大汉回答："鬼算国王刚刚请我们哥仨喝酒，说只要我们成功地消灭杜鲁克，晚上接着请我们喝酒。"

杜鲁克问："你们三人是亲兄弟吗？"

个头居中的大汉说："我们是亲哥仨，个头稍高的是老大，外号'大酒鬼'；我是老二，外号'二酒鬼'；个头最矮的是老三，外号'小酒鬼'。"

杜鲁克摇摇头："好嘛！遇到三个酒鬼。我的年龄和你们的子女差不多，你们忍心下得了手吗？"

二酒鬼回答："说到子女，我现在脑袋有点糊涂，一时想不起来有几个儿子和女儿了。我说哥哥和弟弟，你记得自己有几个儿子、几个女儿吗？"

大酒鬼和小酒鬼同时摇头说："记不得了。"

爱数王子也摇摇头："少喝点，比什么都好。那你们还记得什么？"

小酒鬼两手扶着脑袋，用力地晃了晃："唉，我想起来了，他们俩的儿子都是我的侄子，他们俩的女儿都是我的侄女。"

大酒鬼和二酒鬼同时点头："对、对。"

小酒鬼说："你说怪不怪，虽然说我记不得我有多少儿子和女儿，可有多少侄子、侄女却是记得一清二楚。我有 4 个侄子，3 个侄女。"

大酒鬼微笑着说："我也一样，有 4 个侄子，1 个侄女。"

二酒鬼跟着说："我有 4 个侄子，2 个侄女。"

爱数王子用食指点着三个酒鬼说："你们这都是什么记性？自己的儿女记不住，却记住别人家的儿女。"

大酒鬼哈哈一笑："这叫做超人类外星人思维，你们还年轻，理解不了！"

杜鲁克问："你们不是要我的脑袋吗？怎么还不动手？"

大酒鬼严肃地说："我早就听说杜鲁克数学很好。今天你如果能把我们哥仨的儿女都算清楚，就不砍你的脑袋，你们自己选个死法吧。"

爱数王子举起宝剑，大喊："这不也同样是死吗？"

杜鲁克急忙拦住爱数王子："可以、可以。自己选死法总比砍脑袋强吧！"

爱数王子皱着眉头："这都是什么题呀？该怎么做？"

"能做。不过就是要求的未知数多了一些。"杜鲁克边说边写，"设大酒鬼有 a 个儿子，b 个女儿；二酒鬼有 c 个儿子，d 个女儿；小酒鬼有 e 个儿子，f 个女儿。"

爱数王子吃惊了："有 6 个未知数，这个题目怎么解啊？"

"未知数多了，不要紧。只要把它们的关系理清楚就行。"杜鲁克接着写，"大酒鬼有 4 个侄子，1 个侄女。这实际上告诉我们，二酒鬼和小酒鬼合起来有 4 个儿子，1 个女儿。即 $c+e=4$，$d+f=1$。"

小酒鬼在一旁嚷嚷："对、对。老大的 4 个侄子就是老二和我的 4 个

数学小子杜鲁克　李毓佩
数学科普文集

儿子，一点都不错！接着算。"

杜鲁克说："二酒鬼有 4 个侄子，2 个侄女。也就是说大酒鬼和小酒鬼合起来有 4 个儿子，2 个女儿。即 $a+e=4$，$b+f=2$。同样还有 $a+c=4$，$b+d=3$。写在一起就是：

$$c+e=4,$$
$$d+f=1,$$
$$a+e=4,$$
$$b+f=2,$$
$$a+c=4,$$
$$b+d=3。$$

爱数王子有点不明白："你说过，含有未知数的等式叫作方程。可是这一下子出现 6 个方程怎么办？"

"方程多于一个时，就叫方程组。"杜鲁克说，"解方程组最常用的方法是加减法。"杜鲁克边说边写："先把有关侄子的 3 个算式竖着相加，得：

$$(c+e)+(a+e)+(a+c)=4+4+4,$$
$$2(a+c+e)=12,$$
$$a+c+e=6,$$

因为 $$c+e=4,$$

所以 $$a=2。$$

由于 a 表示大酒鬼的儿子数，所以大酒鬼有 2 个儿子。"

大酒鬼大嘴一咧："没错、没错。我有 2 个儿子，双胞胎！"

"再算大酒鬼的女儿数。"杜鲁克边说边写，"我把有关侄女的算式相加，得：

$$(d+f)+(b+f)+(b+d)=1+2+3,$$
$$2(b+d+f)=6,$$
$$b+d+f=3。$$

因为　　　　　　　　　　　　$d+f=1$，

所以　　　　　　　　　　　　$b=2$。

说明大酒鬼有 2 个女儿。"

大酒鬼高兴地说："对、对，我有 2 个女儿，你猜怎么着，也是双胞胎！哈哈哈。"

杜鲁克说："我再算算二酒鬼、小酒鬼有多少儿女。刚才我算出了：

$$a+c+e=6，$$

又知道　　　　$a+e=4，a+c=4，$

可以知道　　　$c=2，e=2。$

由　　　　　　$b+d+f=3，$

和　　　　　　$b+f=2，b+d=3，$

得　　　　　　$d=1，f=0。$"

爱数王子解释说："上面结果说明，二酒鬼有 2 个儿子，1 个女儿；小酒鬼有 2 个儿子，0 个女儿。对不对？"

三个酒鬼一起点头："对、对，就是老三没女儿。"说完三个酒鬼凑在一起，小声嘀咕了几句。

不一会儿，只听大酒鬼说："我们也别动手了，你们自杀算了！"

"什么？"爱数王子一听，火冒三丈，"你们喝得已经东倒西歪了，等死的是你们！看剑！"话到剑到，剑从大酒鬼耳朵边擦了过去。

"哎哟！差点耳朵掉了！看我的。"大酒鬼晃晃悠悠举起鬼头大刀，向爱数王子猛砍过去，由于酒劲正发作，这一刀离王子足有 20 厘米。爱数王子趁势朝大酒鬼的后腰猛踹了一脚，大酒鬼站立不稳，"噔、噔、噔"向前连跑了三步，"扑通"一声来了个狗吃屎，趴在那儿了。

二酒鬼一看大哥趴下了，怒火中烧，立刻抡起鬼头大刀朝爱数王子劈头盖脸地砍了下来，由于酒劲作怪，这一刀也砍歪了，离爱数王子有 30 厘米就滑过去了。爱数王子照方抓药，猛踹了二酒鬼一脚，二酒鬼也站立不稳，"噔、噔、噔"向前连跑了三步，"扑通"一声来了个狗啃泥。

小酒鬼也没闲着，抡起鬼头大刀朝杜鲁克砍去。杜鲁克举起手中的双节棍迎了上去，双方势均力敌，只听"当啷"一声，鬼头大刀和双节棍同时飞出手去。小酒鬼又抡起双拳，向杜鲁克打去。杜鲁克正不知道应该怎样应对，只听"哎哟"一声，小酒鬼就飞了出去，身体撞到了一棵树上，晕过去了。原来是爱数王子从后面给了他一脚，把小酒鬼踢飞了。

这时大酒鬼爬了起来，把右手的大拇指和中指捏成一个圈，放进嘴里，"吱"地吹了一个匪哨。

只见大树上"噌噌"跳下几个小孩。仔细一看，正是六男三女，这九个小孩冲大酒鬼抱拳下跪，有的喊"大伯"，有的喊"爸爸"。

大酒鬼指着爱数王子和杜鲁克说："你们把这两个小子给我拿下！"

九个小孩齐声回答："遵命！"男孩拿刀，女孩拿剑，把爱数王子和杜鲁克团团围在中间，喊着口号整齐地进攻。六个男孩专门攻击爱数王子，三个女孩围攻杜鲁克。

爱数王子舞动着手中的宝剑迎击。好剑法！只见剑光闪闪，密不透风，仿佛把自己罩在剑影之中。有时爱数王子突然还击一剑，必有一男孩中剑倒地。

再看杜鲁克，虽说只有三个女孩攻击，但是杜鲁克的功夫实在是太过一般，双手拿着双节棍跟拿着烧火棍似的，一通乱抢，有时碰到女孩刺来的剑，发出"当"的一声响，震得虎口发麻，差一点把双节棍扔了。

爱数王子一个人对付六把刀，还绰绰有余，而杜鲁克只抵抗三把剑，却顾东顾不了西，顾上顾不了下，不一会儿身上就连中两剑，虽说只是皮肉伤，杜鲁克也慌了神，大叫一声："呔！我跟你们拼了！"手中的双节棍一通乱舞。

就在此时，只听一声呐喊："我来了！"爱数王子一个空翻飞了过来，手中的宝剑只翻出两个剑花，只听"哎哟、哎哟"，三个女孩手中的剑纷纷落地。爱数王子趁机拉起杜鲁克，撒腿就跑。

几个孩子在后面紧追。这时三个酒鬼的酒也醒了，拿起鬼头大刀也追了上来，边追边喊："别让这两个小子跑了！"

眼看就快要被追上来了，怎么办？杜鲁克头上冷汗直冒。正在这危险的时候，大酒鬼在后面大喊："孩子们，别追了。前面就是死亡数学馆，进去的人没有一个能活着出来的！"几个孩子停下了脚步。

爱数王子和杜鲁克只能硬着头皮往前跑。只见死亡数学馆门前挂着一副对联。上联："数学在各学科中最简单。"下联："数学死亡馆中死亡最快。"

死亡数学馆

后有追兵，看来这死亡数学馆进也得进，不进也得进。杜鲁克一咬牙："进去！"他大踏步走到面前把门推开，爱数王子跟着走了进去。

与此同时，两匹高头大马风驰电掣般地向这里奔来，还没等马停稳，马上的人就跳了下来。大酒鬼一行人马上行礼："见过鬼算国王、鬼算王子！"

鬼算国王问："他们人呢？"

大酒鬼回答："刚刚走进死亡数学馆。"

鬼算国王面露喜色："进去就好！我在死亡谷中设计了那么多死亡关口，结果被他们一一破解，只有你们刚才让杜鲁克受了点轻伤。死亡数学馆是我设计的最难的一个关口，绝不能再让他们走出去！"

鬼算王子问："父王有什么想法？"

"我要进数学死亡馆，亲自参与！"鬼算国王对鬼算王子说，"你在

李毓佩
数学科普文集

门口看着，绝不能让他俩走出此门！"

"遵命！"鬼算王子回头冲大酒鬼他们一招手，"你们都跟我一起隐藏起来，如果爱数王子和杜鲁克能活着走出死亡数学馆，咱们就消灭他们！"

"是！"几个人齐声响应。

再说爱数王子和杜鲁克。

他俩走进了死亡数学馆。一进门，发现左右两边各站着一个老道，杜鲁克吓了一跳："这是活人还是模特？"

左边的老道长得胖胖的，穿着八卦仙衣，腰间佩戴一柄长剑。右边的老道却骨瘦如柴，手里拿着一柄拂尘。

爱数王子用手推了一下，老道纹丝不动："是假的，吓唬人的。"

放眼看去，死亡数学馆是被隔板隔成一间一间的，刚进门这间屋子除了那两个假老道，还有一个大池子，里边有一只特大号的乌龟，背上画有一张 3×3 的方格图，旁边有好多棋子。

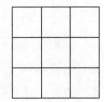

"咦？"杜鲁克有些不解，"这里叫死亡数学馆，怎么既没有数学，也没有死亡，只有这么一只大乌龟？"

爱数王子说："我也感到纳闷啊。"

这时有人说话了："你们是想先做数学题，还是先死？"

"谁在说话？"爱数王子抽出宝剑，杜鲁克也抖开双节棍，四处寻找。

这时又听到那个人说："先做数学题还要耽误时间，不如赶快死了算啦！"

循着声音望去，原来是门口的胖老道在说话。

爱数王子大声说："你既然是真人，干嘛站在这儿装神闹鬼？"

胖老道也不答话，"哗啦"一声把腰间的长剑抽了出来。只见一招"蛟龙出海"，剑锋直奔爱数王子的咽喉刺去。爱数王子身体一歪，躲过一剑，回手一剑，直朝胖老道的前胸扎去。胖老道大喊一声："好快的剑哪！"急忙把长剑收回，挡开了爱数王子的剑。

杜鲁克一扬手："二位且慢动武，先让我把这里的规矩搞清楚。我如果选择先做数学题，也是必死无疑吗？"

"不、不，做对了，就放你们过去。"胖老道解释说，"不过，要想做出这些题目是痴心妄想！这些题极难，都是3000多年前的题，我还从没见过有谁能做出来的！"

乌龟背上的神图

杜鲁克说："那你也先把这道题说给我们听听，就算我们没做出来，死了也不后悔呀！"

"嘿嘿。"胖老道先是一阵冷笑，"既然你有不怕死的精神，我就成全你。话说3000多年前，大禹治水来到了洛水。突然洛水中浮出一只特大号的乌龟，背上有张奇怪的图，图是由3×3个方格组成，还画有许多圆点。9个方格中的点数，恰好是从1到9。你们说神不神奇？"胖老道接着讲，"这是一张神图，有无限的魔力，被后世称为'九宫图'，也叫'河图'。由于时间久远，从1到9这九个数，在3×3方格图中是如何排列的，已经失传。鬼算国王为了把失传的图重新填出来，花重金把这只据说是洛水大乌龟的十八代子孙买来了。"

胖老道指着池子里的乌龟说："如果你们能在这只乌龟的背上摆出九宫图，我立刻放了你们。"

杜鲁克略一思索，问："这九宫图有什么要求？"

"按照从1到9的数字，把这些棋子分别摆放进9个格子里。要求每横行的3个格子里的棋子数之和，每竖行的3个格子里的棋子数之和，每条对角线的3个格子里的棋子数之和都相等。"胖老道翻了翻白眼，"听

李毓佩
数学科普文集

清楚没有？要不要我再重复一遍？"

爱数王子没好气地说："听清楚啦！"然后问杜鲁克，"这个问题应该从哪儿入手考虑呢？"

杜鲁克想了想说："既然每横行的 3 个格子里的棋子数之和，每竖行的 3 个格子里的棋子数之和，每条对角线的 3 个格子里的棋子数之和都相等，这个和数应该是个常数，要先把这个常数求出。"

"我会求这个常数。"爱数王子跃跃欲试，"3 个横行里的棋子数应该等于 1＋2＋3＋4＋5＋6＋7＋8＋9，我把它们加一下。1 加 2 等于 3，3 加 4 等于 7，7 加 5……"

爱数王子刚做完这几步，被杜鲁克拦住了："这样一个一个加太费事了。可以这样做：

$$1＋2＋3＋4＋5＋6＋7＋8＋9$$
$$=(1＋9)＋(2＋8)＋(3＋7)＋(4＋6)＋5$$
$$=10＋10＋10＋10＋5$$
$$=45。$$

这种方法叫'凑十法'，省事儿。"

"45 除以 3 等于 15，这个常数等于 15，对不对？"

"对、对，就是 15。"

"这 1 到 9 九个数如何往 3×3 格子里填呢？"

"我看正中间这个格子最重要，它是中心，不管横着、竖着还是斜着，都要用到它，所以应该先把正中间的格子填上数。"

"我看填 1 最合适。"说完爱数王子拿起 1 个棋子，放进乌龟背上 3×3 格子正中间的格子。

爱数王子刚放下棋子，大乌龟突然脖子一伸，转过头来，一口咬住了他的右臂。

"啊——"爱数王子疼得大叫一声。杜鲁克大吃一惊，一个箭步跳到大乌龟的背上，想把爱数王子的胳膊拉出来，可大乌龟咬得死死的，怎么也拉不出来，反而把爱数王子疼得龇牙咧嘴的。

"哈哈！"胖老道在一旁幸灾乐祸，"谁都知道，乌龟咬人是从不松口的，你越往外拉，它咬得越紧，直到把胳膊咬下来。"

"这可怎么办？"

"办法只有一个，就是把乌龟背上的棋子放对。爱数王子在正中间格子里放 1 颗棋子，显然是不对的。"

"那应该放几啊？"杜鲁克急得直拍脑门儿，"每次都是三个数相加，而和是 15。嗯——有了！正中间的数填 5 最合适，两边的数用凑十法就容易找了。"

想到这儿，杜鲁克飞快地拿起 4 颗棋子，放进正中间的格子里。说也奇怪，棋子刚刚放好，大乌龟就把嘴张开了，爱数王子飞快地把胳膊抽了出来。

杜鲁克趁热打铁，把其余的棋子都放了进去：

4	9	2
3	5	7
8	1	6

爱数王子又赶紧验算了一下：

横：$4+9+2=3+5+7=8+1+6=15$；

竖：$4+3+8=9+5+1=2+7+6=15$；

斜：$4+5+6=2+5+8=15$。

"没错！我们可以走了吧？"爱数王子和杜鲁克正要抬脚，只听到一个尖细刺耳的声音说道："慢走！"

两人扭头一看，是门右边的瘦老道在说话。呀！这个老道也是真人

数学小子杜鲁克

李毓佩
数学科普文集

假扮的。

爱数王子说:"九宫图我们填完了,还要干什么?"

瘦老道也不答话,冲胖老道一努嘴:"搭把手。"两人把大乌龟抬起翻转了180°,这时大乌龟四脚朝天,露出了白色的肚皮,只见肚皮上同样也画着一张3×3的方格图。

瘦老道奸笑着说:"刚才你们填出的九宫图,是正九宫图,特点是每行、每列、对角线上的三个数相加都相等,等于15。但这还不是真本事。现在要求你们在大乌龟的肚子上填一个'反九宫图'。它的特点是每行、每列、对角线上的三个数相加都不相等。如果你们能填出来,就放你们走!"

爱数王子听了倒吸一口凉气:"全不相等?这可太难了,可怎么填哪?"

瘦老道眉头一皱:"填不上来?那你们俩也就别想出去了,和大乌龟待在这儿吧。不过俗话说'千年王八万年龟',你们俩可熬不过它。"

他对胖老道一招手:"道兄,我们去休息吧!"两个老道走到一面墙前,也不知怎么弄的,只听"呼啦"一声,墙上出现了一个门,两人推门出去了。

爱数王子赶紧跑过去一看,根本就没有门啊,奇怪了,那他们是怎么出去的呢?

爱数王子叹了一口气:"唉,咱们只能来填一填这个反九宫图了。"

杜鲁克说:"我也没见过这个图,咱们先各自画画,找找规律。"

"也好。"两人各自算了起来。

爱数王子坐在地上看着方格图,看了半天,毫无头绪,急得抓耳挠腮。

杜鲁克呢,则一言不发,围在方格图边不停地转圈儿,顺时针转完,再逆时针转。

爱数王子说："正九宫图是有规律的，它的横、竖、斜 3 个格子里的棋子数相加，都等于 15。反九宫图要求相加后都不相等，没有什么规律啊！"

"不。"杜鲁克摇头说，"都不相等，也是一种规律啊！不过它和正九宫图直着相加不同。"

"照你说的，不直着相加，难道还要转圈相加？"

"说对了！你没看见我正围着方格图不停转圈儿吗，顺时针转完，再逆时针转。我正是在找规律呢。"

"找到了没有？"

"有点头绪了！你看我这样填行不行？"杜鲁克往格子里摆棋子。

1	2	3
8	9	4
7	6	5

从左上角开始，把 1～9 顺时针填，你算算看符合要求吗？"

"好的。"爱数王子开始计算：

横着加：$1+2+3=6$，$8+9+4=21$，$7+6+5=18$；

竖着加：$1+8+7=16$，$2+9+6=17$，$3+4+5=12$；

对角线方向相加：$1+9+5=15$，$3+9+7=19$。

"嘿！真是都不相等！"爱数王子大声叫道，"老道们，快出来！反九宫图填出来了！快放我们走！"

爱数王子叫了好几声，也无人回答。他急得照着墙壁"咚、咚、咚"连踹三脚。这时听得"吱——"一声，墙上开了一扇小门。

门里有人咳嗽了一声，接着慢吞吞走出来一个小老道，个头比刚才那位瘦老道还小，但是穿戴可不一般：头戴金色道冠，身披金色道袍，

数学小子杜鲁克　　李毓佩
数学科普文集

后背一柄宝剑，留着长长的白胡须。他单掌竖在胸前，表示行礼，口念："无量天尊！"

杜鲁克说："这位道长，我们把正反两张九宫图都填出来了，该放我们走了吧？"

"咳咳咳。"小老道干笑了几声。

杜鲁克听了一惊，这声音怎么这样熟悉？

小老道笑着说："二位来了就走，也不多待一会儿吗？我看你们都很厉害，不如一起来玩玩数学吧。"

杜鲁克心想，看你又要捣什么鬼吧！我是兵来将挡，水来土掩！于是答道："好啊！我们愿意奉陪。你说玩什么吧！"

和乌龟赛跑

小老道说："你们和乌龟比试一下跑步吧！"

"哈哈！"爱数王子笑着说，"谁不知道乌龟爬得慢？和它比跑步，乌龟准输！"

小老道摇摇头："不一定吧？你就跑不过乌龟。"

"比就比一次，等我战胜了乌龟，再找你这个小老道算账！"爱数王子站到了大乌龟的旁边，"开始吧！"

小老道哈哈一笑："我不是让你们真跑，再说屋子这么小，也跑不开呀！"

"那你说怎么办？"

"在这儿比画比画就能出结果。"

"好，那就比画比画吧！"

小老道让爱数王子站在乌龟身后大概 9 米的地方："按理说，你应该比乌龟跑得快，假设乌龟的速度是 1 米/秒，你的速度是乌龟的 10 倍，就是 10 米/秒。所以你就让乌龟 9 米的距离。把乌龟现在的位置记作 B，你现在的位置记作 A。"说着小老道在地上画了一张图：

$$\overset{\displaystyle A \qquad B \qquad C \quad D}{\bullet \qquad\quad \bullet \qquad\quad \bullet \quad\ \bullet}$$

小老道边画边说："当我喊'开始'时，你和乌龟同时起跑，你从 A 点跑到了乌龟所在的 B 点，距离 $AB=9$ 米，用时 0.9 秒。明白吗？"

爱数王子点点头："明白。"

小老道接着说："同时乌龟也没闲着，它在这 0.9 秒的时间里往前爬了 $BC=0.9$ 米，到了 C 点；你也必须追到 C 点，所用的时间为 0.09 秒；同样道理，在你从 B 点追到 C 点时，乌龟又往前爬行了 $CD=0.09$ 米，到了 D 点，而你要用 0.009 秒，从 C 点追到 D 点。就这样乌龟在前面跑，你在后面追，虽然说你与乌龟的距离越来越近，但你必须先追到乌龟刚刚离开的点，所以不管怎样追，你永远在乌龟的后面，也就是永远追不上乌龟。"

爱数王子摸摸后脑勺："我堂堂爱数王国的王子，竟然追不上一只乌龟，这怎么可能呢？可是这个小老道说得也有理呀！由于我在乌龟的后面，每次我必须先跑到它刚刚所在的位置，因此尽管我离乌龟越来越近，可是永远也别想追上乌龟！"

小老道一阵冷笑："爱数王子认输了吧？"

爱数王子急得在原地转了三个圈儿："按照这样的算法，我应该是赶不上乌龟。可在现实中我两步就能超过它啊！这是怎么回事呢？"无奈之中，爱数王子看了看杜鲁克，希望他能解决这个问题。

杜鲁克正一言不发，蹲在地上紧张地计算。突然他蹦了起来，大喊一声："我明白了！"把小老道吓了一跳。

杜鲁克问小老道："无限循环小数 0.9999…等于多少？"

"等于 1 呀！"看来小老道的数学还真不错，张口就答出来了。

李毓佩
数学科普文集

杜鲁克边说边在地上写："爱数王子就这样一段一段往前追，所用的总时间和总距离 S 分别是：

$$T=0.9+0.09+0.009+\cdots=0.999\cdots（秒）；$$

$$S=9+0.9+0.09+\cdots=9.99\cdots（米）；$$

因为

$$T=0.999\cdots=1，$$

$$S=9.99\cdots=10\times(0.9+0.09+0.009+\cdots)$$

$$=10\times1=10（米）。$$

计算表明：爱数王子只用了 1 秒钟，跑了 10 米就能追上乌龟！"

"好！"爱数王子高兴地跳了起来，"是无限循环小数 0.999…救了我！我们把问题都解决了，该放我们出去了吧！"

"进了死亡数学馆，还想活着出去？做梦！你也不看看我是谁？"小老道说着把道袍一脱，道冠一扔，露出了本来面目，原来正是鬼算国王！

鬼算国王掏出一面阴阳八卦小旗向上摇了摇，叫道："天门开，天门开，我的弟子快进来！"

"哗"的一声，东边墙上开了一扇门，一群小老道手拿各式武器，在一个瘦老道的带领下杀了进来。

鬼算国王又把手中的小旗向下摆了摆，喊道："地门开，地门开，乌龟、王八快进来！"

"哗"的一声，西边的墙上也开了一个洞，一群乌龟、王八由一个胖和尚率领蜂拥而入。

正在紧要关头，鬼算国王突然面露难色："我还有急事，你们要认清敌我，把敌人消灭掉！"说完就匆匆离去。

此时带队的瘦老道愣住了，因为他既不认识爱数王子和杜鲁克，也不认识胖和尚，谁是我的敌人？鬼算国王叫我消灭谁呀？

同样，胖和尚也不认识爱数王子和杜鲁克，更不认识瘦老道。他也傻呆呆地站在那儿，不知如何是好。

杜鲁克看此光景，心中一喜，小声对爱数王子说："看来他们之间互不相识，鬼算国王又让他们认清敌我，这其中一定有一个联系暗号。上次鬼算国王带兵攻打爱数王国时，我就用过一对暗号，让鬼算国王吃了大亏。"

爱数王子也小声说："我想起来了，是你提出来的一对'亲和数'220和284。你还给大家讲过，220所有的因数（除了自己）相加恰好等于284，反之，284所有的因数（除了自己）相加恰好等于220，这两个数是你中有我，我中有你，相亲相爱永不分离。"

杜鲁克笑着点了点头："王子好记性，一点也不错。当时我用它作暗号，让鬼算王国吃了亏，我想鬼算王国里的人还会记得这个暗号，我来试试。"

杜鲁克先面冲东，对着小老道方向说了声："220！"

瘦老道一愣，想了想回答："284！"

杜鲁克接着说："我们是朋友！"

瘦老道点点头："没错，我们是朋友！"

杜鲁克转身180°，对西边的胖和尚说："220！"

胖和尚愣了半天，杜鲁克又说了一遍，他才勉强答道："250！"

杜鲁克喊道："你大声点，我听不见！"

胖和尚大声叫道："250！是250！"

瘦老道听到这个回答，立刻双眉倒竖，用剑向前一指："胖和尚是我们的敌人！徒弟们跟我冲啊！"

"冲啊！"小老道们举着手中的武器，冲了过来。可这群乌龟、王八也不是吃白饭的，它们经过鬼算国王精心驯养多年，有很强的攻击性。它们张开大嘴，狠命咬住小老道身上的肉不放嘴，疼得小老道哭爹喊娘，叫声一片。

杜鲁克一看时机已到,赶紧拉起爱数王子:"此时不走,更待何时?"从西门跑了出去。

少年禁卫军

杜鲁克和爱数王子刚跑出西门,就听到一声大喊:"杜鲁克你往哪里走!"鬼算王子从天而降,挡住了去路。

鬼算王子冷笑了一声:"死亡谷开谷以来,还没有一个陌生人进来能活着出去的。今天两位既然闯进死亡谷,就别想活着出去!"鬼算王子大喊一声:"少年禁卫军!"

"到!"从四面八方跳出一群身穿统一军服、手拿武器的少年。

"第一战队上!"鬼算王子命令。

"是!"几个少年围了上来,他们一律拿着长武器,有长枪、大刀、长棍、狼牙棒,从几个方向发起进攻。

爱数王子抽出宝剑,杜鲁克亮出双节棍,双方战在了一起。别看少年禁卫军人多,可是武艺不精。杜鲁克拿着双节棍一通乱抡,也能勉强应付过去。而爱数王子武艺高强,手中一柄长剑舞起来剑光闪闪,呼呼带风,杀得几名少年禁卫军连连后退。

一个年纪很小的禁卫军,看起来也就十岁的样子,趁杜鲁克不备,照着他的屁股狠狠地打了一棍子。

杜鲁克"哎哟"一声,捂着屁股跳起来了老高。他想用双节棍还击,无奈双节棍太短,够不着这个小禁卫军。

爱数王子实在太厉害了,第一战队的几个少年禁卫军抵挡不住了。

鬼算王子大叫一声:"第一战队下,第二战队上!"

"得令!"另几个少年禁卫军冲了上来,他们手拿短兵器,有刀、剑、双锤、虎头双钩。杜鲁克这次心里有底了,知道他们的武艺实在一般,现在又拿的是短兵器，更不怕他们了。他抢起双节棍，冲了上去。他一眼看见这里面也有一个小禁卫军，长得和刚才偷袭他屁股的小禁卫军非常像。杜鲁克心想：这次我要报仇！

这个小禁卫军手里拿着一把小刀，杜鲁克抡着双节棍像雨点似的砸了下去，杀得小禁卫军连连后退。

杜鲁克有心逗他玩玩，嘴里喊着："看脑袋！"小禁卫军急忙举刀相迎。实际上，杜鲁克说打脑袋是假，打屁股是真，只听"哎呦"一声，小禁卫军屁股上结结实实挨了一棍子。

杜鲁克又喊："看屁股！"小禁卫军刚把刀拉下来，准备阻挡，又听到"啪"的一声，脑袋上却挨了一棍，立刻起了一个大包。"哇——"小禁卫军捂着脑袋大声哭了起来。

杜鲁克把双节棍向上一举，大声叫道："停——"

鬼算王子说："打得好好的，为什么要停下来？"

杜鲁克说："你弄来这许多乳毛未干、奶毛未退的小孩子干什么？挨两下打，就哭得鼻涕眼泪到处流。你说说，这些禁卫军共有多少人？"

鬼算王子想了想："有 $\frac{1}{3}$ 小于 12 岁，有 $\frac{1}{2}$ 小于 13 岁，并有 6 个小于 11 岁，11 岁到 12 岁之间的与 12 岁到 13 岁之间的人数相等。你杜鲁克不是很会算吗？自己算去！"

杜鲁克略一思索："设禁卫军共有 x 人，小于 12 岁的有 $\frac{1}{3}x$ 人，小于 13 岁的有 $\frac{1}{2}x$ 人。

12 岁到 13 岁之间的人数是 $\frac{1}{2}x - \frac{1}{3}x = \frac{1}{6}x$，

11 岁到 12 岁之间的人数是 $\frac{1}{3}x - 6$，

二者相等，有 $\frac{1}{6}x = \frac{1}{3}x - 6$，

$$\frac{1}{6}x = 6,$$

$$x = 36。$$

算出来了，一共有 36 名禁卫军。其中小于 12 岁的有 12 人，小于 11 岁的有 6 人，确实够小的！"

鬼算王子撇着嘴说："自古英雄出少年，人小能耐大呀！"

爱数王子暗笑道："刚才我们过了招，他们的功夫实在不怎么样！"

"不怎么样？"鬼算王子梗着脖子说，"他们是没把真本领亮出来！"

"噢！"爱数王子忙说，"那快让我们见识见识！"

鬼算王子拿出一面小黄旗，在空中一抖，命令道："排 6×6 方阵！"

"是！" 36 名禁卫军立刻排好 6×6 方阵。

"练太极八卦夺命操！"鬼算王子一声令下，禁卫军开始抡起武器，动作整齐划一，既像武术，又像舞蹈。

"好！"杜鲁克大声喝彩。

爱数王子在一旁却连连摇头："好什么呀？经看不经打！"

鬼算王子又把黄旗连摇两下，喊了一声："变！"禁卫军放下手中的武器，脱去军装，上身赤膊，下身只穿了一条灯笼裤，变成了 36 个光头小和尚。

杜鲁克看得高兴："哈，好玩！"

鬼算王子把黄旗向上一举："练少林金刚童子拳！"

"是！" 36 个小和尚拉开了架势，一招一式练了起来，每练一式，就齐声喊 "嗨嗨！" 也煞是好看。

"啪啪啪！"杜鲁克又鼓起了掌。

鬼算王子把手中的黄旗又摇动两下，大喊："变！" 36 个小和尚脱下灯笼裤，杜鲁克大惊："怎么，要光屁股吗？"

还好，每人里面还穿了一条大裤衩，鬼算王子大喊："练拍腚操！"

"是！" 36 名小和尚开始拍身边小和尚的屁股，只听到 "啪、啪、啪"，声音整齐划一。

"停！"爱数王子实在看不下去了，"鬼算王子，你们这练的都是什么武功啊？怎么还拍屁股？"

鬼算王子得意地说："这你就不明白了。这是我发明的独门绝活！"

"两军交战，真刀真枪，怎么可能穿着裤衩打呢？"

"这你就不懂了，交战一开始，双方手里都有武器，打着打着，武器打丢了；开始肉搏战，赤手空拳，连拉带撕，衣服也都扯烂了；打到最后能剩条裤衩就不错了，穿着裤衩怎样打仗也需要平时练习。拍腚操就是这样发明的。"说到高兴处，鬼算王子手舞足蹈。

杜鲁克小声对爱数王子说："趁鬼算王子不注意，咱们溜吧！"爱数王子点点头，两人转身就跑。

鬼算王子一看不好，立刻命令："快追！"

这群小和尚操起武器，追了上来，不一会儿小和尚就离他俩很近了。

爱数王子一咬牙，说："咱们和他们拼啦！"

杜鲁克摇摇头："别着急，看我的！"说完他跳到一个高岗上，指着远方叫道："你看，前面来了一群尼姑！"

这群仅穿裤衩的小和尚听说前面有尼姑，立刻掉头往回跑。鬼算王子开始还想阻止他们，可是控制不住，反而被众小和尚裹挟着跑出去老远。

好不容易停了下来，鬼算王子着急了："哪儿来的尼姑？咱们死亡谷里从来就没有尼姑，你们都上了杜鲁克的当了！你们耽误了军机，我要重重处罚！"

鬼算王子怒气冲冲地命令："你们两人一组，每人打对方一百板子，要用力打，屁股不红、不肿不算数！开始！"

一时间只听到"噼里啪啦"的拍打声和"疼死我啦"的喊叫声。鬼算王子回头再找爱数王子和杜鲁克，他们早就跑得没影儿了！

献花战神庙

爱数王子和杜鲁克一路狂奔,估摸着鬼算王子追不上了,才停了下来。

这时突然听到前面一阵哭声,两人立刻紧张起来。爱数王子使了个眼色,两人爬上一棵大树,躲了起来。

只见一个小和尚推着一辆装满了玫瑰花的独轮车,边走边哭,嘴里还不停地念叨着:"让我把这些玫瑰花分成 5 份,我哪里会分呀? 分不出来就要打屁股,呜——"

爱数王子"嗖"的一下,跳到了小和尚面前。小和尚飞快地从玫瑰花下面抽出一把刀,大喊:"什么人敢来抢花? "

爱数王子忙解释:"我不是来抢花的。我见你一路哭泣,想知道谁欺负你了,要不要帮忙? "

"谁也帮不了我。"小和尚用袖子擦了一下鼻涕,"鬼算国王在惩罚我。"

"为什么呀? "

"我本来是鬼算国王的一名贴身侍从,昨天一不小心把国王的青花瓷盖碗给摔碎了。这个盖碗可是鬼算国王的心爱之物,国王大怒,要惩罚我。"

"他怎样惩罚你? "

"国王听说禁卫军围住了爱数王子和杜鲁克,很快就要把他俩活捉了,非常高兴,派我去皇家花园里采集一定数量的玫瑰花,并把这些玫瑰花送往'战神庙',分别送给 5 位战神。让战神帮助禁卫军胜利归来! "

爱数王子说:"给战神献几支玫瑰花,这不是好事嘛! "

小和尚给了爱数王子一个白眼:"真是站着说话不腰疼! 国王没说让我采多少支玫瑰花,也不知道给每位战神献多少支花,你让我怎么办呀? "

杜鲁克看到这里，知道没有危险，也跳下树来说："不可能什么条件也没给啊，否则这活儿谁也没法干！"

"我想起来了，鬼算国王给了我一张纸条，我还没来得及看哪！"小和尚把纸条递给了杜鲁克。

杜鲁克接过纸条，只见上面写着：

你准备好若干支玫瑰花，把这些玫瑰花的一半少 20 支献给第一位战神关羽，关云长；把剩下的一半少 16 支献给第二位战神赵云，赵子龙；再把剩下的一半少 8 支献给第三位战神武松，武二郎；再把剩下的一半多 12 支献给第四位战神孙悟空，孙猴子。

看到这儿，杜鲁克"扑哧"一声笑了出来："这是谁评出来的战神啊？天上一个，地下一个，三国一个，宋朝一个。都不着边际！"

小和尚催促："你接着往下念，精彩的还在后面哪！"

"把最后剩下的 6 支玫瑰花，献给声望最高的第五位战神——鬼算国王。"念到这儿，杜鲁克赶紧捂住了嘴。

小和尚忙问："怎么了？"

杜鲁克摇摇头说："鬼算国王成了声望最高的战神？我要不捂着嘴，就要吐出来了！在和爱数王国的战争中，他屡战屡败，还好意思自称战神？真是一张纸上只画了一个鼻子。"

小和尚不解："什么意思？"

"不要脸啦！"

爱数王子在一旁哈哈大笑。

小和尚可没乐，他皱着眉头说："我必须搞清楚给每位战神献多少支玫瑰花，总共需要多少支玫瑰花啊。你们能帮我算算吗？"

杜鲁克说："算算没问题，但是必须告诉我们该如何走出死亡谷？"

"没问题，我对这里的路很熟。"

"好！那我告诉你，这道题的特点是，已知把最后剩下的 6 支玫瑰花，献给声望最高的第五位战神——鬼算国王。咱们就从最后一步，一步一步往前推算吧！"杜鲁克边说边在地上写："6＋12 应该是什么呢？应该是献给第三位战神武松之后，剩下玫瑰花的一半。剩下的玫瑰花就应该是 $(6＋12)×2＝18×2＝36$。按照这种方法往前推：献给第二位战神赵云，剩下的玫瑰花是 $(36－8)×2＝56$；献给第一位战神关公，剩下的玫瑰花是 $(56－16)×2＝80$；最开始的玫瑰花有 $(80－20)×2＝120$（支）。"

小和尚高兴地说："往下我也会算了：献给关公的有 $120÷2－20＝40$（支）；献给赵云的有 $(120－40)÷2－16＝24$（支）；献给武松的有 $(120－40－24)÷2－8＝20$（支）；献给孙悟空的有 $(120－40－24－20)÷2＋12＝30$（支），最后用 6 支献给鬼算国王。"

小和尚按这 5 个数把花分成 5 份后，又把车上多余的玫瑰花送给了杜鲁克和爱数王子。

爱数王子说："你快告诉我们怎么走出死亡谷啊。"

"出死亡谷也要经过'战神庙'，你们跟我走吧！"小和尚推起小车在前面带路。

绕过两个小山丘，只见前面半山腰上竖立着一座小庙，就是"战神庙"。

杜鲁克和爱数王子跟着小和尚走了进去。正面的高台上立着五尊塑像，正中间是关公，只见他身穿金盔金甲，脸色赤红，留有五绺长须，手持一口青龙偃月刀。他左边是赵云和孙悟空，右边是武松和鬼算国王。

小和尚把玫瑰花按刚才分的数量，给每位战神献上。献花完毕，小和尚跪下来对塑像磕头。

小和尚磕完头,站起来对爱数王子和杜鲁克说:"该你们俩磕头啦!"

"磕头?"爱数王子笑了笑,"笑话!让我俩给鬼算国王磕头?想得美!咱们走。"

刚转身想出去,只听高台上的关公塑像大喝一声:"不磕头就想走?拿命来!"说着从高台上跳了下来,抢起青龙偃月刀"呼"的一声就砍了过来,两人赶紧跳开。

杜鲁克大吃一惊:"怎么,关公活了?"

没等爱数王子讲话,"关公"的大刀又劈了过来。

爱数王子喊了一声:"还击!"抽出宝剑就迎了上去,杜鲁克也抖开双节棍,胡抡了起来。爱数王子的武艺十分了得,舞出剑花朵朵,杀得"关公"左挡右躲,步步后退。

没过几招,"关公"只顾对付爱数王子,忘了旁边还有杜鲁克,只听"当啷"一声,"关公"的头盔被杜鲁克的双节棍给打了下来,只见头盔像个足球一样,"咕噜咕噜"在地上乱滚。"关公"吓得捂着脑袋"噔噔噔"倒退了好几步。

杜鲁克在一旁哈哈大笑:"哈!这天下第一战神,万军之中取上将首级如探囊取物一般的关公关老爷,脑袋差一点被我这个不会武艺的给打下来,真是天下头号新闻哪!""关公"自知不是对手,扔下青龙偃月刀,转身就跑了。

鬼算国王生气了,骂了一声"没用的家伙!"一挥手说:"都给我上!""赵云"手使银枪、"武松"手使铁棍、"孙悟空"手使金箍棒从台上一起跳了下来,围着爱数王子和杜鲁克就打。

"我斗'孙猴子'!"杜鲁克抢起双节棍直奔"孙悟空"打去。

"孙悟空"举金箍棒相迎,两人"乒乒乓乓"打在了一起。这时小和尚手执宝剑也杀了上来。

杜鲁克对爱数王子说:"咱们上了小和尚的当了,落入了鬼算国王的

数学小子杜鲁克　李毓佩
数学科普文集

陷阱！"

鬼算国王一阵冷笑："现在发现已经晚了，你们的死期到了。徒儿们，杀死一个立功，杀死两个发奖！我也帮你们一把。"说完抢起鬼头大刀，劈头盖脸地朝爱数王子砍了下去。爱数王子举剑相迎，只听"当"的一声，火星四溅。

鬼算国王的武艺相当了得，他一上手，爱数王子就有点应接不暇了。杜鲁克独自对付假孙悟空和小和尚，也是渐渐不支，情况十分危急。

这时一名鬼算王国的士兵急匆匆跑进来说："报告国王，大事不好了！"

鬼算国王跳出圈外，问："何事惊慌？"

士兵附在鬼算国王的耳边小声嘀咕了几句。鬼算国王听了，大惊失色："各位战神撤出战斗，快跟我走！"

再看爱数王子和杜鲁克，已经累得直喘粗气。杜鲁克说："如果再打一刻钟，咱们的小命就玩完了。"

爱数王子说："鬼算王国出什么事了，竟然连我们俩都顾不上了？"

杜鲁克推测说："准是出大事啦！"

一场大战

出什么事啦？

原来爱数王国的胖团长带领士兵在死亡谷前叫阵，让交出爱数王子和杜鲁克，如果不交，就要荡平死亡谷。

死亡谷是进出鬼算王国的咽喉要地，地形复杂，易守难攻，此处如果失守，敌人就可以顺着大路直达鬼算国王的王宫所在地，鬼算国王明白这里面的利害关系，所以他忍痛放弃活捉爱数王子和杜鲁克的机会，下令让鬼司令带领部队火速赶来。

在死亡谷前，鬼算国王和胖团长会面了。

鬼算国王抢先发问："你带重兵进犯我国，意欲何为？"

胖团长毫不相让："你把爱数王子和杜鲁克困在死亡谷里，居心何在？"

鬼算国王冷笑着说："是他们偷偷摸摸溜了进来，想刺探我死亡谷里的机密。可是进来容易，出去难！"

胖团长大怒："好个鬼算国王，如此不讲道理，我要冲进去，把你的死亡谷踏为平地！"

鬼算国王嘿嘿一阵冷笑："你带来多少士兵，敢夸下这样的海口？"

胖团长大嘴一撇："谁不知道我胖团长手下兵多将广，拿下一个小小的死亡谷，又算得了什么？"

"你那点家底，别人不知道的你还可蒙骗过去，我可是清楚得很。"鬼算国王胸有成竹，"你胖团长手下有 3 个团：一团有 240 名士兵，二团有 460 名士兵，三团有 434 名士兵，合起来是 1134 名士兵。对不对？"

胖团长大吃一惊："啊！你对我团的兵力分布如此清楚？"

"嘿嘿，这就叫'知己知彼，百战百胜'。你这 1000 多人都带来了吗？"

"哈哈！"胖团长仰天长笑，"攻打一个小小的死亡谷还用带这么多人？我随便带几个就足矣！"

胖团长转念一想，鬼算国王总是刺探我的军情，这次我也要问问他："那你带来多少士兵哪？"

"这不保密，听好了：我带来的士兵数是一个三位数，三位数的各位数字都相同。把这个士兵数从左往右数，每后一位数都比前一位数增加 2，所得的新数各位上的数字之和是 21。胖团长，你们爱数王国的军官数学都很好，应该能算出这个士兵数吧？"鬼算国王一副幸灾乐祸的样子。

胖团长打仗异常勇敢，就是数学不好，根本不入门啊！一听说要做

数学小子杜鲁克 李毓佩
数学科普文集

数学题，首先是出一脑瓜子汗，憋得满脸通红，最后还是做不出来，受到爱数王子的批评。

不过挨批评的次数多了，胖团长也动脑筋了。不过他不是自己动脑筋好好学数学，而是从团里找了个数学挺好的小兵当勤务兵，遇到数学问题就让勤务兵替他做。

胖团长冲身边的勤务兵努了努嘴，小兵心领神会，蹲在地上算了起来，过了一会儿，勤务兵站起来报告："鬼算国王带来 555 名士兵。"

胖团长得意地说："鬼算国王，人数对不对？"

"呀——"鬼算国王倒吸了一口凉气："后生可畏啊！能说说具体的算法吗？"

"可以。"由于勤务兵经常给胖团长算题，这种场面见多了，一点也不怵，大大方方地讲了起来，"把这个士兵数从左往右每后一位数都比前一位增加 2，得到一个新数，这个新数各位上的数字之和是 21。这时新数比原来的数增加了多少呢？增加了 $2+(2+2)=6$，那么原来的数各位数字之和就应该是 $21-6=15$。又由于各位数字都相同，每一位数字必然是 $15\div3=5$，整个数就是 555 了。"

"不错。"鬼算国王点点头，"那请问胖团长，你带来了多少士兵呀？"

胖团长想，鬼算国王刚才没有直接回答我，我也不能直接告诉他我带来的士兵数，也出道题难为难为他！可胖团长转念一想，我自己都没做过什么难题，哪会出难题考他呢？

"有了！"胖团长灵机一动，"一团我带来了他们的 $\frac{1}{3}$；二团我带来了他们的一半；三团带来的最少，只带来他们的 $\frac{1}{7}$。你算算我总共带来多少士兵？"

"哈哈！"鬼算国王一阵冷笑，"胖团长太高看我了，出了一道小学低年级的题目考我，让我做这么简单的分数题，我还真有点不好意思。"

"你少吹牛，做对了才算数！"

"一团240人，240人的$\frac{1}{3}$就是$240 \times \frac{1}{3} = 80$（人）；二团460人，460人的一半就是$460 \times \frac{1}{2} = 230$（人）；三团有434人，434的$\frac{1}{7}$就是$434 \times \frac{1}{7} = 62$（人）。总共有$80 + 230 + 62 = 372$（人）。没错吧？"

"错了！"

鬼算国王听说不对，大吃一惊："这么简单的题目，我做错了？！不可能呀！我再检查一遍。"鬼算国王把这个问题从头到尾仔仔细细地又检查了一遍："没错呀！这么简单的问题，我怎么可能做错呢？"

胖团长胸有成竹地说："不信咱们打赌！你来清点我的士兵人数。"

"好，打赌就打赌。如果是372人，你立刻带人回爱数王国。"

"如果不是372人，你必须减少你的士兵数，变成372人。"

鬼算国王双手一拍："好，就这么定了。君子一言，驷马难追，咱们谁也不许反悔！"

"反悔的是小狗！"

"小狗就小狗。你们快把队伍排好，以便我数人数。"

"好的。"胖团长把右手向上一举，"所有士兵听我口令：50人一横行，排成战斗队形！"

"是！"士兵整齐、洪亮地答应了一声，很快排好了长方形的队伍。

鬼算国王看到胖团长的士兵训练有素，不由得点了点头。他开始清点人数："一排有50人，这里有7个整排，即$50 \times 7 = 350$（人）。最后的一行有22人，合在一起是$350 + 22 = 372$（人），看！不多不少正好是372人，胖团长，请带着你的士兵回去吧！"

"怎么？真的是372人！数错了吧？"

"不可能数错了。不信，我再数一遍。"

"好，你再数一遍。"

李毓佩
数学科普文集

趁鬼算国王数士兵人数的时候，胖团长换上一套士兵的服装，站到了士兵当中。鬼算国王数完，发现士兵数果然变成了373，多出来一个。

鬼算国王正纳闷，鬼司令小声告诉他胖团长玩的猫腻。

鬼算国王大步走到胖团长的面前："胖团长就别假装士兵了，请出来吧！"

胖团长摇摇头说："我不出去。我虽然身为团长，但我也是士兵的一员，计算士兵数怎么能不算我呢？"

鬼算国王十分生气："在我们鬼算王国，官就是官，兵就是兵，官兵是不能混为一谈的。"

"在我们爱数王国是一视同仁的，官也是兵的一员。按照我们爱数王国的计算方法，我们一共来了373人。你数错了，应该把士兵的人数减少到373人。"

"好、好，我把士兵数减少到和你们一样。"鬼算国王下令，"士兵听令，士兵人数减去182人。"

鬼算国王的士兵中立即跑出182人，在一名士兵带领下，就要快步撤走。

"慢！"胖团长突然举手拦住："555－182＝373，按照你们鬼算王国的规矩，鬼司令是官而不是兵，他没有在士兵数之中，你们比我们多1人，你应该再多减1名士兵才对。"

胖团长的一番话，把鬼算国王气得浑身哆嗦："没想到堂堂的一位团长，如此计较。好、好，我再撤走一名士兵。"

双方兵力相当，一场大战即将开始。胖团长对鬼算国王说："我要去趟厕所，马上就回来。"

"真是懒驴上磨屎尿多！"鬼算国王小声骂道。

胖团长迅速钻进树林中，把右手的食指和中指捏在一起，放入口中，"嘘——嘘——"吹了两声口哨。这是和黑白雄鹰预先约定好的联络暗号。听到口哨声，两只雄鹰相继飞了过来。胖团长掏出纸和笔，写了两行字，递给黑色雄鹰，又用手摸了摸自己的下巴。黑色雄鹰叼起信，迅速升空，直朝爱数王国飞去。

胖团长回来之后，手中的宽背大砍刀向上一举，大喊："为了解救咱们的爱数王子、杜鲁克参谋长，冲啊！"带头杀了上去。

爱数王国的士兵不敢怠慢，也纷纷举起手中的武器，呐喊着冲了上去。

双方士兵奋勇作战，只见战场上刀光剑影，喊杀声震耳欲聋。足足打了有一顿饭的功夫。

正在这时，鬼算国王把鬼头大刀向上一举，大喊："我的预备队在哪里？"

"我们在这里！"原来鬼算国王撤走的 183 名士兵并没有走远，就藏在附近的林子里作为预备队。听到命令，他们立刻杀了出来。

原来双方兵力相当，可以打个平手。现在鬼算国王这边突然增加了183 名士兵，双方的实力立刻不平衡了，鬼算国王占了上风。鬼算国王的士兵仗着人数多，渐渐取得了优势，把爱数王国的士兵逼得步步后退，情况十分危急。

正在这危险时刻，突然有人高喊："胖团长别着急，我来了！"大家寻声望去，只见爱数王国的五八司令官带领一队人马杀了过来。

胖团长喜出望外："援兵终于来了。"他高喊："司令官带来多少援兵？"

五八司令官回答："一个不多，一个不少，正好是 372 人。"

胖团长一拍大腿："好啊！我的兵力翻了一番！"

"唉，我有一个问题。"五八司令官骑马近前，问道，"为什么黑色雄鹰叼着你的求援信直接交给了唯一有调动部队权利的七八首相呢？七八首相一分钟也没耽误，立即点好 372 名士兵，命我带兵火速赶到？"

"兵贵神速，我把求援信交给黑色雄鹰时，特地用手摸了摸下巴。"胖团长示意了一下，"咱们司令部里，七八首相是唯一一个下巴留胡子

李毓佩
数学科普文集

的人。"

"聪明、聪明！"五八司令官竖起大拇指称赞，"胖团长不白长肉，智慧也长了不少，已经能巧妙地与黑色雄鹰对话了。"

五八司令官到来，爱数王国的士兵统一由五八司令官指挥。

五八司令官对胖团长说："咱们现在的士兵数肯定多于鬼算国王的士兵。此时鬼算国王再调兵已经来不及了，所以现在你带领原有部队从左边进攻；我带领新来的援兵，从右边进攻，咱俩一左一右以钳型攻势，将鬼算国王的士兵包围起来，给他来个'包饺子'。"

"包饺子？"胖团长非常兴奋，"打了半天仗，我早就饿了，咱们吃它一顿包饺子，那可是太美了！"

胖团长对士兵大声说："五八司令官请咱们吃'包饺子'，大家就别客气了，弟兄们，跟我冲啊！"

胖团长手下的士兵高举手中的武器，从左边像潮水一般冲向了鬼算国王的部队。

鬼算国王的士兵纷纷向右边撤退。

五八司令官举起手中的指挥刀，站在高处大喊："包饺子喽！杀呀！"五八司令官带领新来的援兵，从右边杀向鬼算国王的部队。

鬼算国王的士兵被左右夹击，乱了阵脚，成了一盘散沙，鬼算国王的命令也没人听了。

鬼算国王见势不好，带领鬼算王子、鬼司令和几个亲信想趁乱冲出去。没想到爱数王子早有准备，他命令黑白两只雄鹰在高空监视鬼算国王的动向，随时向地面报告他们逃跑的方向。

这一招果然见效，鬼算国王他们无处可逃，鬼算国王骑在马上，突然捂住心脏大叫一声，翻身从马上滚了下来，重重摔在了地上。

鬼算王子赶紧跑过去扶起鬼算国王，只见鬼算国王脸色苍白，嘴唇发紫。

五八司令官也跑了过来，他年长几岁，一看鬼算国王病情十分危急，必须马上送医院抢救。

可死亡谷是一个荒野之地，周围哪有医院？大家一时之间都没有了办法。这时，杜鲁克和爱数王子正好赶到，他对鬼算王子说："王子阁下，我有一个主意：我们学校附近有一所大医院，可以让黑色雄鹰驮着鬼算国王，白色雄鹰驮着我，一起飞向这所大医院。病情紧急，希望王子尽快决定。"

大家都说这是一个好主意。但是大家也都明白，杜鲁克和鬼算国王是死对头，让杜鲁克送鬼算国王去医院，鬼算王子能够放心吗？

双方正在僵持，杜鲁克突然伸出右手："鬼算王子，我们的年纪都不大，应该互相信任。你相信我，我一定会把你父亲平安送到医院。"

杜鲁克的真情打动了鬼算王子，他眼含热泪，和杜鲁克紧紧拥抱在一起。

"啸——啸——"接连两声长啸，黑白两只雄鹰驮着鬼算国王和杜鲁克相继飞入高空，两旁的军官和士兵高举双手，预祝他们一路平安。

杜鲁克大声说道："你们放心吧！我保证完成任务！"

两只雄鹰越飞越高，越飞越快，两个黑点渐渐消失在碧空中……

李毓佩
数学科普文集